Datengetriebenes Qualitätsmanagement

Robert H. Schmitt
(Hrsg.)

Datengetriebenes Qualitätsmanagement

Bericht zur GQW-Jahrestagung 2019 in Aachen

Springer Vieweg

Hrsg.
Robert H. Schmitt
Lehrstuhl für Fertigungsmesstechnik
und Qualitätsmanagement
Werkzeugmaschinenlabor WZL
der RWTH Aachen
Aachen, Deutschland

ISBN 978-3-662-62441-8 ISBN 978-3-662-62442-5 (eBook)
https://doi.org/10.1007/978-3-662-62442-5

Die Deutsche Nationalbibliothek verzeichnet diese Publikation in der Deutschen Nationalbibliografie; detaillierte bibliografische Daten sind im Internet über http://dnb.d-nb.de abrufbar.

Planung/Lektorat: Thomas Zipsner
Springer Vieweg ist ein Imprint der eingetragenen Gesellschaft Springer-Verlag GmbH, DE und ist ein Teil von Springer Nature.
Die Anschrift der Gesellschaft ist: Heidelberger Platz 3, 14197 Berlin, Germany

Vorwort

Prof. Dr.-Ing. Robert H. Schmitt, Lehrstuhl für Fertigungsmesstechnik und Qualitätsmanagement, Werkzeugmaschinenlabor WZL der RWTH Aachen.

Konventionelle, produktbezogene Ansätzen und Methoden der Qualitätskontrolle haben sich in den vergangenen Jahrzehnten zu prozessbasierten Herangehensweisen mit dem Fokus auf die Fehlervermeidung entwickelt. Zunehmend zeigt sich ein Paradigmenwechsel zu prädiktiven Ansätzen der Fehlervermeidung mittels Modellen auf Basis historischer Produktionsdaten. Die umfassende Digitalisierung der industriellen Produktion mit ihrer hohen Datenverfügbarkeit entlang des Produktlebenszyklus sind zentrale Treiber dieses Wandels. Dies prägt sich im exponentiellen Anstieg der vorhandenen Datenmengen aus, die im modernen Qualitätsmanagement zur Entscheidungsfindung genutzt werden können. Diese Ansätze gehen über Ansätze wie Six Sigma Methoden hinaus, die auf der Basis von Stichproben Aussagen zur Grundgesamtheit von Produkten treffen. Mit der heutigen zur Verfügung stehenden Hardware und Software können dahingegen individuelle Daten in Echtzeit erhoben, gespeichert, vorverarbeitet und analysiert werden. Data Analytics bietet mit seinen datenbasierten Ansätzen dem Qualitätsmanagement innovative Möglichkeiten der Wissensgenerierung und Entscheidungsunterstützung.

Die diesjährige Tagung der Gesellschaft für Qualitätswissenschaft GQW greift das Leitthema *Datengetriebenes Qualitätsmanagement* auf. Der vorliegende Tagungsband präsentiert Anwendungsfälle aus Industrie und Forschung, um Potenziale datenbasierter Ansätze im Kontext der Qualitätswissenschaften aufzuzeigen. So verschafft die diesjährige Tagung unter anderem einen Einblick in intelligente Lösungen für das Komplexitätsmanagement, software-gestützte Analysemöglichkeiten in der Produktion und auf Machine Learning basierende Konzepte in der Anlaufstrategie.

Die wissenschaftlichen Beiträge der diesjährigen Tagung verdeutlichen das Potenzial der datenbasierten Entscheidungsunterstützung und skizzieren die Vision eines modernen Qualitätsmanagements. Mein Dank gilt daher den Autoren für das Einreichen der Beiträge und den Gutachtern, die die Bewertung der Beiträge vorgenommen haben. Außerdem möchte ich mich bei den zahlreichen Helfern bedanken, ohne die die Durchführung der Tagung nicht möglich gewesen wäre und die entscheidend zum Erfolg der Veranstaltung beigetragen haben.

Aachen
November 2019

Prof. Dr.-Ing. Robert H. Schmitt

Inhaltsverzeichnis

Steigerung von Daten- und Prozessqualität mit Hilfe von Visual Analytics in der Produktion

Frederik Schmihing[1(✉)] und Roland Jochem[2]

[1] Innovation, Digitalisierung, Data Analytics, BMW Group, München, Deutschland
frederik.schmihing@bmw.de

[2] Institut für Werkzeugmaschinen und Fabrikbetrieb (IWF), Fachgebiet Qualitätswissenschaft, TU Berlin, Berlin, Deutschland

Zusammenfassung. Besonders in hochflexiblen Produktionssystemen sieht sich das Qualitätsmanagement mit immensen Herausforderungen konfrontiert. Die Bewältigung der hohen Komplexität mit Paradigmen der Lean Production und Six Sigma gelangt in Folge steigender Variantenvielfalt an seine Grenzen. Data Analytics gilt als ein Megatrend, von dem sich erhofft wird, diese hohe Komplexität durch die Verarbeitbarkeit großer Datenmengen beherrschbar zu machen. Branchenübergreifend bleibt aber vielerorts der gewünschte Erfolg aus. Die Ursachen dafür liegen häufig in zwei wesentlichen Problemfeldern: Mangelhafte Datenqualität und zu geringe Prozessorientierung. Das führt dazu, dass Daten sehr intensiv aufbereitet werden müssen, Analysen nicht belastbar sind oder die Analyseergebnisse nicht verständlich und nutzbar für den Anwender sind. Dieses Paper beschreibt daher einen Ansatz wie diese Probleme eliminiert werden können. Dazu werden die Grenzen und Potenziale von Ganzheitlichen Produktionssystemen und Data Analytics aufgezeigt. Darüber hinaus lassen sich Schnittstellen identifizieren, die es ermöglichen, Analytics mit den Paradigmen der schlanken Produktion zu fusionieren. Befähigt wird dies durch die Visualisierung von Daten. Visual Analytics beschreibt dabei ein stark wachsendes Feld, das den Prozessspezialisten – im Wesentlichen durch Visualisierung und Interaktion – zur Analytics am Ort der Wertschöpfung befähigt. Mithilfe kontinuierlicher Verbesserung gilt es in Zusammenarbeit zwischen Daten- und Produktions- bzw. Qualitätsspezialisten eine geeignete Anwendung zu entwickeln. Durch die Visualisierung der gesamthaft verfügbaren Prozessdaten, möglichst ohne aufwendige Data Preparation, können nicht nur Fehler im Prozess reduziert werden. Die Plausibilisierung von Daten direkt am Ort ihrer Entstehung bzw. Erfassung führt zu einer permanenten Steigerung der Datenqualität, sodass auch die Belastbarkeit der Daten erhöht wird und zukünftige Advanced Analytics Applikationen in kurzer Zeit wirksam umgesetzt werden können.

Schlüsselwörter: Qualitätsmanagement · Visual Analytics · Produktion

R. H. Schmitt (Hrsg.): *Datengetriebenes Qualitätsmanagement,* S. 1–19, 2021.
https://doi.org/10.1007/978-3-662-62442-5_1

1 Motivation

Steigende Variantenvielfalt und kürzere Produktlebenszyklen konfrontieren produzierende Unternehmen mit immer größeren Herausforderungen [1, 2]. Darüber hinaus wird die Komplexität innerhalb global operierender Konzerne durch volatile Marktbedingungen und politische Entscheidungen in der Wirtschaft weiter erhöht [3]. Dies zeigt sich besonders in branchenspezifischen Transformationen, wie der Elektromobilität bzw. der Tendenz zu alternativen Antriebsarten innerhalb der Automobilproduktion.

Seit vielen Jahren streben produzierende Unternehmen nach maximaler Abtauschflexibilität auf einem Band [4, 5], auch Gemischtfahrweise genannt [6], in ihren globalen Produktionssystemen. Dies wird nicht zuletzt durch Handelshemmnisse unterstützt, durch die es immer essenzieller wird, seine Produkte in geographischer Nähe zum Absatzmarkt herzustellen. Das vermehrte Streben in Richtung hochflexibler Produktionssysteme führt jedoch dazu, dass die – insbesondere in der Automobilproduktion etablierten – Paradigmen der Lean Production bzw. Ganzheitlicher Produktionssysteme an ihre Grenzen gelangen. So operieren Unternehmen in einem Spannungsfeld zwischen Lean Production und hochflexiblen Produktionssystem, die es häufig erfordern, Bestände aufzubauen oder längere Transportwege in Kauf zu nehmen, wodurch die Gesamteffizienz der Produktion gesenkt wird.

Neben diesen Effizienzeinbußen wird vor allem das Qualitätsmanagement für die Unternehmen immer komplexer. Mit Hilfe von Lean Production und Six Sigma werden kontinuierlich Prozesse optimiert und Methoden zur Sicherstellung der Qualität eingeführt. Hochfrequente Produktanlaufsituationen [7] und verkürzte Implementierungszeiträume für neue Instrumente des Qualitätsmanagements sorgen dafür, dass es immer schwieriger wird, eine hohe Qualität zu erzeugen. Dabei ist diese insbesondere bei Herstellern von Premiumqualität ein zentraler Wettbewerbsfaktor und der Kunde erwartet ein Produkt, das zu 100 % seinen Anforderungen und Erwartungen entspricht. Im Vergleich zu Initiativen, wie z. B. der Steigerung der Anlageneffizienz sind Produkte von 99-prozentiger Qualität nicht akzeptabel. Vereinzelte Mängel kulminieren nicht selten in imageschädigenden und kostenintensiven Rückrufaktionen, die unmittelbaren Einfluss auf den Unternehmenserfolg nehmen [8].

Daher ist es von eminenter Bedeutung für die produzierenden Unternehmen der Fehlerentstehung vorzubeugen bzw. sie zu einem möglichst frühen Zeitpunkt zu detektieren, um die Qualitäts- bzw. Herstellkosten minimal zu halten [9]. Durch eine Verkürzung der Qualitätsregelkreise können Ausschuss und Nacharbeit in der Produktion reduziert bzw. bestenfalls verhindert werden. So können z. B. Falschteile im Presswerk frühzeitig erkannt werden oder nicht verbaute Komponenten und Teile montiert werden, bevor sie durch andere Bauteile unzugänglich sind.

Data Analytics gilt als eine zentrale Stoßrichtung im Rahmen der Digitalisierung und manifestiert sich in nahezu allen Branchen und Geschäftsbereichen [10]. So können mit Hilfe von Datenanalysen heute sehr große Datenmengen analysiert werden, um Erkenntnisse aus diesen zu erlangen. Dies scheiterte in der Vergangenheit jedoch häufig [11]. Grund dafür sind zwei wesentliche Probleme: Mangelhafte

Datenqualität und eine fehlende Nähe zum Wertschöpfungsprozess [12, 13]. Bisher wurden im speziellen Fall der Produktion vor allem Anwendungen zur Steigerung der Anlagenverfügbarkeit bzw. -effizienz initiiert. Dies hatte unter anderem den Grund, dass hochmoderne und automatisierte Produktionsanlagen über Sensorik und Aktorik eine große Menge an Daten erzeugen. Eine große Datenflut stellt gleichzeitig aber auch eine erhebliche Herausforderung dar [14] und ist kein Garant für eine wirksame Data Analytics Anwendung.

Ziel dieses Papers ist es unter Berücksichtigung der jeweiligen Problemstellungen zu eruieren, inwiefern Data Analytics sowie Lean Production und Six Sigma einen synergetischen Beitrag zur Steigerung der Daten- und Prozessqualität leisten können. Dazu gilt es mögliche Grenzen und Potenziale innerhalb der etablierten Methoden Lean Production und Six Sigma zu identifizieren. Selbiges Vorgehen wird für Data Analytics durchgeführt, um anschließend die Erkenntnisse gegenüberzustellen und abzugleichen.

Auf Grundlage dieses Abgleichs werden die Potenziale und Grenzen beider Disziplinen synchronisiert, um abschließend eine Handlungsempfehlung geben zu können, inwiefern Bereiche der Datenanalyse innerhalb der Produktion optimierend appliziert werden können. Eine bidirektionale Analyse soll konkret also folgende Ansätze untersuchen: Der Beitrag von Data Analytics zum Qualitätsmanagement in der Produktion sowie die Möglichkeiten, die Lean und Six Sigma bieten, um die Schwachstellen innerhalb der Datenanalyse zu eliminieren.

2 Lean und Six Sigma als zentrale Paradigmen

Im folgenden Abschnitt wird der relevante Stand der Technik aus den Bereichen Lean Production sowie Six Sigma anhand des DMAIC-Zyklus beschrieben. Beide Disziplinen bilden die Grundlage der Effizienz- und Qualitätssteigerung in der Automobilproduktion. Inhaltliche Schnittmengen haben dazu geführt, dass sich innerhalb der letzten Jahrzehnte auch der Begriff des Lean Six Sigma in Wissenschaft und Praxis etabliert hat [15, 16].

2.1 Lean Production respektive ganzheitliche Produktionssysteme

Beim Begriff der Lean Production handelt es sich um eine Produktionsorganisation, die aus dem Toyota Production System (TPS) abgeleitet worden ist. Im deutschsprachigen Raum hat sich der Begriff des Ganzheitlichen Produktionssystems als Pendant der Lean Production etabliert [17].

Dabei beschreibt der Begriff im Wesentlichen Gestaltungsprinzipien, nach denen eine Produktion aufgebaut und organisiert werden sollte, um kosteneffizient hohe Qualität zu erzeugen. Im Ansatz der Ganzheitlichen Produktionssysteme wird sich auf sieben primäre Paradigmen berufen, die im Folgenden kurz beschrieben werden [18].

- Der kontinuierliche Verbesserungsprozess (KVP) beschreibt das permanente Hinterfragen und Verbessern aller Prozesse und Vorgehensweisen innerhalb des Produktionssystems. Etabliert hat sich hierbei, dass ein Zielzustand geplant (Plan), umgesetzt (Do), überprüft (Check) sowie weiteres Verbesserungspotenzial identifiziert wird (Act) – in Anlehnung an die englischen Anfangsbuchstaben: PDCA [19].
- Standardisierung impliziert die Festlegung und Dokumentation einheitlicher Abläufe, um die Prozessstabilität übergreifend zu erhöhen.
- Das Null-Fehler-Prinzip dient vor allem zur Verkürzung der Qualitätsregelkreise und soll sowohl die Entstehung als auch die Weitergabe von Fehlern an nachfolgende Prozessschritte vermeiden.
- Mit dem Fließprinzip wird ein möglichst schlanker Ressourcenfluss angestrebt, der zur Verringerung der Durchlaufzeit eines Produktes führen soll.
- Das Pull-Prinzip ist ein Überbegriff für verschiedene Methoden, die besonders in der Automobilproduktion verbreitet sind. Es besagt, dass nur mit konkretem – auch internem – Kundenbedarf produziert werden darf.
- Durch Mitarbeiterorientierung und zielorientierte Führung wird eine Interaktion zwischen Führungskraft und Mitarbeiter angestrebt, die es zum Ziel hat das Unternehmen kontinuierlich zu verbessern. Hierzu gehören Methoden, wie das Vor-Ort-Gehen der Führungskräfte an den Ort der Wertschöpfung, auch Go-Gemba genannt.
- Visuelles Management dient in der Produktion dazu, den Prozess zu überwachen und zu steuern. So umfasst visuelles Management neben der Darstellung relevanter Prozessparameter auch die Kennzeichnung von Arbeitsmitteln und bildet mit Methoden wie 5S die Grundlage für einen verschwendungsfreien Arbeitsplatz.

Die Vermeidung von Verschwendung lässt sich für alle genannten Prinzipien als die essenzielle Grundlage beschreiben. Dies ist in Abb. 1 illustriert [18, 20].

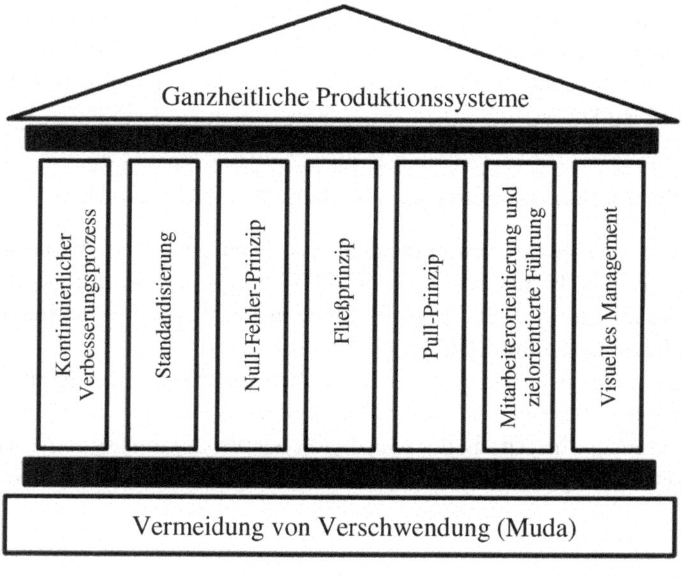

Abb. 1. Gestaltungsprinzipien Ganzheitlicher Produktionssysteme nach VDI 2870

Der Begriff der Verschwendung als Übersetzung vom japanischen Wort „Muda“ ist teilweise missverständlich und wird weniger als der ineffiziente Verbrauch von Ressourcen verstanden, denn als jegliche Tätigkeiten, die einen nicht-wertschöpfenden (aber ggfs. notwendigen) Anteil beinhalten [21].

Diese Tätigkeiten werden im Wesentlichen durch sieben unterschiedliche Verschwendungsarten charakterisiert [18]:

- Transporte
- Bestände
- Bewegungen
- Wartezeiten
- Überproduktion
- Unnötige Bearbeitungsschritte
- Fehler

Insbesondere die letztgenannte Verschwendungsart der Fehler hängt unmittelbar mit dem Qualitätsmanagement im Unternehmen zusammen. Aus dem PDCA-Zyklus hat sich ein speziell für das Qualitätsmanagement im Rahmen von Six Sigma etablierter, erweiterter Zyklus entwickelt, der im folgenden Abschnitt beschrieben wird.

2.2 DMAIC-Zyklus als etablierter Prozess im Qualitätsmanagement

Six Sigma beschreibt ein Instrument des Qualitätsmanagements zur (Geschäfts-) Prozessoptimierung. Ein zentrales Element innerhalb dieses Ansatzes ist der DMAIC-Zyklus [22]. Dieser stellt eine strukturierte und stringente Methode zur Qualitätssteigerung dar. Während der bereits erwähnte kontinuierliche Verbesserungsprozess mit dem PDCA-Zyklus aus den vier Phasen Plan, Do, Check, Act besteht, finden sich innerhalb des DMAIC-Zyklus fünf Phasen [23, 24]. Die strukturierte und wirksame Durchführung der einzelnen Phasen wird durch zahlreiche Methoden und Tools gestützt [25]. Dieser Zyklus ist in Abb. 2 dargestellt.

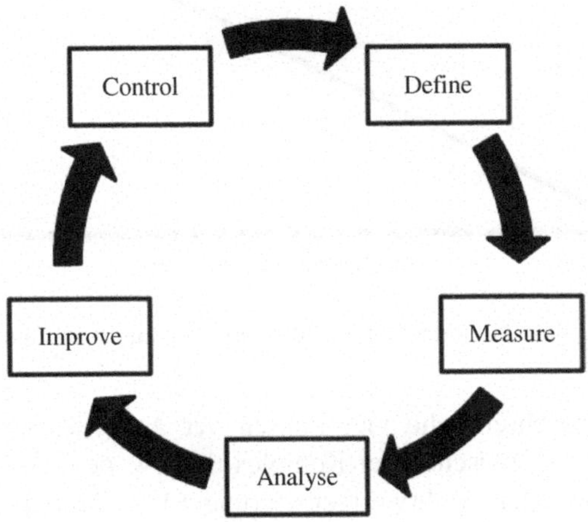

Abb. 2. DMAIC-Zyklus

Die derzeitigen Methoden gelangen durch die steigende Komplexität innerhalb hochflexibler Produktionssysteme an ihre Grenzen [26]. Data Analytics ist eine potenzielle Technologie zur Unterstützung der Komplexitätsbewältigung.

3 Status quo von Data Analytics

In diesem Kapitel wird der derzeitige Stand der Technik im Bereich Data Analytics erläutert. Hierbei werden die grundsätzlichen Analytics Arten sowie der Prozess, wie Data Analytics umgesetzt werden kann, näher beleuchtet.

3.1 Vier Arten von Data Analytics

Data Analytics setzt sich aus den deutschen Begriffen „Daten“ und „Analyse“ zusammen. Daten sind an sich keine relevanten Informationen, sondern rohe Fakten, aus denen Informationen abgeleitet werden können [27–29]. Sie liegen in unstrukturierter, semi-strukturierter und strukturierter Form vor. Zu unstrukturierten Daten zählen z. B. E-Mails, Bilder, Audio oder Video Files. Dokumente oder XML-Files sind semistrukturiert, während strukturierte Daten in Tabellen und Datenbanken abgebildet werden [30]. Erst wenn Daten durch Analyse betrachtet sowie Zusammenhänge identifiziert werden, lässt sich von Informationen sprechen, aus denen anschließend Erkenntnisse gewonnen werden können [27]. Diese Erkenntnisse lassen sich wiederum nutzen, um Entscheidungen im Unternehmenszusammenhang zu treffen [29]. Die Analyse von Daten wird durch drei bis vier Arten charakterisiert und ist in Abb. 3 dargestellt [31].

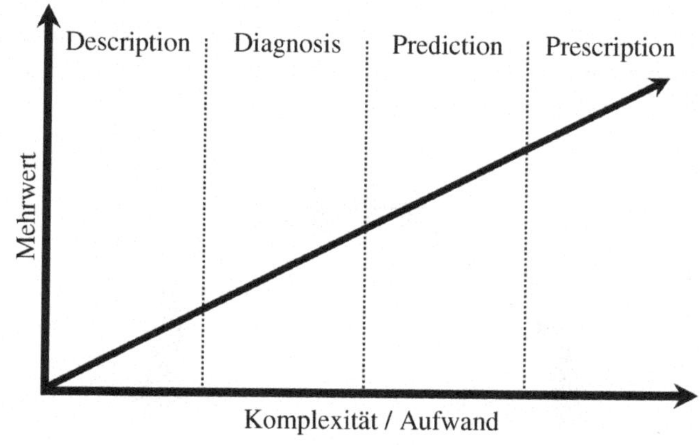

Abb. 3. Vier Arten der Datenanalyse in Anlehnung an Laney [31]

Die Abbildung beschreibt die vier Phasen der Analytics und unterstellt einen linearen Zusammenhang zwischen der Komplexität bzw. dem zu investierenden Aufwand und der potenziellen Mehrwertgenerierung [31]. Descriptive Analytics wird dazu verwendet, um Daten aus der Vergangenheit zu beschreiben und zu visualisieren.

Diagnostic Analytics geht darüber hinaus und stellt die Frage danach, warum etwas passiert ist. Dies geschieht beispielsweise durch die Interaktion des Nutzers mit den Daten, bei dem der Nutzer bspw. intuitiv Parameter einstellt und auswählt. Die Auswirkungen lassen sich dann etwa durch Trends und statistische Verteilungen innerhalb der unterschiedlichen Dimensionen ad hoc darstellen und interpretieren. Mit der Predictive Analytics werden darüber hinaus Vorhersagen getroffen. In der Produktion ist dabei der Begriff der Predictive Maintenance verbreitet, bei der der Ausfall eines Bauteils vorhergesagt wird, um die Lebenszeit maximal auszunutzen, bevor das Bauteil verschlissen ist oder versagt. Die komplexeste Form ist die Prescriptive Analytics, die zum Ziel hat basierend auf den Daten vorherzusagen, was passieren wird, wenn eine bestimmte Maßnahme ergriffen wird [31].

3.2 CRISP-DM zur strukturierten Datenanalyse

Innerhalb der Data Analytics hat sich im Lauf der Jahre der CRISP-DM-Prozess etabliert [32]. Ursprünglich wurde dieses Prozessmodell für das Data Mining konzipiert. Data Analytics umfasst eine Vielzahl verschiedener Methoden zur Datenanalyse. Data Mining ist eine Methode zur Ermittlung von Zusammenhängen in einer Datenbank [28]. Die Durchführung von Data Mining wird durch die Abb. 4 illustriert und lässt sich ebenso für Data Analytics im Allgemeinen durchführen.

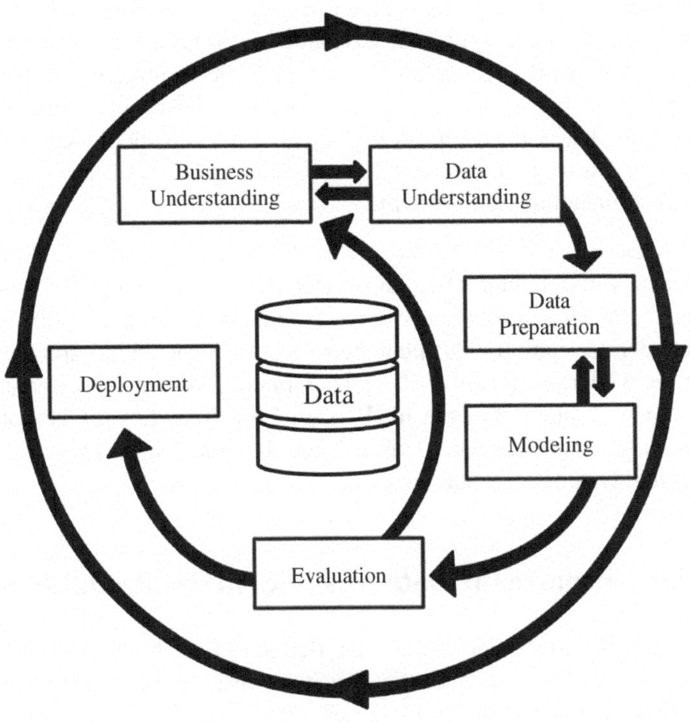

Abb. 4. CRISP-DM Prozessmodell

Während im Zentrum der Abbildung die Datenbasis steht, besteht der konkrete Prozess aus sechs Phasen, die teilweise in wechselseitiger Beziehung stehen [33]:

- Business Understanding zielt auf das benötigte Domänenverständnis innerhalb eines Data Analytics Projektes ab. Darunter wird verstanden, dass der Spezialist für die Datenanalyse ein detailliertes Prozessverständnis erlangt. Außerdem werden innerhalb dieser Phase die Ziele und Erfolgskriterien für das Projekt festgelegt.
- Data Understanding steht in unmittelbarer Wechselbeziehung zum Business Understanding. Neben der Datensammlung wird die Datenbasis beschrieben und einer Exploration unterzogen. In Abstimmung mit dem entsprechenden Geschäftsprozessexperten gilt es die Datenqualität zu evaluieren.
- Data Preparation umfasst den gesamten Teil der Vorbereitung bzw. Vorverarbeitung der Daten für die anschließende Analyse. Dabei geht es zunächst neben der Beschreibung des Datensatzes um die Auswahl und Bereinigung der Datenbasis. Darüber hinaus können unterschiedliche Datensätze fusioniert werden. Dieser Vorgang erfordert häufig eine Formatierung der Daten.
- Modeling bezeichnet die Modellbildung. Es werden verschiedene Algorithmen und Methoden angewendet, um zu testen, welche sich am besten für den ausgewählten Anwendungsfall eignen. Für die Bildung unterschiedlicher Modelle müssen ggfs. erneute Schritte innerhalb der Data Preparation vorgenommen werden.
- Evaluation beschreibt die Bewertung der verschiedenen Modelle bzw. Analysen. Sie findet in enger Abstimmung mit dem Domänenexperten statt. Sollte sich innerhalb dieses Prozessschrittes zeigen, dass die Ergebnisse sich nicht für den Anwender eignen, so muss ggfs. der gesamte Prozess erneut durchlaufen werden.
- Das Deployment wird durchgeführt, wenn sich die evaluierten Modelle für den Endanwender als geeignet und sinnvoll erweisen. Hierbei ist zentral, dass die Ergebnisse für den Nutzer per se zugänglich sind und die Modelle im Prozess funktionieren. Darüber hinaus wird das Gesamtprojekt einem Review unterzogen und eine Dokumentation wird erstellt.

Der äußere Kreis des CRISP-DM-Prozesses drückt das allgemeine Paradigma der kontinuierlichen Verbesserung bzw. Anpassung aus und zeigt damit Parallelen zum beschriebenen DMAIC-Zyklus aus dem Six Sigma. Hierdurch soll verdeutlicht werden, dass der Gesamtprozess nicht beim Deployment endet, sondern über die Laufzeit immer weiterentwickelt wird. Trotz etablierter Vorgehensweisen erweist sich die Umsetzung wirksamer Projekte im Bereich Data Analytics als komplex und zu distanziert vom Prozess – insbesondere in Know-how-intensiven Domänen, wie dem Produktions- und Qualitätsmanagement.

4 Handlungsbedarfe für Data Analytics in der Produktion

Nachdem sowohl der Stand der Technik im Bereich Lean Production und Qualitätsmanagement als auch Data Analytics beschrieben wurde, werden in diesem Abschnitt die Hintergründe abgeleitet, die dazu führen, dass Data Analytics häufig nicht den erhofften Erfolg bringt. Im Fokus stehen dabei die initial genannten Hauptursachen:

Insuffiziente Datenqualität und fehlende Prozessnähe. Darüber hinaus gilt es Handlungsbedarfe zu eruieren, wie Paradigmen aus Lean Production und dem Qualitätsmanagement dabei helfen können, Datenanalyse wirksam umzusetzen.

4.1 Prozessorientierung und Datenqualität

Ein prozessorientierter Ansatz ist als Grundsatz des Qualitätsmanagements in Unternehmen über die DIN EN ISO 9001:2015 abgebildet [34]. Die Prozessorientierung bzw. -nähe wird in diesem Fall anhand des Produktionsprozesses beschrieben und meint dabei zwei Perspektiven. Zum einen die inhaltliche Nähe, die sicherstellt, dass der Anwender mit den Daten interagieren kann – ohne speziell auf Data Analytics geschult werden zu müssen. Zum anderen zielt der Begriff auf die räumliche Nähe zum Wertschöpfungsprozess ab. Diese inhaltliche und räumliche Prozessnähe ist wesentlicher Bestandteil, um die Steigerung der Prozess- und Datenqualität zu befähigen.

Datenqualität wird als Eignung für die Weiterverarbeitung von Daten, wie die Datenanalyse, definiert. Dabei wird der Begriff insbesondere im Kontext schlechter Datenqualität genannt. So wird insuffiziente Datenqualität zum Beispiel durch Datenfehler, Dubletten, fehlende Werte oder falsche Formatierungen charakterisiert. In der Produktion werden z. B. durch Maschinen und Anlagen oder IT-gestützte Systeme große Datenmengen (automatisch) erhoben. Diese schnell erzeugte Menge sorgt dafür, dass die Plausibilisierung nicht mehr gewährleistet werden kann und schlechte Datenqualität in großem Umfang erzeugt wird.

Um die Qualität von Daten dahin gehend zu steigern, dass sie verarbeitet werden können, ist der Prozessschritt der Data Preparation als Standardprozess akzeptiert. Unter Berücksichtigung der Grundlage von Lean Production, der Vermeidung von Muda, ist dieser Prozessschritt kritisch zu betrachten. Die Vorbereitung bzw. Vorverarbeitung von Daten stiftet keinen unmittelbaren Mehrwert, um am Ende des Prozesses ein valides Analyseergebnis zu generieren. Hinzu kommt, dass dieser Prozessschritt häufig 60 bis 90 % der Umsetzungszeit eines Analytics-Projektes beansprucht [35]. Das bedeutet auch: Liegen Daten in der der Qualität vor, in der sie zur Analyse benötigt werden, lässt sich der zeitliche Aufwand der Datenanalyse um bis zu 90 % reduzieren. Durch die hohe Relevanz von Data Preparation in der Datenanalyse wird in Anlehnung an die Analytics Arten postuliert, dass es sich hierbei um eine separate fünfte Art handelt, die die Basis für die anderen Analytics Arten bildet.

Diese Erweiterung der fünften Phase, die als erste Analytics Art fungiert, führt unter anderem zum zweiten Effekt. Dieser beinhaltet, dass ein nicht-linearer Zusammenhang zwischen Mehrwertgenerierung und Aufwand/Komplexität besteht. Für Data Preparation muss ein hohes Investment getätigt werden ohne Mehrwert zu generieren. Ähnliches ist im Bereich der Predictive bzw. Prescriptive Analytics zu konstatieren. Um valide Prognosen zu treffen oder auch präskriptive Analytics zu implementieren, müssen – insbesondere in der Produktion – häufig unzählige Parameter berücksichtigt werden, die in vielen Fällen manuell integriert werden müssen. Zu diesen können auch externe Störvariablen zählen, die zwar durch Datenmodelle robust berücksichtigt werden könnten, aber deren Implementierung durch die häufige

Kurzfristigkeit des Eintritts nicht sinnvoll ist. Dadurch ist die Mehrwertsteigerung im Vergleich zum Aufwand bzw. zur Komplexität im Anfangs- und Endbereich jeweils geringer als im mittleren Bereich des Graphen.

Die höchste Mehrwertsteigerung pro Aufwand manifestiert sich also in ebendiesem mittleren Bereich. Das entspricht etwa dem Übergang von Descriptive zu Diagnostic Analytics. Daraus wird abgeleitet, dass hier der Fokus gesetzt werden sollte. Bei Betrachtung der beiden Analytics Arten besteht die größte Gemeinsamkeit in der Datenvisualisierung. Darüber hinaus zeichnet sich die Diagnostic Analytics dadurch aus, dass sie eine Interaktion mit diesen Visualisierungen ermöglicht und eine datenbasierte Root-Cause-Analysis durchgeführt werden kann.

In der folgenden Abb. 5 ist die Integration der fünften Phase der Data Preparation berücksichtigt sowie der überarbeitete Steigungsverlauf des Graphen dargestellt. Dieser Verlauf lässt sich näherungsweise durch eine Sigmoidfunktion charakterisieren.

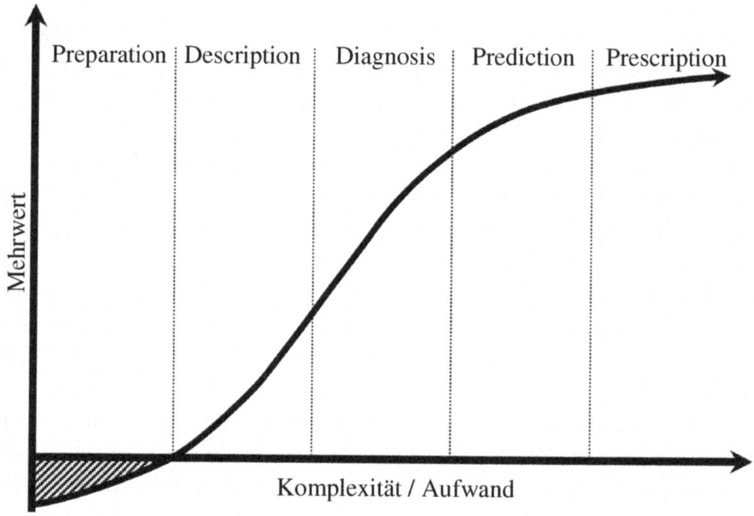

Abb. 5. Erweiterte Betrachtung der Arten von Data Analytics

Weiteres Merkmal in Bezug auf den Graphen ist, dass die Funktion nicht im Ursprung beginnt, sondern darunter. Dies liegt darin begründet, dass die Data Preparation keinen unmittelbaren Beitrag zur Wertschöpfung leistet. Dieses Integral, das in der Abbildung schraffiert dargestellt ist, verbildlicht den Muda-Anteil innerhalb dieser Übersicht. Es ist hierbei hervorzuheben, dass es sich um eine modellhafte Darstellung für Data Analytics in der Produktion handelt und nicht jede Implementierung in der Praxis nach exakt diesem Schema charakterisiert ist.

4.2 Data Preparation als Muda in Data Analytics

Nachdem die Datenvisualisierung durch die höchste Mehrwertsteigerung als ein Fokusfeld ermittelt worden ist, gilt es im Folgenden den schraffierten Muda-Bereich näher zu eruieren. Dazu wird sich an der bereits beschriebenen Zusammensetzung von Muda aus der Lean Production orientiert und Data Analytics in Bezug auf die sieben Verschwendungsarten untersucht und in der folgenden Tab. 1 zusammengefasst.

Tab. 1. Identifikation von Muda in Data Analytics

Lean Production	Muda-Art	Data Analytics
Unnötige Transporte	Transport	Unnötige Datentransfers
Produkte, die nicht bearbeitet werden	Bestände	Speicherung nicht benötigter Daten
Bewegungen von Mensch, Werkzeug	Bewegungen	Umformatieren von Daten
Warten auf nächsten Prozessschritt	Wartezeiten	Warten auf Daten
Produktion ohne Kundenbedarf	Überproduktion	Erfassen unnötiger Daten
Unnötige Produktionsschritte	Overengineering	Unnötiges (Pre-) Processing
Ausschuss und Nacharbeit	Fehler	Unplausible/fehlerhafte Daten

- Transporte innerhalb der Datenanalyse manifestieren sich in zahlreichen Geschäftsprozessen in Unternehmen. So werden beispielsweise zahlreiche Tabellenkalkulationen über verschiedene Arten transferiert. In diesem Fall führen Transporte unmittelbar dazu, dass unnötige Datenbestände erzeugt werden.
- Bestände werden an vielen unterschiedlichen Stellen gespeichert. Während die grundsätzliche Speicherung von Daten in den letzten Jahren immer kostengünstiger geworden ist, werden die Suchzeiten durch höhere Datenbestände erheblich erhöht, wodurch sich zeitliche Verzögerungen ergeben.
- Bewegungen im digitalen Umfeld sind unter anderem als Umformatierungen interpretierbar. Während Daten, anders als bei Transporten/Transfers, bereits beim Anwender vorliegen, ist es oft nötig jene zu formatieren. Auch die (manuelle) Vereinigung von verschiedenen Datenquellen ist eine derartige Art der Bewegung.
- Wartezeiten sind ein Hauptgrund für die teils langsame Umsetzung von Analytics-Projekten. Während zwar viele Daten bereits zentral zusammengeführt werden, kommt es vor, dass besonders in der Produktion Daten dezentral erfasst werden. Wenn dann die Analyse durch einen Datenanalysten durchgeführt werden soll, muss dieser typischerweise auf die Bereitstellung der Daten warten. Dies zeigt sich auch in der Bereitstellung der Analyseergebnisse. Auch automatisierte Analysen können Wartezeiten enthalten – nämlich, wenn aus Performancegründen der Datenbank z. B. nur tägliche Aktualisierungen durchgeführt werden können.
- Überproduktion hängt eng mit den Datenbeständen zusammen. So werden permanent Daten erzeugt, gesammelt und gespeichert, ohne, dass diese letztlich zur weiteren Analyse genutzt werden. Besonders zeigt sich das in der Produktion, wo Maschinen und Anlagen eine enorme Datenflut aus Sensorik und Aktorik erzeugen.

In anderen Geschäftsbereichen werden bspw. häufig zusätzliche (Sicherungs-) Kopien erzeugt, wodurch sich die Datenmenge bzw. die Bestände unnötig erhöhen
- Unnötige Bearbeitungsschritte bzw. Overengineering zielt sehr stark auf den konkreten Fall der Data Preparation ab. Prozesse, wie die Bereinigung von Daten, generieren keinen Mehrwert und sind daher zu eliminieren. Eine weitere Form kann hierbei, insbesondere in Bezug auf Overengineering, der Einsatz neuer Advanced-Analytics-Technologien sein, die für die entsprechende Anwendung nicht benötigt werden.
- Fehler und Pseudoeinträge in der Datenbank sind ein zentraler Grund dafür, dass Data Preparation heute von einer derartig hohen Relevanz ist. Im Umfeld des Qualitätsmanagements in der Produktion lassen sich häufig Pseudoeinträge identifizieren. Insbesondere bei der Erzeugung von Premiumqualität ist es eminent, dass keine Fehler die Produktion verlassen. Daher werden Systeme eher dahin gehend ausgelegt, dass eine Meldung zu viel, denn zu wenig in die Systeme aufgenommen wird.

Diese letztgenannte Verschwendungsart ist die relevanteste in Bezug auf Qualität. Daher soll diese Verschwendungsart primär fokussiert werden. Der Grund liegt dabei auch in der engen Symbiose zwischen Daten- und Prozessqualität. Zur schnellen Identifikation von Nacharbeit mithilfe einer datenbasierten Root-Cause-Analysis ist es unerlässlich, dass die Datenbasis belastbar ist. Dazu werden die (semi-) strukturierten Daten ohne Data Preparation visualisiert, um gezielt Pseudoeinträge zu identifizieren und unmittelbar bei ihrer Erzeugung am Ort der Wertschöpfung zu eliminieren. Das Ziel ist, dass die Datenbank den Prozess möglichst exakt abbildet und Data Preparation obsolet wird.

5 Visual Analytics als technologischer Enabler

Die Bereitstellung von Informationen am Shopfloor darf kein Selbstzweck sein, sondern muss nutzbare Erkenntnisse liefern [18]. Statische Diagramme und Kennzahlen am Shopfloor helfen zwar, um den Produktionsprozess als Ganzes zu monitoren, aber häufig ist dabei kein direkter Rückschluss auf Ursachen für Prozessabweichungen zu schließen. Eine Möglichkeit zur datengestützten Durchführung einer entsprechenden Root-Cause-Analysis bietet Visual Analytics. Im Folgenden wird der Begriff definiert sowie herausgestellt, wieso Visual Analytics neben Fehlern im Produktionsprozess auch die Eliminierung von Datenfehlern befähigt, um letztlich die Prozess- und Datenqualität zu steigern.

5.1 Definition

Bei Visual Analytics handelt es sich um eine Analysetechnik, bei der unter Einsatz interaktiver Visualisierungen die Grundlage für effektives Verständnis, Plausibilisierung und Entscheidungsfindung auf Basis großer und komplexer Datensätze geschaffen wird [36]. Der entscheidende Vorteil dieses Ansatzes ist die Ermöglichung der Datenanalyse im Self-Service durch die Prozessexperten. Hierdurch werden Wartezeiten reduziert und das Involvement des Anwenders in der

Produktion in Bezug auf die Datenanalyse wird erhöht, da er seine Ergebnisse selbstständig erarbeiten und nutzen kann.

5.2 Visualisierung als zentrales Fokusfeld

Die Visualisierung ist der zentrale Bestandteil innerhalb der Visual Analytics. Im Folgenden wird die Relevanz von Datenvisualisierung anhand eines wissenschaftlichen Beispiels aus der Statistik, dem Anscombe-Quartett, beschrieben [37]. Innerhalb dieser Durchführung wird verdeutlicht, dass die ausschließliche Betrachtung statistischer Kennzahlen nicht ausreicht, wenn ein tieferes Verständnis für die Datenbasis erzeugt werden soll. Es werden vier verschiedene, im Vergleich zu Anscombe leicht modifizierte Beispieldatensätze aufgeführt, die Tab. 2 entnommen werden können. Die Modifikation der Daten um Faktor zehn dient dazu, die Komplexität leicht zu erhöhen, um sich dem Niveau der Praxis anzunähern.

Tab. 2. Datensätze A, B, C, D

A		B		C		D	
x	y	x	y	x	y	x	y
100	804	100	914	100	746	80	658
80	695	80	814	80	677	80	576
130	758	130	874	130	1274	80	771
90	881	90	877	90	711	80	884
110	833	110	926	110	781	80	847
140	996	140	810	140	884	80	704
60	724	60	613	60	608	80	525
40	426	40	310	40	539	190	1250
120	1084	120	913	120	815	80	556
70	482	70	726	70	642	80	791
50	568	50	474	50	573	80	689

Es fällt zunächst auf, dass sich jeder Datensatz stark von den anderen differenziert. Dieser Effekt wird dadurch verstärkt, dass keine auf- oder absteigende Sortierung der x- oder y-Variable vorgenommen worden ist. Für die Datenanalyse werden häufig zunächst statistische und hochaggregierte Kennzahlen ermittelt, mit denen sich ein erster Überblick über verschiedene Charakteristika des jeweiligen Datensatzes verschaffen lässt. Verbreitet sind dabei vor allem die simpel zu kalkulierenden statistischen Größen. So erfolgt beispielsweise die Berechnung des arithmetischen Mittels, der Standardabweichung, des (Bravais-Pearson-) Korrelationskoeffizienten zwischen beiden Variablen sowie eine lineare Regression bzw. Trendfunktion [38–40].

In der folgenden Tab. 3 sind diese Kennzahlen für alle vier Datensätze berechnet. Bis auf geringe Rundungsabweichungen bei der Standardabweichung zeigt sich in Bezug auf die Kennzahlen ein einheitliches Bild. Dabei lassen sich bereits bei initialer Betrachtung der Tabellen, insbesondere bei Datensatz D, deutliche Unterschiede zwischen den Datensätzen identifizieren.

Tab. 3. Datensatzübergreifende statistische Kennzahlen

	x	y
Arithmetisches Mittel	90	750
Empirische Standardabweichung	31,623	~193,65
Korrelationskoeffizient	0,816	
Lineare Regression	y = 5x + 300	

Sowohl die Darstellung von – insbesondere unsortierten – Datensätzen in Tabellenform als auch die Deskription über statistische Kennzahlen kann für die Interpretation der Daten hinderlich bzw. irreführend sein. Dies kann besonders dann kritisch werden, wenn die Domänenexperten nicht über hinreichende Statistikkenntnisse verfügen.

Um datengestützte Entscheidungen direkt am Produktionsprozess treffen zu können, ist es von zentraler Bedeutung einen Datensatz innerhalb kürzester Zeit zu durchdringen. Dazu wird mithilfe der folgenden Abbildungen beschrieben, welche Relevanz die Datenvisualisierung für das Datenverständnis haben kann. Als Darstellungsform wird ein Streudiagramm verwendet. Dies hat unter anderem den Grund, dass diese Diagramme sehr schnell erstellt und vom Betrachter erfasst werden können, aber gleichzeitig einen hohen Informationsgehalt beinhalten. Sie sind besonders für die Visualisierung von Datensätzen mit zwei Variablen, wie in den hier verwendeten Beispieldatensätzen, geeignet [39] (Abb. 6).

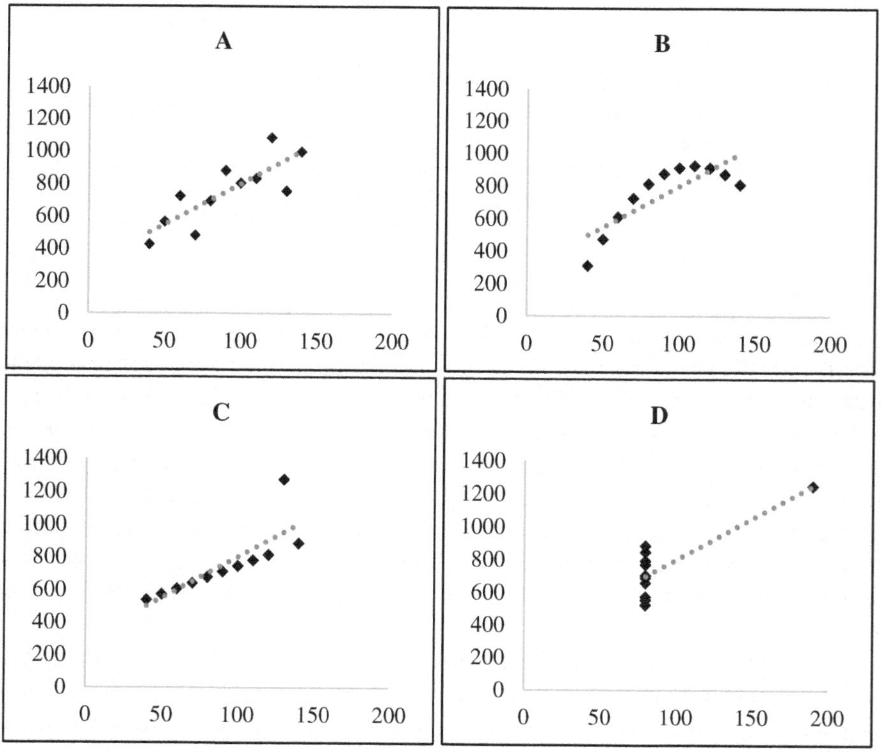

Abb. 6. Visualisierung der Datensätze 1,2,3,4

In jedes der Streudiagramme wird die lineare Regression aus Tab. 3, unter Berücksichtigung des jeweilig relevanten Wertebereichs, visuell integriert. Durch diese Integration wird die Vergleichbarkeit der einzelnen Abbildungen verbessert. So zeigt sich in Datenvisualisierung A, dass hier ein gewisser Trend zwischen beiden Variablen entlang der linearen Regression besteht. Das Diagramm B zeigt ebenfalls einen Zusammenhang, der sich jedoch in Form eines gleichmäßig gewölbten Graphen über die Trendlinie zeigt. In der Darstellung des Datensatz C zeigt sich ein direkter linearer Zusammenhang. Diese wird durch einen ausreißenden Wert nach oben aber unterbrochen, sodass die lineare Regression eine zu hohe Steigung in Bezug auf die meisten Datenpunkte des Datensatzes abbildet. Noch extremer ist dieses Phänomen im Diagramm D festzustellen. Bis auf einen Ausreißer liegen alle Werte auf demselben x-Wert von 80. Die Lokation des Ausreißers auf dem x-Wert von 190 führt dazu, dass die statistischen Kennzahlen auch hier denen der anderen Datensätze entsprechen. Mithilfe dieses Beispiels lässt sich also sehr plakativ darstellen, wieso die Visualisierung von Daten ein entscheidender Faktor ist. Dies zeigt sich insbesondere dann, wenn Datenanalyse durch Domänenexperten im Self-Service durchgeführt werden soll, ohne selbige zum Data Scientist aus- oder weiterbilden zu müssen.

5.3 Applikation von Visual Analytics zur Qualitätssteigerung

Die Basis zur Steigerung der Prozess- und Datenqualität in der Produktion bildet die Vermeidung von Muda in Data Analytics. Dabei ist es zentral, dass Daten mit Hilfe von Visual Analytics dargestellt werden ohne sie einer Data Preparation zu unterziehen. Die Entwicklung einer interaktiven Visualisierungslösung sollte sich am Ablauf des DMAIC-Zyklus orientieren. Dies hat den Vorteil, dass das Vorgehen strukturiert wird und dieser Zyklus bereits in der Produktion und der Qualitätsarbeit etabliert ist.

Des Weiteren sollte auf entwickelte und am Markt erhältliche Softwarelösungen zur Visual Analytics zurückgegriffen werden, bevor aufwendig individuelle Tools programmiert werden. Kontinuierliche Verbesserung der Visualisierung mit dem Endnutzer gilt dabei für eine Vielzahl von Dimensionen, die permanent austariert werden müssen, da sie sich gegenseitig bedingen. Ein hoher Informationsgehalt, der sämtliche Parameter und Dimensionen der Produktionsdaten abbildet, kann dafür sorgen, dass der Anwender längere Zeit benötigt, um konkrete Erkenntnisse zu gewinnen. Weiteres zentrales Element ist die Auswahl der Diagrammarten. Hier sollte bspw. von komplexen 3D-Diagrammen abgesehen werden, um dem Leser eine schnellere Informationsaufnahme zu ermöglichen. Darüber hinaus nehmen Skalierungen, Farben oder die allgemeine Informationsdichte großen Einfluss auf die Visualisierung [27].

Die konkrete Nutzung erfolgt durch den Produktions- oder Qualitätsexperten. Durch den Abgleich von Produktionsprozess und korrespondierender Datenbasis können die Daten unmittelbar am Ort der Wertschöpfung plausibilisiert werden. Wenn diese Plausibilisierung bereits bei der Datenerfassung durchgeführt wird, wird sichergestellt, dass die Daten den physischen Prozess genau abbilden. Falsche Datenpunkte müssen bei der Erfassung eliminiert werden, sodass mittelfristig eine Datengrundlage entsteht, die den Prozess der Data Preparation überflüssig macht.

Im Rahmen eines Pilotprojektes in der Fahrzeugmontage eines BMW Group Werkes wurde dieser Ansatz bereits in der Praxis validiert und auf Wirksamkeit überprüft. Die Anwendung setzt voraus, dass Qualitätsdaten in einer Datenbank oder Tabelle (semi-) strukturiert erfasst werden. So ließ sich der Umfang der Datenerfassung durch die Ad-hoc-Plausibilisierung am Shopfloor um mehr als 20 % reduzieren. Des Weiteren ließen sich konkrete Handlungsbedarfe aus der durchgeführten Root-Cause-Analysis ableiten, bei denen Zusammenhänge in der Nacharbeit in kurzer Zeit identifiziert und eliminiert wurden, die durch aggregierte Kennzahlen nicht ersichtlich waren.

6 Zusammenfassung und Ausblick

Ziel dieses Papers ist die Identifikation der Synergien zwischen Paradigmen der Lean Production und Six Sigma sowie Data Analytics, um die Ursachen für branchenübergreifend scheiternde Analytics Projekte zu eruieren. Auf dieser Grundlage soll abgeleitet werden, wie sich Data Analytics in der Produktion sinnvoll applizieren lässt.

Zur Zielerreichung wurden dabei die jeweilig relevanten Forschungsstände aus den zu betrachtenden Disziplinen erläutert. Die etablierten Prozesse im Bereich Data Analytics implizieren Tätigkeiten, welche keinen wertsteigernden Beitrag zum Endprodukt leisten. Primär ist hierbei der Prozess der Data Preparation zu nennen. Die Aufbereitung von Daten generiert per se keinen Mehrwert. Daher ist es essenziell die Qualität von Daten auf ein Niveau zu heben, das die Auf- und Vorbereitung von Daten obsolet macht. Gleichzeitig wurde der Bereich der Descriptive und Diagnostic Analytics hypothetisch als derjenige identifiziert, der die höchste Mehrwertgenerierung in Abhängigkeit von der Komplexität bzw. des zu investierenden Aufwands ermöglicht.

Visual Analytics wird als ein zentraler Befähiger benannt. Die Relevanz von Datenvisualisierung im Gesamtprozess der Datenanalyse wird anhand eines leicht modifizierten Beispiels von Anscombes Quartett hervorgehoben. Es zeigt, dass die Ermittlung statistischer Kennzahlen zum Teil wenig Aussagekraft in Bezug auf die Beschaffenheit der Daten haben kann. Des Weiteren fungiert die Datenvisualisierung als Schnittstelle zwischen Experten der Produktion und des Qualitätsmanagements sowie Data Analytics. Innerhalb dieser Schnittstelle ist sicherzustellen, dass der Prozessexperte durch intuitive Bedienung ohne intensive Schulungen die Analyse seiner Daten im Self-Service durchführen kann. Durch diese datenbasierte Root-Cause-Analysis unmittelbar am Prozess lassen sich Fehler in kurzer Zeit identifizieren, priorisieren und eliminieren.

Um Daten gezielt zu säubern, ist die Plausibilisierung des Prozessexperten am Shopfloor unerlässlich. Visual Analytics muss daher in der Form appliziert werden, dass (semi-) strukturierte Daten geringstmöglich aufbereitet werden, sodass sich Fehler neben dem Prozess auch in der Datenbank identifizieren lassen. Zur prozessualen Umsetzung dieses Vorgehens empfiehlt sich der DMAIC-Zyklus aus den genannten Gründen der simplen Anwendbarkeit im digitalen Umfeld.

Die Entwicklung eines entsprechenden Dashboards erfordert kontinuierliche Verbesserung. Nur der permanente Austausch zwischen Experten der Datenanalyse und -visualisierung sowie der entsprechende Prozessexperten kann hier eine bedienerfreundliche Lösung hervorbringen.

Die Pilotierung einer derartigen Visualisierungslösung hat sich in der hochflexiblen Fahrzeugmontage eines BMW Group Werkes als wirksam herausgestellt. Zum einen konnten Wirkzusammenhänge einzelner Fehlerbilder durch die Interaktion und intuitive Granulierung der Fehler durch den Anwender identifiziert und eliminiert werden. Zum anderen wurde die Datenmenge durch unmittelbare Plausibilisierung der Datenerfassung am Shopfloor in Teilbereichen um mehr als 20 % reduziert. Für die weiterführende Forschung wurden bereits entsprechende Handlungsbedarfe festgelegt. So gilt es zu eruieren, inwiefern (digitale) Visualisierungsstandards in der Produktion dazu beitragen können, dass Erkenntnisse durch den Prozessspezialisten noch schneller und robuster erlangt werden können. Diese Visualisierungsstandards gilt es dann ebenfalls in weiteren Produktionstechnologien zu erproben.

Literatur

1. Ebel, B., Hofer, M.B., Genster, B.: Automotive Management – Herausforderungen für die Automobilindustrie. In: Ebel, B., Hofer, M.B. (Hrsg.) Automotive Management, S. 3–15. Springer, Berlin (2014)
2. Behnert, D.: Getaktete Fließfertigung in der Einzelteilfertigung von Press- und Umformwerkzeugen im Automobilbau. In: Koether, R., Meier, K.J. (Hrsg.) Lean Production für die variantenreiche Einzelfertigung, S. 139–162. Springer Fachmedien Wiesbaden, Wiesbaden (2017)
3. Bauernhansl, T.: Die Vierte Industrielle Revolution - Der Weg in ein wertschaffendes Produktionsparadigma. In: Bauernhansl T, Hompel M ten, Vogel-Heuser B (Hrsg) Industrie 4.0 in Produktion, Automatisierung und Logistik. Springer Fachmedien, Wiesbaden, S. 5–35 (2014)
4. Windelband, L.: Industrie 4.0 ein Assistenzsystem für die Facharbeit in der Produktion? In: Frenz, M., Schlick, C., Unger, T. (Hrsg.) Wandel der Erwerbsarbeit. Berufsbildgestaltung und Konzepte für die gewerblich-technischen Didaktiken, S. 77–94. LIT, Berlin (2016)
5. Kellerhoff, P.: „Keine Angst vor der Modellvielfalt“. Interview: BMW-Produktionsvorstand Oliver Zipse sieht die Münchner aufgrund hoher Flexibilität in der Produktion auch angesichts der aktuell sinkenden Dieselnachfrage gut aufgestellt. VDI Nachrichten (71 (47/48)):12–13, (2017)
6. Majohr, D.: Optimierung von Karosserievorbehandlungsanlagen in der Automobilindustrie. Dissertation, Universität Rostock (2008)
7. Schuh, G., Stölzle, W., Straube, F.: Grundlagen des Anlaufmanagements: Entwicklungen und Trends, Definitionen und Begriffe, Integriertes Anlaufmanagementmodell. In: Schuh, G., Stölzle, W., Straube, F. (Hrsg.) Anlaufmanagement in der Automobilindustrie erfolgreich umsetzen. Ein Leitfaden für die Praxis. S. 1–8. Springer, Berlin (2008)
8. Jochem, R., Raßfeld, C.: Qualitätsbezogene Kosten. In: Pfeifer, T., Schmitt, R. (Hrsg.) Masing Handbuch Qualitätsmanagement, 6. Aufl., s.l., S. 93–102. Carl Hanser Fachbuchverlag (2014)

9. Ehrlenspiel, K., Kiewert, A., Lindemann, U., Mörtl, M.: Einflüsse auf die Herstellkosten und Maßnahmen zur Kostensenkung. In: Ehrlenspiel, K., Kiewert, A., Lindemann, U., Mörtl, M. (Hrsg.) Kostengünstig Entwickeln und Konstruieren, S. 165–415. Springer, Berlin (2014)
10. Pettey, C.: Why Data and Analytics Are Key to Digital Transformation (2019). https://www.gartner.com/smarterwithgartner/why-data-and-analytics-are-key-to-digital-transformation/. Zugegriffen: 25. September 2019
11. Dittmar, C.: Die nächste Evolutionsstufe von AIS: Big Data. In: Gluchowski, P., Chamoni, P. (Hrsg.) Analytische Informationssysteme, S. 55–65. Springer, Berlin (2016)
12. Erwin, T., Heidkamp, P.: Mit Daten Werte schaffen – Report 2017. Bitkom Research GmbH, KPMG AG Wirtschaftsprüfungsgesellschaft (2017). https://home.kpmg/de/de/home/themen/2017/05/mit-daten-werte-schaffen---studie-2017.html. Zugegriffen: 25. September 2019
13. Fleming, O., Fountaine, T., Henke, N., Saleh, T.: Ten red flags signaling your analytics program will fail. McKinsey Analytics (2018). https://www.mckinsey.com/business-functions/mckinsey-analytics/our-insights/ten-red-flags-signaling-your-analytics-program-will-fail. Zugegriffen: 25. September 2019
14. Schmitt, R., Pfeifer, T.: Qualitätsmanagement. Strategien – Methoden – Techniken, 5. Aufl. Hanser, München (2015)
15. Töpfer, A.: Lean Six Sigma. Erfolgreiche Kombination von Lean Management, Six Sigma und Design for Six Sigma. Springer Berlin (2009)
16. Kaufmann, U.H.: Praxisbuch Lean Six Sigma. Werkzeuge und Beispiele. Hanser, München (2012)
17. Dombrowski, U., Mielke, T.: Einleitung und historische Entwicklung. In: Dombrowski, U., Mielke, T. (Hrsg.) Ganzheitliche Produktionssysteme, Bd. 10, S. 1–24. Springer, Berlin (2015a)
18. Dombrowski, U., Mielke, T.: Gestaltungsprinzipien Ganzheitlicher Produktionssysteme. In: Dombrowski, U., Mielke, T. (Hrsg.) Ganzheitliche Produktionssysteme, Bd. 101, S. 25–169. Springer, Berlin (2015b)
19. Kostka, C., Kostka, S.: Der kontinuierliche Verbesserungsprozess. Methoden des KVP, 7. Aufl. Hanser, München (2017)
20. Verein Deutscher Ingenieure: VDI-Richtlinie: VDI 2870 Ganzheitliche Produktionssysteme. Blatt 1 03.100.50. Beuth Verlag GmbH, Berlin (2012)
21. Ōno, T., Bodek, N.: Toyota production system. Beyond large-scale production. Productivity Press, New York (1988)
22. Schawel, C., Billing, F.: Six Sigma. In: Schawel, C., Billing, F. (Hrsg.) Top 100 Management Tools, S. 231–233. Gabler Verlag, Wiesbaden (2014)
23. Töpfer, A.: Six Sigma als Projektmanagement für höhere Kundenzufriedenheit und bessere Unternehmensergebnisse. In: Töpfer, A. (Hrsg.) Six Sigma. Konzeption Und Erfolgsbeispiele Für Praktizierte Null-Fehler-Qualität, S. 45–97. Springer, Dordrecht (2007)
24. Jochem, R., Geers, D., Rößle, D.: Der DMAIC-Zyklus. In: Jochem R, Herklotz H, Giebel M, Geers D (Hrsg.) Six Sigma leicht gemacht. Ein Lehrbuch mit Musterprojekt für den Praxiserfolg, 2. Aufl. Symposion, Düsseldorf, S. 47–60 (2015)
25. Meran, R., John, A., Staudter, C., Roenpage, O., Lunau, S.: Six Sigma+Lean Toolset. Springer, Berlin (2014)
26. Bauernhansl, T.: Wandlungsfähige Automobilproduktion der Zukunft. 1. Stuttgarter Tagung zur Zukunft der Automobilproduktion: Produzieren ohne Band und Takt, Stuttgart (2019)
27. Kohlhammer, J., Proff, D.U., Wiener, A.: Der Markt für Visual Business Analytics. In: Gluchowski, P., Chamoni, P. (Hrsg.) Analytische Informationssysteme, Bd. 25, S. 303–323. Springer, Berlin (2016)

28. Hedtstück, U.: Abgrenzung des CEP zu anderen Methoden des Data Analytics. In: Hedtstück, U. (Hrsg.) Complex Event Processing, S. 105–110. Springer, Berlin (2017)
29. Horton, FW.: Information Resources Management. Harnessing information assets for productivity gains in the office, factory, and laboratory. Prentice-Hall, Englewood Cliffs, N.J. (1985)
30. Gluchowski, P., Dittmar, C., Gabriel, R.: Management Support Systeme und Business Intelligence. Computergestützte Informationssysteme für Fach- und Führungskräfte, 2. Aufl. Springer, Berlin (2008)
31. Laney, D.: Information Economics, Big Data and the Art of the Possible with Analytics (2012). https://cs.furman.edu/~pbatchelor/csc105/MyPPT/Gartner%20@%20IT-oLogy%20re%20Infonomics%20-%20Big%20Data%20-%20Analytics.pptx. Zugegriffen: 25. September 2019
32. Brown, MS.: What IT Needs To Know About The Data Mining Process. Forbes Media LLC (2015). https://www.forbes.com/sites/metabrown/2015/07/29/what-it-needs-to-know-about-the-data-mining-process/#3389c751515f. Zugegriffen: 25. September 2019
33. Shearer, C.: The CRISP-DM Model: The New Blueprint for Data Mining. J. Data Ware. **5**(4), 13–22 (2000)
34. Deutsches Institut für Normung e. V.: DIN EN ISO 9001: Qualitätsmanagementsysteme – Anforderungen 03.120.10. Beuth, Berlin (2015)
35. Nisbet, R., Miner, G., Yale, K.: Data Understanding and Preparation. In: Nisbet, R., Miner, G., Yale, K. (Hrsg.) Handbook of Statistical Analysis and Data Mining Applications, 2. Aufl., S. 55–82. Elsevier (2018)
36. Keim, D., Andrienko, G., Fekete, J.D., Görg, C., Kohlhammer, J., Melançon, G.: Visual Analytics: Definition, Process, and Challenges. In: Kerren, A., Stasko, J.T., Fekete, J.D., North, C. (Hrsg.) Information Visualization, Bd. 4950, S. 154–175. Springer, Berlin (2008)
37. Anscombe, F.J.: Graphs in Statistical Analysis. Amer Statisti **27**(1), 17 (1973). https://doi.org/10.2307/2682899
38. Holland, H., Scharnbacher, K.: Statistische Maßzahlen. In: Holland H, Scharnbacher K (Hrsg) Grundlagen der Statistik, S. 43–58. Gabler, Wiesbaden (2010)
39. Fahrmeir, L., Künstler, R., Pigeot, I., Tutz, G.: Statistik. Der Weg zur Datenanalyse, 6. Aufl. Springer-Lehrbuch. Springer, Berlin (2007)
40. Holland, H., Scharnbacher, K.: Zeitreihenanalyse. In: Holland, H., Scharnbacher, K. (Hrsg.) Grundlagen der Statistik, S. 79–92. Gabler, Wiesbaden (2010)

Qualitätsverbesserung in der manuellen Montage durch softwarebasierte Bewertung des menschlichen Fehlverhaltens

Robert Refflinghaus[1], Tim Trostmann[1](✉), Lena Blackert[1], und Christian Kern[2]

[1] Fachgebiet Qualitäts- und Prozessmanagement, Institut für Arbeitswissenschaft und Prozessmanagement, Universität Kassel, Kassel, Deutschland
{refflinghaus,trostmann}@uni-kassel.de
[2] Abteilung für Qualitätsmanagement, RIF e. V. Institut für Forschung und Transfer, Dortmund, Deutschland

Zusammenfassung. Trotz Automatisierung und Digitalisierung sind manuelle Montagetätigkeiten hinsichtlich Flexibilität und Variabilität nach wie vor ein Schlüsselelement für effiziente Produktionsprozesse. Um ein hohes Qualitätsniveau zu gewährleisten, gilt es, sowohl eine wirtschaftliche als auch zuverlässige Durchführung dieser Prozesse zu gewährleisten. In der Praxis scheitert die Schaffung robuster und effizienter manueller Montageprozesse jedoch oft daran, dass das Auftreten menschlicher Fehler nicht angemessen prospektiv quantifiziert werden kann. Dies wirkt sich insbesondere auf die Effizienz der Qualitätsplanung aus und damit auf die resultierenden Qualitätskosten. Daher wurde an den Einrichtungen der Autoren ein entsprechendes Verfahren für die manuelle Montage entwickelt. Die modular aufgebaute Methode „Methods Time and Quality Measurement" (MTQM) verwendet Verfahren zur Bewertung der menschlichen Zuverlässigkeit auf Basis von Performance Shaping Factors (PSF), um die Wahrscheinlichkeit menschlicher Handlungsfehler zu prognostizieren. Das Verfahren ermöglicht dem Anwender eine prospektive Bewertung von manuellen Montageprozessen hinsichtlich menschlicher Fehlermöglichkeiten, die Identifizierung kritischer Montageschritte und die monetäre Bewertung verbundener Risiken. Dieses Papier erläutert die Konzeption und Entwicklung der MTQM-Methode. Darüber hinaus wird die Motivation zur Entwicklung eines Softwaretools erläutert und dessen Entwicklungsprozess schrittweise vorgestellt. Das Papier verdeutlicht dabei, wie das resultierende Software-Tool nicht nur den notwendigen Wissens- und Anwendungsaufwand von MTQM reduziert, sondern auch die Vergleichspräzision der Methode erhöht. In diesem Zusammenhang veranschaulicht der Beitrag die Entwicklung standardisierter Übersetzungen von MTM-UAS-Bausteinen mittels MTQM-Standardwörtern sowie die damit verbundenen Anpassungen der Methode. Darüber hinaus wird ein Ansatz zur Optimierung der subjektiven Beurteilung von PSFs aufgezeigt und dessen Integrationsmöglichkeit in die Methode diskutiert. Hierbei liegt der Fokus auf ergonomie-bezogenen Einflussfaktoren auf das menschliche Fehlverhalten.

R. H. Schmitt (Hrsg.), *Datengetriebenes Qualitätsmanagement,* S. 20–37, 2021.
https://doi.org/10.1007/978-3-662-62442-5_2

Schlüsselwörter: Human Reliability Assessment · manuelle Montageprozesse · MTQM · Prozessoptimierung · ergonomische Einflüsse · leistungsbeeinflussende Faktoren · MTM-UAS · Qualitätsplanung · computerunterstützte Auswertung

1 Einleitung

Der Wandel von Verkäufer- zu Käufermärkten und die damit verbundene Forderung kundenspezifischer Produkte und flexibler Produktionsprozesse stellen aktuell zentrale Herausforderungen für Hersteller dar [1, 2]. Um diesen Herausforderungen zu begegnen, wird vermehrt auf Techniken und Methoden aus dem Bereich Industrie 4.0 wie z. B. Automatisierung, Digitalisierung und Vernetzung gesetzt. Der wirtschaftliche Einsatz automatisierter Montagesysteme wird jedoch bei hoher Variantenvielfalt, kleinen Produktionsmengen und kurzen Produktlebenszyklen reduziert. So kann die Abschreibungsdauer der notwendigen Betriebsmittel oft nicht erreicht und der Restkapitalwert nicht abgeschrieben werden [3]. Daher bleiben manuelle Montageprozesse und die damit verbundenen menschlichen Tätigkeiten weiterhin von hoher Bedeutung [4, 5]. Manuelle Montageprozesse stellen zumeist den letzten Abschnitt eines Produktionsprozesses dar. Demnach repräsentieren sie einen Sammelpunkt für organisatorische und qualitative Fehler, welche in früheren Phasen des Produktionsprozesses verursacht wurden [6]. Die grundlegenden Charakteristika der darin enthaltenen menschliche Aktivitäten tragen zu diesem Problem bei, da menschliche Handlungen stets einer Fehlerwahrscheinlichkeit unterliegen [7, 8] die zu Nacharbeit, Ausschuss und verzögerten Arbeitsprozessen führen kann [9]. Dieser Aspekt der menschlichen Zuverlässigkeit wird unter dem Begriff Human Error Probability (HEP) zusammengefasst, welcher durch unterschiedliche Faktoren, sogenannte Performance Shaping Factors (PSF) beeinflusst wird. Darunter befinden sich u. a. psychologische Einflussfaktoren wie z. B. Motivation, Zeitdruck oder Monotonie und physische bzw. ergonomie-bezogene Einflussfaktoren, welche u. a. aus der Belastungsdauer, Körperhaltung, Vibrationen und damit ggf. verbundenen Beschwerden resultieren [10, 11]. Daher besitzt die HEP einen direkten Einfluss auf die Stabilität und Leistungsfähigkeit der Produktionsprozesse [12]. Ohne angemessene Maßnahmen zur präventiven Vermeidung von menschlichen Fehlern können kritische Montageschritte erst während des Produktionsprozesses entdeckt, analysiert und optimiert werden, was zu hohen qualitätsbezogenen Kosten führt [12]. Dementsprechend stellt eine angemessene präventive Qualitätsplanung von manuellen Montageprozessen einen zentralen Wettbewerbsfaktor für Unternehmen dar, da sie direkten Einfluss auf die Kundenzufriedenheit und den Unternehmenserfolg besitzt. Aktuell liegt der Fokus bei der Planung und Optimierung manueller Montageprozesse jedoch primär auf dem

Zeitaufwand der Montagetätigkeiten [13]. Einer der Gründe dafür liegt darin, dass sich keine der derzeit verfügbaren Methoden zur Bewertung der menschlichen Zuverlässigkeit, die unter dem Begriff Human Reliability Assessment (HRA) zusammengefasst werden, auf die Identifizierung der damit verbundenen Fehlerursachen [14] und den Bereich der manuellen Montage konzentriert. Aus diesem Grund wurde am RIF e. V. in Zusammenarbeit mit mehreren Industriepartnern die Montageplanungsmethode MTQM (Methods Time and Quality Measurement) entwickelt. Mit Hilfe von MTQM können manuelle Montageprozesse in der Serienfertigung bereits in der Planungsphase eines manuellen Montagesystems unter zeitlichen und qualitätsrelevanten Aspekten prospektiv analysiert werden [15]. Somit können notwendige Optimierungsmaßnahmen frühzeitig ergriffen und aufwendige Fehlerabstellprozesse in der Serienphase verhindert werden.

2 Die Entwicklung von MTQM

In der Vergangenheit wurde eine Vielzahl von HRA-Methoden für unterschiedliche Anwendungszwecke entwickelt. Eine Übersicht über aktuell verfügbare HRA-Methoden sind in VDI 4006 Teil 2 [16] sowie in [17] zu finden. Sie lassen sich in aufgabenbezogene (PSF-basierte) und situationsbezogene Methoden unterteilen [16]. Zur Bewertung manueller Montageprozesse der Serienfertigung sind dabei prinzipiell PSF-basierte Verfahren besonders geeignet. Diese befassen sich mit der Bewertung von Prozessen, bei denen der Arbeitnehmer die Eigenschaften der entsprechenden Aufgabe und den Ablauf der darin enthaltenen Tätigkeiten gut kennt [16]. Zu den PSF-basierten Methoden gehört u. a. das Expertensystem für Aufgabentaxonomie (ESAT). Obwohl der Verfahrensentwickler Klaus Brauser die Methode zunächst für die Bewertung von Aufgaben in sicherheitskritischen Bereichen wie z. B. Kraftwerken entwickelt hat, ist sie grundsätzlich für die Bewertung beliebiger Aufgaben in einem Arbeitssystem geeignet [18]. Folglich bot es sich als Grundlage zur Entwicklung eines entsprechenden Verfahrens für die manuelle Montage an. Das ESAT-Verfahren zeichnet sich dabei durch den Aufbau einer detaillierten Aufgabenbeschreibung mittels Standardbegriffen und die Bewertung relevanter PSFs aus [18]. Bei dem Versuch, das Verfahren an beispielhaften manuellen Montageprozessen in der Industrie anzuwenden, wurde jedoch deutlich, dass weder die Standardbegriffe noch die berücksichtigten PSFs ausreichen, um manuelle Montageprozesse ganzheitlich zu beschreiben [19]. Um eine Analyse und Bewertung manueller Montageprozesse mit dem Verfahren zu ermöglichen, waren daher mehrere Anpassungen erforderlich, wobei die Grundstruktur des Verfahrens erhalten blieb. Der Ablauf des ESAT-Verfahrens und die notwendigen Anpassungen sind in Abb. 1 dargestellt.

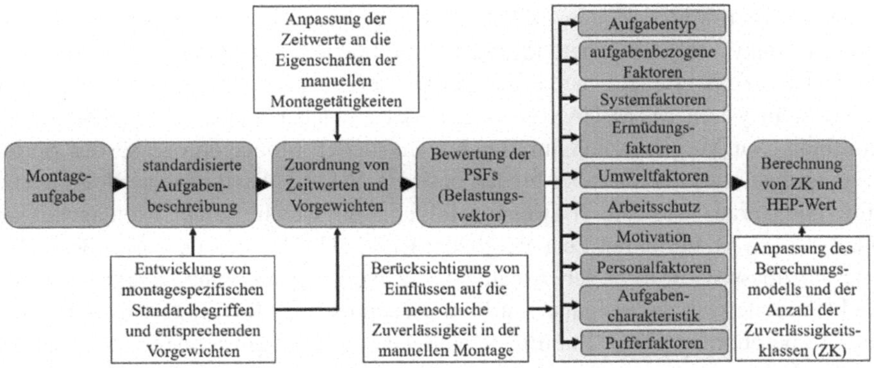

Abb. 1. Ablauf und Anpassungen des ESAT-Verfahrens i. A. a. [20]

Die erste der vorgenommenen Anpassungen betrifft den ersten Schritt des ESAT-Verfahrens, den Aufbau einer standardisierten Aufgabenbeschreibung. Dabei wird der Ablauf des Montageprozesses konsistent hinsichtlich kognitiver und koordinativer Aufgaben, zu handhabender Gegenstände und Häufigkeiten von Aktionen beschrieben und festgelegt. Dazu muss die Aufgabe in Bewegungsabläufe bzw. -folgen gegliedert werden, die sich jeweils aus einzelnen Aufgabenelementen zusammensetzen. Diese Aufgabenelemente werden im nächsten Schritt mit Hilfe von sogenannten Standardwörtern aus der ESAT-Datenbank beschrieben [18]. Die Standardwörter der ESAT-Datenbank reichten jedoch nicht aus, um eine angemessene Beschreibung manueller Montageprozesse zu ermöglichen. Dementsprechend wurden ca. 45 neue montagespezifische Begriffe definiert (z. B. Anziehen und Lösen, Verschieben, Trennen) [15]. Das Ziel der detaillierten Aufgabenbeschreibung ist schließlich die Zuordnung von Zeitwerten und Vorgewichten zu jedem der darin verwendeten Standardwörter. Dies geschieht im zweiten Schritt der ESAT-Methode. Dabei repräsentieren die Vorgewichte, welche einen Wertebereich von 1 bis 10 besitzen, die relative Schwierigkeit der Standardwörter bzw. den Beitrag eines jeden Standardworts zur Gesamtschwierigkeit der Aufgabe [18]. Diese Vorgewichte wurden im Rahmen empirischer Forschungsarbeiten entwickelt und individuell für jedes Standardwort festgelegt. Demnach mussten für jedes der neu entwickelten Standardwörter auch neue Vorgewichte hergeleitet werden. Dazu wurden Experteninterviews in Kombination mit paarweisen Vergleichen auf Basis eines Kriterienkatalogs durchgeführt [21]. Wie zuvor erwähnt, erfolgt durch die Standardwörter des Weiteren auch eine Zuordnung von Zeitwerten zu den einzelnen Tätigkeiten innerhalb des Montageablaufs. Neben den Vorgewichten erforderten die neuen Standardwörter daher auch Zeitwerte. Zudem beziehen sich die Zeitwerte des ESAT-Verfahrens auf selten auszuführende Kontroll- und Überwachungstätigkeiten. Folglich stimmen sie nicht mit den Eigenschaften manueller Montagetätigkeiten in der Serienfertigung und dem dort üblichen Zeitbedarfen überein [12]. Um diese Probleme zu lösen, wurden Zeitwerte aus dem

System vorbestimmter Zeiten MTM-UAS (Methods-Time Measurement – Universelles Analysiersystem) herangezogen, um bereits vorhandene Zeitwerte anzupassen und Zeitwerte für neue Standardwörter festzulegen. Hierbei wurde auf das Bausteinsystem MTM-UAS gesetzt, da es einen anerkannten Standard für die Ermittlung von Vorgabezeiten im Bereich manueller Montageprozesse der Serienfertigung darstellt [22]. Darüber hinaus besitzen MTM-UAS-Bausteine den gleichen Verdichtungsgrad wie die Bewegungsfolgen, in welche eine Montageaufgabe gemäß des ESAT-Verfahren zu untergliedern ist [21]. Um bereits vorhandene Zeitwerte anzupassen, wurde der Ablauf der Zuverlässigkeitsanalyse um folgenden Aspekt erweitert: Jede Aufgabe wird im Anschluss an die Erstellung der ESAT-Aufgabenbeschreibung und Zuordnung von Zeit- und Vorgewichtswerten zusätzlich mit MTM-UAS analysiert. Hierdurch können die Zeitwerte der Bewegungsabläufe und Aufgabenelemente der ESAT-Analyse mit denen der entsprechenden MTM-UAS-Aufgabenelemente verglichen werden. Zentrales Ziel dieses Vergleichs ist es, das Verhältnis zwischen dem Zeitwert eines Standardworts und dem Gesamtzeitwert der entsprechenden Bewegungsfolge bzw. des MTM-UAS-Aufgabenelements beizubehalten. Dementsprechend ergibt sich der MTM- sowie montagespezifische Zeitwert gemäß Formel (1) [19].

$$\frac{\text{neuer Zeitwert (Standardwort)}}{\text{Zeitwert UAS Aufgabenelement}} = \frac{\text{alter Zeitwert (Standardwort)}}{\text{Zeitwert ESAT Bewegungsfolge}} \tag{1}$$

Aufgrund der Anpassungen der Zeitwerte mussten auch die ESAT-spezifischen Vorgewichte angepasst werden. Die angepassten Zeitwerte lagen aufgrund des Einflusses von Lerneffekten und Wiederholhäufigkeiten in der Serienproduktion tendenziell deutlich unter den ursprünglichen Zeitwerten des ESAT-Verfahrens. Das heißt, dass ein Arbeiter somit gemäß den neuen Zeitwerten durchschnittlich weniger Zeit hat, die entsprechende Aufgabe auszuführen. Demnach ist eine höhere Schwierigkeit bzw. ein höherer Vorgewichtswert zu erwarten. Aus diesem Grund werden die Vorgewichte insoweit angepasst, dass ihr Wert im gleichen Verhältnis erhöht wird, wie sich die Zeitwerte der Standardwörter verringert haben. Ein zusammenfassendes Beispiel für die notwendigen Anpassungen bezüglich Zeitwerten und Vorgewichten ist in Abb. 2 dargestellt. Hier ist ein Ausschnitt aus einer standardisierten Aufgabenbeschreibung eines Montageprozesses dargestellt, bei dem der Arbeiter einen Durchlauferhitzer montieren muss. Die dargestellte Bewegungsfolge besteht dabei aus drei Aufgabenelementen (dick umrandet) mit jeweils zwei bzw. vier Standardbegriffen. Hinsichtlich der MTM-UAS-Analyse entspricht die dargestellte Bewegungsfolge dem MTM-UAS-Aufgabenelement „BA2" bzw. dem Bewegungsfall „einfaches Bestätigen im Entfernungsbereich zwei". Durch Nutzung des Verhältnisses zwischen dem Zeitwert des entsprechenden MTM-UAS-Aufgabenelements und der Summe der ESAT-Zeitwerte pro Standardwort ergibt sich schließlich unter Anwendung von Formel (1) der montagespezifische Zeitwert der jeweiligen Standardwörter. Zur Anpassung der Vorgewichte wird auf den Kehrwert des zuvor genannten Verhältnisses zurückgegriffen.

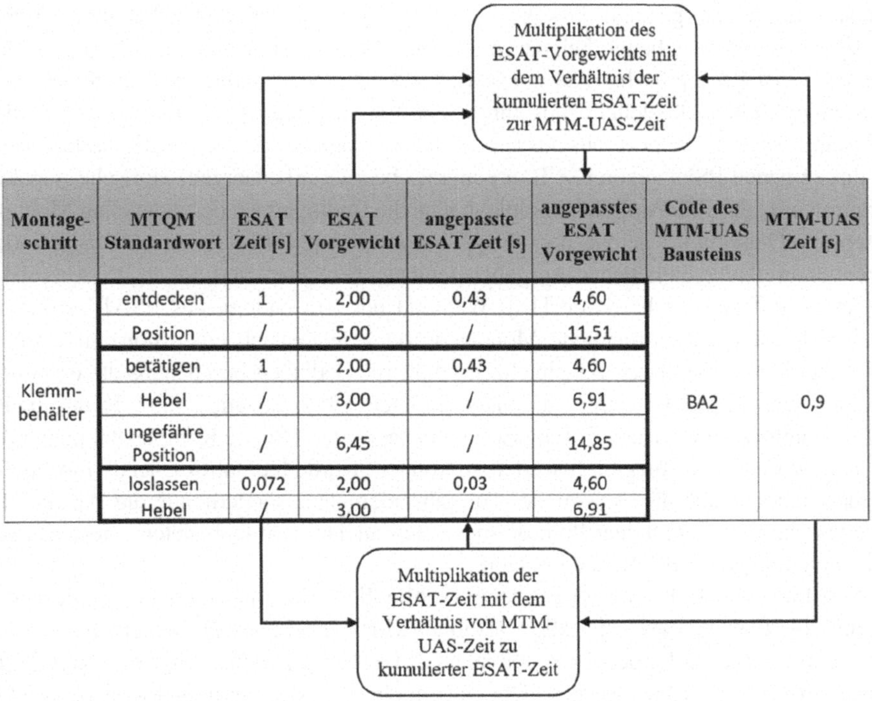

Abb. 2. Beispiel zur Anpassung der ESAT Zeit- und Vorgewichtswerte

Nachdem die standardisierte Aufgabenbeschreibung erstellt wurde, müssen die verschiedenen PSFs bewertet werden. Die PSFs werden dabei innerhalb eines Belastungsvektors zusammengefasst. Sie müssen jeweils mit einem Wert zwischen 0 und 1 ausgeprägt werden. Werte nahe 0 bedeuten dabei, dass der Faktor keinen Einfluss auf die menschliche Zuverlässigkeit innerhalb des Montageprozesses besitzt, Werte nahe 1 beschreiben hingegen einen stark negativen Einfluss des entsprechenden Faktors auf die Zuverlässigkeit der Aufgabenausführung. Typische Faktoren, welche die menschliche Fehlerwahrscheinlichkeit innerhalb der Tätigkeiten des ursprünglichen Anwendungsbereichs des ESAT-Verfahrens beeinflussen, ergeben sich nach Brauser [18] gemäß den folgenden Gruppen:

- S1: Aufgabentyp (Gleichzeitigkeit von Aktivitäten)
- S2: Aufgabencharakteristik (z. B. Aufgabenkomplexität oder –schwierigkeit)
- S3: Personalfaktoren (z. B. Erfahrung oder Motivation)
- S4: Umgebungsfaktoren (z. B. Klima oder Lärm)
- S5: Systembezogene Faktoren (z. B. technische Zuverlässigkeit oder Zeitdruck)

Insgesamt 29 PSFs werden innerhalb des ESAT-Verfahrens betrachtet, welche in den meisten Fällen subjektiv bzw. auf Basis von Experteninterviews zu bewerten sind. Lediglich die Aspekte Aufgabenkomplexität und Aufgabenschwierigkeit werden auf Basis der standardisierten Aufgabenbeschreibung objektiv bzw. formelbasiert ausgeprägt. Die Anwendung des ESAT-Verfahrens an beispielhaften manuellen Montageprozessen in der

Industrie hat jedoch gezeigt, dass diese 29 PSFs nicht alle relevanten Faktoren berücksichtigten, die den Arbeiter bei der manuellen Montage beeinflussen können. Daher wurden montagespezifische PSFs aus weiteren HRA-Verfahren und Systemen vorbestimmter Zeiten abgeleitet. Dies führte zur Entwicklung eines montagespezifischen Belastungsvektors, welcher aus insgesamt 40 montagespezifischen PSFs besteht [19]. Zu diesen neuen PSFs gehören z. B. ergonomische oder arbeitsorganisatorische Aspekte. Zudem wurde der PSF Aufgabenkomplexität an die Bedingungen der manuellen Montage angepasst. Dieser wird gemäß dem ESAT-Verfahren auf Basis der Anzahl in der Aufgabenbeschreibung enthaltener Aufgabenelemente berechnet und ist ab 15 Aufgabenelementen mit eins zu bewerten [18]. Während der Anwendung des ESAT-Verfahrens ergab sich jedoch, dass manuelle Montageprozesse tendenziell einen höheren Umfang bzw. eine höhere Zykluszeit bei gleichzeitig höherer Geübtheit besaßen als die ursprünglich mit dem ESAT-Verfahren zu analysierenden Überwachungs- und Kontrolltätigkeiten. Folglich wurde dieser PSF meist mit eins bewertet. Um die Komplexität manueller Montageprozesse angemessen bewerten zu können, wurde hier, abweichend vom ESAT-Verfahren, nicht auf die Anzahl der Aufgabenelemente, sondern auf die Anzahl der Bewegungsfolgen zurückgegriffen, da diese stets mehrere Aufgabenelemente umfassen und somit eine geringere Anzahl besitzen.

Wurden alle PSFs bewertet, kann schließlich der menschliche Fehlerwahrscheinlichkeitswert bzw. die HEP (Human Error Probability) berechnet werden. Hierzu muss die Aufgabe einer von zehn Zuverlässigkeitsklassen bzw. Reliability Classes (RC) zugeordnet werden. Das entsprechende Berechnungsmodell ist in [18] angegeben. Aufgrund der gestiegenen Anzahl von PSFs und des damit verbundenen höheren Einflusses des Belastungsvektors auf den finalen HEP-Wert musste das Berechnungsmodell angepasst werden. Um den höheren Einfluss des Belastungsvektors auszugleichen, wurde ein montagespezifischer Vorfaktor entwickelt [15]. Dieser wurde im Laufe der Zeit kontinuierlich optimiert, wodurch die Prognosegenauigkeit von MTQM iterativ gesteigert werden konnte. Es hat sich durch den Abgleich der von MTQM berechneten HEP-Werte mit real vorliegenden Fehlerdaten gezeigt, dass ein konstanter Vorfaktor bei niedrigen oder hohen Extremwerten bzgl. der Anzahl bewerteter PSFs des Belastungsvektors zu einer Beeinflussung der Prognosegenauigkeit des HEP-Werts führt. Dementsprechend wurde ein variabler Vorfaktor entwickelt, welcher sich in Abhängigkeit der Anzahl der bewerteten PSFs, die mit einem Zahlenwert $\neq 0$ ausgeprägt wurden, anpasst. Dabei wird jedoch nur die Anzahl der PSFs berücksichtigt, welche unabhängig von den Zeit- und Vorgewichtswerten der standardisierten Aufgabenbeschreibung ermittelt werden ($\#PSF_{var}$). Die entsprechenden PSFs „Aufgabencharakteristik“ und „Aufgabentyp“ liegen jeder MTQM-Analyse fundamental zugrunde und sind folglich stets auszuprägen. Als geeigneten Basiswert der neuen Berechnungsformel hat sich im Zuge der Industrieanwendung ein Wert von 0,04 ergeben. Die finale Vorgehensweise zur Ausprägung des variablen Vorfaktors ist in den Formeln (2) und (3) dargestellt.

$$1 - (\#PSF_{var} * 0,04) \text{ für } 1 < PSF_{var} < 24 \tag{2}$$

$$0,04 \text{ für } PSF_{var} \geq 24 \tag{3}$$

Während der Praxisanwendung des Verfahrens hat sich zudem gezeigt, dass alle analysierten Montagetätigkeiten in die unterste Zuverlässigkeitsklasse fallen. Dies lag daran, dass Aktivitäten in der manuellen Montage tendenziell eine viel geringere Fehlerwahrscheinlichkeit, als die in ESAT betrachteten, größtenteils kognitiv geprägten Aktivitäten, besaßen. Folglich wurde die unterste Zuverlässigkeitsklasse in zehn weitere Klassen unterteilt, um einen angemessenen Vergleich manueller Montageprozesse zu ermöglichen [19].

Umfassende Tests des resultierenden, angepassten Verfahrens in der Industrie haben schließlich gezeigt, dass MTQM es dem Qualitätsingenieur bzw. Arbeitsplaner ermöglicht, menschliche Fehlerwahrscheinlichkeiten vorherzusagen und kritische Montageschritte sowie mögliche Optimierungsansätze zu identifizieren. Durch die Kombination der Fehlerwahrscheinlichkeiten mit den damit verbundenen Fehlerkosten in Form einer Fehler-Prozess-Matrix (FPM) kann das identifizierte Risiko darüber hinaus sogar monetär quantifiziert werden [20].

3 Software-basierte Bewertung der menschlichen Zuverlässigkeit

Trotz der allgemeinen Anwendbarkeit innerhalb der manuellen Montage erforderte MTQM immer noch ein hohes Maß an Wissen über Systeme vorbestimmter Zeiten und HRA-Methoden. Zudem waren die Erstellung der standardisierten Aufgabenbeschreibung und die Bewertung der PSFs mit einem hohen Zeitaufwand verbunden. Diese Aspekte stellen jedoch zentrale Faktoren im Hinblick auf die Anwendung und Verbreitung der Methode in der Industrie dar. Um den Implementierungsaufwand und das für die Methodenanwendung notwendige Wissen auf ein handhabbares Maß einzugrenzen, wurde MTQM in ein einfach zu bedienendes, Excel-basiertes Software-Tool überführt. Gemäß den zuvor genannten Problemen bestand das erste Ziel darin, die Erstellung der standardisierten Aufgabenbeschreibung zu vereinfachen. Daher wurde die grundlegende Vorgehensweise von MTQM und die MTQM-Datenbank im Software-Tool abgebildet [23]. Darüber hinaus wurden die Standardwörter, Zeitwerte und Vorgewichte in der Datenbank im Hinblick auf vorhandene Ähnlichkeiten und Gemeinsamkeiten analysiert, um standardisierte Analysemodule abzuleiten. Diese ermöglichen eine automatische Ermittlung der notwendigen Zeit- und Vorgewichtswerte aus der hinterlegten Datenbank. Durch Kombination mit einem „Drag&Drop"-System wird es dem Anwender schließlich ermöglicht, die standardisierte Aufgabenbeschreibung durch einfaches Auswählen und Zusammensetzen der entsprechenden Elemente zu erstellen [23]. Das zweite Ziel bei der Entwicklung des MTQM-Software-Tools war die Integration des Belastungsvektors und des Berechnungsmodells sowie die Entwicklung einer intuitiven Benutzeroberfläche mithilfe eines Kano-Projekts [24]. Zur Reduzierung des benötigten Wissensbedarfs im Rahmen der PSF-Beurteilung wurden dabei aussagekräftige Beschreibungen der einzelnen PSF entwickelt. Zusammen mit der Aufnahme stufenlos einstellbarer Schieberegler für die PSF konnte so deren Bewertungsaufwand reduziert werden. Darüber hinaus wurde eine zusammenfassende Übersicht über die relevanten

Erkenntnisse der Analyse erstellt. Diese beinhaltete z. B. Grafiken, in denen die Ergebnisse verschiedener Montageabläufe einander anschaulich gegenübergestellt werden können. Hierdurch wird der Anwender bei der Erkennung von Schwachstellen und der Ableitung von Optimierungsmaßnahmen unterstützt. Nach dem Hinzufügen des Berechnungsmodells war es schließlich möglich, HEP-Werte software-basiert zu berechnen. Das entstandene Software-Tool führt den Anwender anschaulich durch die einzelnen Schritte einer MTQM-Zuverlässigkeitsanalyse und unterstützt ihn dabei an zentralen Stellen mit dem notwendigen HRA-Wissen.

4 Auf dem Weg zu einer höheren Vergleichspräzision

Ein Aspekt, welcher im Software-Tool noch nicht ausreichend berücksichtigt wurde, ist die Berücksichtigung von montagespezifischen Zeitwerten auf Basis von MTM-UAS und die damit verbundene Anpassung der Vorgewichte. Außerdem gab es trotz reduziertem Durchführungsaufwand und reduziertem Bedarf an Fachwissen immer noch das Problem einer geringen Vergleichspräzision der MTQM-Methode. Diese geringe Vergleichspräzision resultiert bei gängigen HRA-Verfahren im Allgemeinen aus der subjektive Bewertung der PSF, welche meist auf Basis von Expertenbefragungen erfolgt [25, 26]. In MTQM wurde zwar die Bewertung einzelner PSF wie z. B. der Grad der Arbeitsorganisation oder Klima und Lärm auf Basis von Normen und Richtlinien optimiert, sodass diese objektiv bzw. formelbasiert ausgeprägt werden können. Der Großteil der PSF wird jedoch auch hier weiterhin subjektiv bewertet. Bei MTQM bzw. dem ESAT-Verfahren wird die Vergleichspräzision zudem durch die nicht eindeutig und transparent festgelegte Syntax beeinflusst. Dies führte dazu, dass prinzipiell oft mehr als eine Kombination von Standardwörtern dazu geeignet war, eine bestimmte Aufgabe angemessen zu beschreiben [27]. Folglich ergaben sich Unterschiede innerhalb der von verschiedenen Anwendern aufgestellten standardisierten Aufgabenbeschreibungen für einen bestimmten Montageprozess. Die Optimierung dieser Aspekte war ein weiteres Ziel, welches mit der Entwicklung des Software-Tools verfolgt wurde.

Um dieses Ziel zu erreichen, wurden zwei grundlegende Ansätze verfolgt. Der erste Ansatz befasste sich mit der detaillierten Analyse bereits durchgeführter MTQM-Betrachtungen und der MTQM-Datenbank. Dabei wurde primär untersucht, inwieweit eine MTQM-Aufgabenbeschreibung aus einer gegebenen MTM-UAS-Analyse abgeleitet werden kann. Dies lag darin begründet, dass MTM-UAS eine klarer festgelegte Syntax und eindeutigere Regeln bzgl. der Verwendung der Standardsprache besitzt. Zudem sind MTM-UAS-Analysen in vielen Unternehmen aufgrund der Verbreitung der MTM-Methode in der Industrie häufig bereits vorhanden. Im Rahmen der Analysen wurde deutlich, dass es prinzipiell möglich ist, MTM-UAS-Bausteine mit MTQM-Standardbegriffen zu übersetzen. Aus diesem Grund wurden die Grundlagen und Regeln des MTM-UAS-Systems gezielt analysiert, um so standardisierte Übersetzungen aller relevanten MTM-UAS-Bausteine zu entwickeln. Bei der Übersetzung der Bausteine ergab sich jedoch, dass es nicht immer möglich ist, alle zur Ableitung einer MTQM-Aufgabenbeschreibung notwendigen

Informationen aus den MTM-UAS-Bausteinen zu beziehen. Des Weiteren wurden im Zuge der Entwicklung verschiedene Standardbegriffe und Vorgewichtswerte überabeitet bzw. neu entwickelt, da sich während des Übersetzungsprozesses neue zuverlässigkeitsrelevante Tätigkeitsbestandteile ergeben haben, die ggf. zu Fehlern am Produkt führen konnten. So wurde u. a. ersichtlich, dass es bzgl. des Entdeckens eines Gegenstands oder des Ortes, an dem er platziert werden soll, von besonderer Bedeutung ist, ob hierbei Verwechslungsgefahr besteht. Dies kann dazu führen, dass entweder der falsche Gegenstand ausgewählt wird oder dass dieser an der falschen Stelle z. B. in einer falschen Bohrung platziert wird. Ebenso wurde berücksichtigt, inwieweit beim Platzieren ein Ausrichten erforderlich ist, was zu einer fehlerhaften Orientierung des Gegensands führen konnte. Das Ergebnis dieser Entwicklungen wird in Abb. 3 beispielhaft veranschaulicht, in welcher ein Ausschnitt aus der standardisierten Übersetzung des MTM-UAS-Bausteins „Betätigen" dargestellt ist.

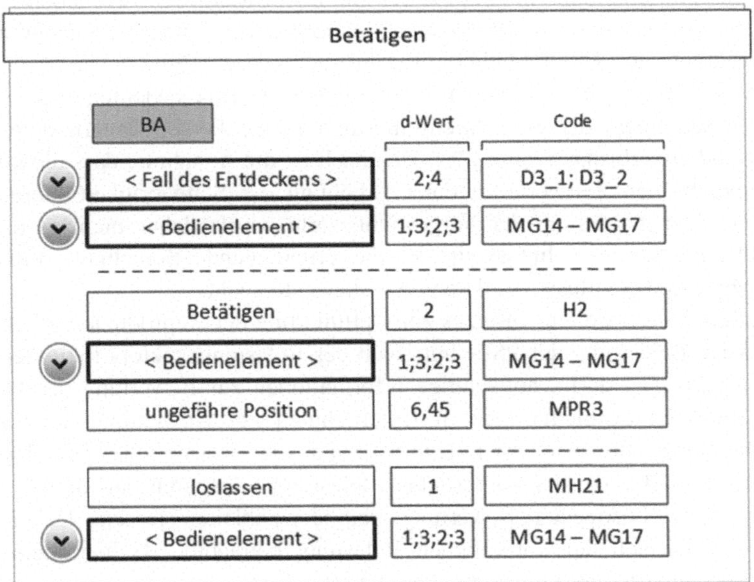

Abb. 3. Beispiel eines übersetzten MTM-UAS Bausteins

In der ESAT-Standardsprache wird u. a. zwischen dem Bestätigen einer Taste, eines Schalters oder eines Hebels unterschieden. Zudem wurde durch die erlangten Erkenntnisse der Aspekt des Entdeckungsfehlers bzw. der Verwechslungsgefahr neu hinzugefügt. Da weder die Art des Bedienelements noch der Aspekt der Verwechslungsgefahr eindeutig aus dem entsprechenden MTM-UAS-Baustein abgeleitet werden können, müssen sie separat angegeben werden. Liegt im Unternehmen bereits eine MTM-UAS-Analyse vor, müssen zur Beschreibung des entsprechenden Betätigungsvorgangs anstelle von sieben Standardwörtern somit nur zwei Standardwörter vom Anwender festgelegt werden, um den entsprechenden Bewegungsablauf der MTQM- bzw. ESAT-Standardsprache abzuleiten. Dies stellt somit einen ersten

Schritt auf dem Weg zu einer höheren Vergleichspräzision der MTQM-Methode dar, während gleichzeitig der Analyseaufwand um ein Vielfaches verringert wird. Durch die automatische Ableitung der ESAT-Analyse auf Basis der angegebenen Spezifikationen besteht darüber hinaus für Anwender nun erstmals die Möglichkeit, eine MTQM-Analyse durchzuführen, ohne über ein tief greifendes Fachwissen der ESAT-Syntax verfügen zu müssen.

Zur montagespezifischen Anpassung der Zeitwerte wurde auf das bereits in der Beschreibung der MTQM-Methode genannten Verfahren zurückgegriffen. Die dazu notwendigen Zeitwerte der MTM-UAS-Bausteine können aus den entsprechenden MTM-UAS-Analysen und MTM-UAS-Datenblättern abgeleitet werden. Bezüglich der Vorgewichtstransformation wurde während der Analyse der MTQM-Datenbank deutlich, dass die bisher durchgeführte Anpassung zu Problemen führen konnte. Zum einen ergab sich teilweise eine Umkehr des Verhältnisses zwischen den Vorgewichtswerten einzelner Standardwörter. Zum anderen konnte die Anpassung dazu führen, dass sich Vorgewichte außerhalb des durch die ESAT-Methode vorgegebenen Wertebereichs (1–10) ergaben. Somit können die Folgen der Anpassung nicht mit den Grundannahmen der ESAT-Methode vereinbart werden. Darüber hinaus basieren die MTM-Zeitwerte auf der MTM-Standardleistung. Das bedeutet, dass sie eine Leistung beschreiben, die eine durchschnittlich fähige Person dauerhaft und ohne Arbeitsermüdung erbringen kann [28]. Demnach ist die Annahme, dass die kürzeren, montagespezifischen Zeitwerte zu einer Erhöhung der Schwierigkeit führen, nicht zielführend. Die Anpassung der Vorgewichtswerte wurde daher nicht in das Software-Tool aufgenommen. Inwieweit dies das grundlegende Berechnungsmodell der MTQM-Methode beeinflusst, wird derzeit weiter untersucht.

Im Rahmen des zweiten Ansatzes zur Optimierung der Reproduzierbarkeit wurde die subjektive Bewertung der PSFs innerhalb des Belastungsvektors fokussiert. Hierbei bestand das Ziel darin, notwendige Informationen zur Bewertung der PSFs aus anderen Analysen abzuleiten, die in Unternehmen zur Anwendung kommen. So wurde untersucht, inwieweit sich Einflüsse auf die menschliche Zuverlässigkeit, welche aus dem Bereich der körperlichen Belastung resultieren, aus aktuell verfügbaren ergonomie-bezogenen Bewertungsmethoden ableiten lassen. Dabei wurde zunächst der Bereich der körperlichen Belastung betrachtet, da hier mehrere allgemein anerkannte Bewertungsmethoden und -standards vorhanden sind, welche aufgrund gesetzlicher Vorgaben in der Industrie zur Anwendung kommen [29]. Relevante Aspekte der körperlichen Belastung, die im Bereich der manuellen Montage in unterschiedlichen Kombinationen auftreten können, sind Körperhaltungen und -bewegungen, Lastenhandhabung, Aktionskräfte und repetitive Aktivitäten des Hand-Arm-Bereichs [30, 31]. Aktuelle Methoden, die diese Aspekte berücksichtigen, sind die Leitmerkmalmethode manuelle Arbeitsprozesse (LMM mA) und das Ergonomic Assessment Worksheet (EAWS) [32]. Die LMM mA ermöglicht jedoch keine kombinierte Bewertung verschiedener Aktivitäten mit unterschiedlichen Belastungen, Körperhaltungen usw. [33]. Daher ist das EAWS die zielführende Methode zur Beurteilung manueller Montageprozesse [34]. Neben den grundlegenden Aspekten der körperlichen Belastung, wie Wiederholung und körperliche Ermüdung, wurden sechs weitere PSFs (z. B. räumliche Beschaffenheit und physisches Ermüdungspotenzial) identifiziert, die sich aus einer entsprechenden EAWS-Analyse ableiten lassen. Somit kann das Ergebnis einer vorhandenen EAWS-Analyse prinzipiell dazu verwendet werden, ergonomie-bezogene PSFs fundierter und nachvollziehbarer zu bewerten und damit die Vergleichspräzision von MTQM zu verbessern.

Im Zuge der Optimierung der PSF-Bewertung wurde zudem die Berechnung des PSF „Aufgabenschwierigkeit" weiterentwickelt, welche auf Basis der standardisierten Aufgabebeschreibung und den darin enthaltenen Zeit- und Vorgewichtswerte ermittelt wird. Hierbei wurden die erlangten Erkenntnisse hinsichtlich der standardisierten MTM-UAS-Übersetzungen entsprechend berücksichtigt. Die ursprüngliche Berechnungsformel des PSF kann dem ESAT-Verfahren entnommen werden [18]. Das zentrale Problem dieser Berechnungsformel wird ersichtlich, wenn der charakteristische Verlauf bzw. der Grenzwert der Formel für eine steigende Anzahl an Aufgabenelementen betrachtet wird. Wie in Abb. 4 dargestellt, läuft der Grenzwert gegen Null. Dies ist nicht nur in der manuellen Montage kritisch, wo Montageabläufe ggf. auch länger zyklisch sein können, sondern auch im Allgemeinen, da die Schwierigkeit einer Aufgabe nicht mit der Anzahl an Tätigkeitsbestandteilen fällt.

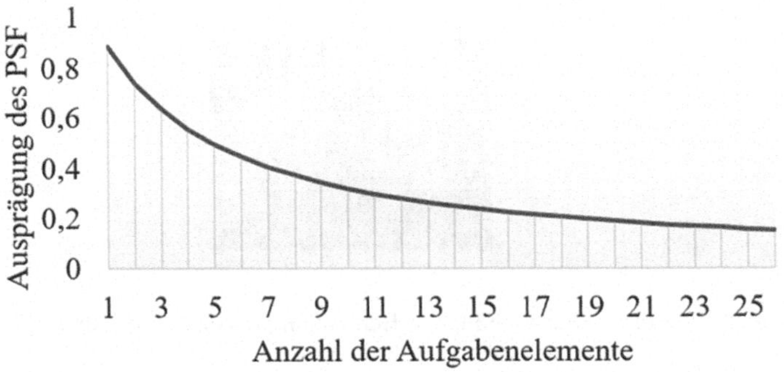

Abb. 4. Verlauf des PSF Aufgabenschwierigkeit

Des Weiteren konnte mit der vorliegenden Berechnungsformel die Aufgabenschwierigkeit nur für die Gesamtaufgabe berechnet werden. Eine Berechnung der Schwierigkeit und damit des HEP-Werts der Bewegungsfolgen bzw. MTM-UAS Bausteine, aus denen sich eine Montageaufgabe zusammensetzt, war mit dieser Berechnungsformel nicht möglich. Dementsprechend schöpft sie die Möglichkeiten der neuen Weiterentwicklungen von MTQM nicht vollständig aus. Dabei scheiterte die Ermittlung bausteinspezifischer Berechnungsformeln bisher an der mangelnden Möglichkeit, die sich ergebenden Werte auf einen Wertebereich zwischen null und eins zu normalisieren. Dies entspricht dem vorgegebenem Wertebereich für PSFs seitens des ESAT-Verfahrens [18]. Grund dafür war das Fehlen standardisierter Sets von Standardbegriffen für die Bewegungsfolgen, sodass der Maximalwert der Berechnungsformeln nicht ermittelt werden konnte. Durch die standardisierten Übersetzungen der MTM-UAS Bausteine liegen die benötigten Standardisierungen nun vor. Somit ist eine Normalisierung alternativer Berechnungsformeln möglich. Folglich wurden alternative Berechnungsformeln der Schwierigkeit einer Tätigkeit mit Fokus auf einer bausteinspezifischen Berechenbarkeit ermittelt. Dabei wurde primär auf unterschiedliche mathematische Verknüpfungen der Parameter Vorgewichte, Zeitwerte und Anzahl der Aufgabenelemente einer Bewegungsfolge bzw. eines MTM-UAS Bausteins gesetzt. Die Formeln wurden dann hinsichtlich ihres Zielführungsgrads bzw. Plausibilität gegenübergestellt. Für die entsprechende Bewertung wurden die ermittelten Schwierigkeitsverläufe mit real vorliegenden Aufgabenschwierigkeiten und Fehlerdaten aus mehreren Fallbeispielen abgeglichen. In Abb. 5 ist dies anhand des Montageprozesses eines Rücklaufrohrs an einem Durchlauferhitzer bestehend aus 21 Bewegungsfolgen dargestellt.

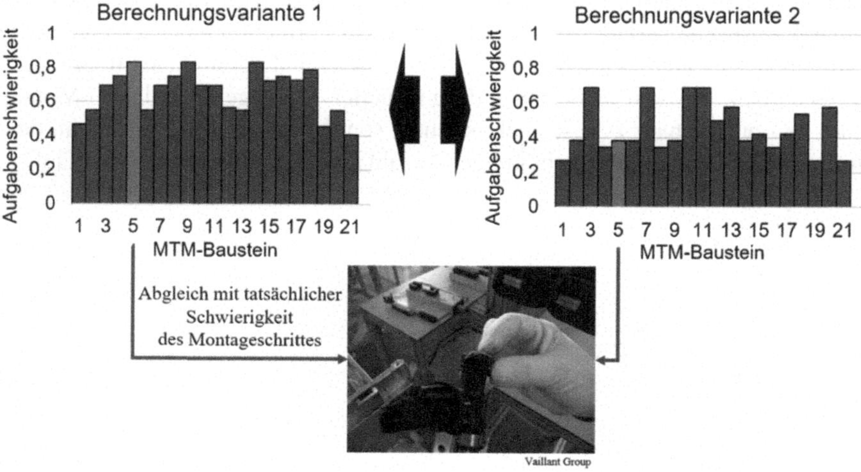

Abb. 5. Gegenüberstellung unterschiedlicher Berechnungsvarianten für den PSF Aufgabenschwierigkeit

Gemäß der Berechnungsvariante 1 ist die Bewegungsfolge 5, welche das Aufziehen eines Dichtungsrings beschreibt, eine der schwierigsten Teilaufgaben dieses Prozesses, gemäß Berechnungsvariante 2 hingegen eine der leichtesten. Die Analyse der Schwierigkeit dieser Tätigkeit in der Praxis bestätigte dabei die Erkenntnis gemäß der ersten Berechnungsformel. In dieser Weise wurde der Verlauf der Schwierigkeit für unterschiedliche Berechnungsformeln gegenübergestellt. Im Ergebnis zeigt sich, dass das Verhältnis der Summe der Vorgewichte der Standardbegriffe (dij) zur Anzahl der Aufgabenelemente (#AE) eines MTM-UAS Bausteins zur Beschreibung dessen Schwierigkeit zielführend ist. Zur Normalisierung des sich ergebenden Werts wird das Maximum dieses Quotienten für den jeweiligen MTM-UAS Baustein herangezogen (max_Klasse). Die entsprechende Berechnungsformel ist in Gl. (4) dargestellt. Um die Schwierigkeit der Gesamtaufgabe zu ermitteln, wird dabei auf das Maximum aller so ermittelten Einzelschwierigkeiten der MTM-UAS Bausteine zurückgegriffen.

$$\text{Aufgabenschwierigkeit} = \frac{\sum d_{ij}}{\#AE} * \frac{1}{\text{max\_Klasse}} \tag{4}$$

Die erfolgte Optimierung des Berechnungsmodells ermöglicht somit eine feingliedrigere Berechnung der Fehlerwahrscheinlichkeit von manuellen Montageprozessen. Dies führt zu einer einfacheren Erkennbarkeit kritischer Handlungsschritte und damit zu einer gezielteren Ableitung von Verbesserungsmaßnahmen.

5 Das MTQM Software- Tool 2.0 – MTM-basierte Bewertung der menschlichen Zuverlässigkeit

Gemäß den zuvor beschriebenen Ergebnissen ist es nun möglich, eine MTQM-Aufgabenbeschreibung nahezu vollständig aus einer vorgegebenen MTM-UAS-Analyse abzuleiten. Dementsprechend wurden die grundlegende Vorgehensweise und das Design des MTQM-Software-Tools [vgl. 24] überarbeitet und neugestaltet. Das Ergebnis dieser Optimierungen, das MTQM Software-Tool 2.0, ist in Abb. 6 dargestellt.

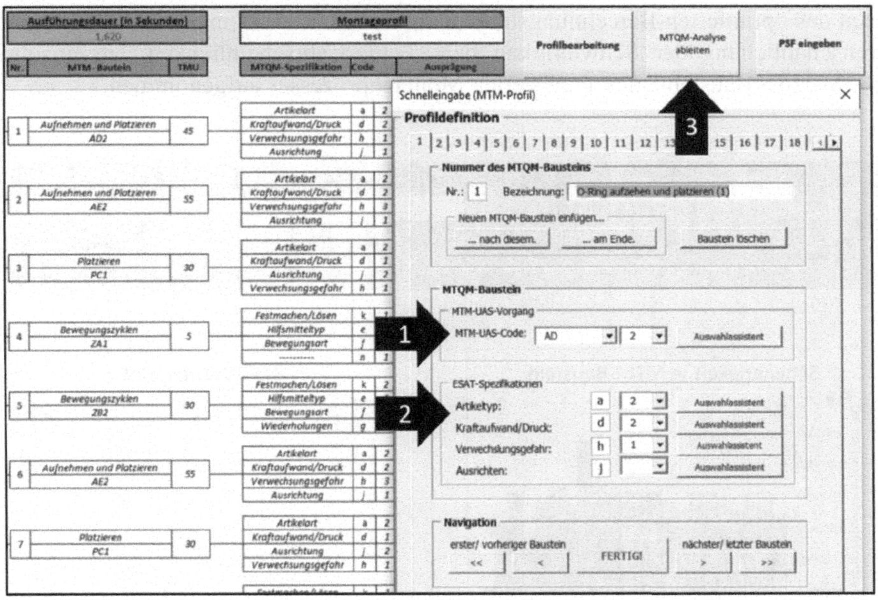

Abb. 6. Das MTQM Software-Tool 2.0

Im Rahmen des neuen Software-Tools erfolgt zunächst die Eingabe der relevanten MTM-UAS-Bausteine, welche der jeweils vorliegenden MTM-UAS-Analyse entnommen werden können (Pfeil 1). Der entsprechende MTM-UAS-Code kann dabei entweder direkt eingegeben werden oder aber mittels eines Auswahlassistenten, welcher über einen Button aufgerufen werden kann, ausgewählt werden. Anschließend müssen die ESAT-spezifischen Informationen, welche nicht aus den MTM-UAS-Bausteinen abgeleitet werden können, eingegeben werden (Pfeil 2). Um das notwendige HRA-Wissen zu reduzieren, wird auch hier neben der Direkteingabe per Code die Unterstützung des Anwenders durch einen Assistenten ermöglicht. Dieser gibt dem Anwender detaillierte Erläuterungen zur Definition und den

Ausprägungen der festzulegenden Aspekte an. Im dargestellten Fall wurde eine Variante des MTM-UAS-Bausteins "Aufnehmen und Platzieren" ausgewählt. Bei der Verwendung dieses Bausteins sind hinsichtlich der MTQM-Aufgabenbeschreibung zusätzlich Informationen über die Art des zu handhabenden Artikels und die Kraft, die erforderlich ist, um ihn an bzw. in der gewünschten Stelle zu platzieren, sowie die Verwechslungsgefahr und die Ausrichtungsparameter erforderlich. Nachdem die gesamte MTM-UAS-Analyse gemäß dieser Vorgehensweise im neuen Tool abgebildet worden ist, kann die MTQM-Aufgabenbeschreibung schließlich durch einfaches Anklicken des entsprechenden Buttons (Pfeil 3) abgeleitet werden.

Der nächste Schritt innerhalb des MTQM Software-Tools ist die Bewertung der PSF innerhalb des Belastungsvektors mittels der zuvor angesprochenen Schieberegler. Daraufhin wird der HEP-Werte automatisch berechnet und mit den weiteren erlangten Erkenntnissen der MTQM-Analyse in der zusammenfassenden Übersicht, dargestellt in Abb. 7, ausgegeben. In dieser Übersicht wurden dabei die Möglichkeiten des optimierten Berechnungsmodells berücksichtigt. Demnach wurde hier eine Veranschaulichung der Schwierigkeit bzw. Fehlerwahrscheinlichkeit der einzelnen MTQM-UAS Bausteine des analysierten Montageprozesses aufgenommen.

Zuverlässigkeitsanalyse					
MTQM-Analyse für das Montageprofil:			Montage Rücklaufrohr		
Kennwerte	Anzahl Bewegungsfolgen (n)	Belastungsvektor (Σ PSF)	Zuverlässigkeitsklasse (ZK)	Zuverlässigkeitsbereich (ZB)	Fehlerwahrscheinlichkeit (HEP)
Wert	22	2,692	12	2	0,001897

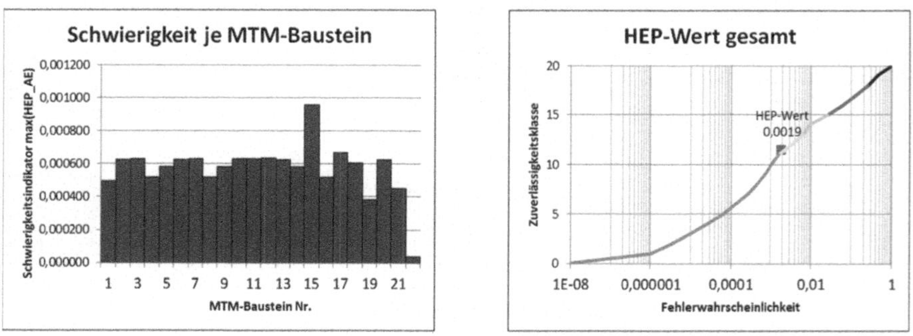

Abb. 7. Ergebnisübersicht des MTQM Software-Tools 2.0

6 Zusammenfassung und Ausblick

Mithilfe der standardisierten Übersetzungen der MTM-UAS-Bausteine ist es möglich, aus einer vorgegebenen MTM-UAS-Analyse durch Hinzufügen weniger Informationen direkt eine MTQM-Analyse abzuleiten. Dadurch wird sichergestellt, dass nur die in der Übersetzung vorgegebenen Standardwörter zur Beschreibung des entsprechenden Bewegungsablaufs verwendet werden. Da das MTM-System eine klarere und besser definierte Syntax besitzt als die ESAT-Standardsprache, sind die erstellten Prozessbeschreibungen konsistenter. Dies führt zu einer wesentlich höheren Vergleichspräzision und einem geringeren Durchführungsaufwand der MTQM-Methode. Auf Basis dieser Erkenntnisse konnte das Berechnungsmodell von MTQM weiter verbessert werden. Hierdurch ist es nun möglich, Fehlerwahrscheinlichkeit für die einzelnen MTM-UAS Bausteine eines Montageprozesses zu berechnen. Im Zuge dieser Entwicklungen wurde die Grundstruktur des MTQM-Software-Tools angepasst und die Benutzerfreundlichkeit verbessert. Darüber hinaus wurde aufgezeigt, dass mithilfe der EAWS-Methode ergonomie-bezogene PSFs systematischer und verständlicher bewertet werden können.

Zukünftige Forschungsaktivitäten richten sich auf die Analyse der Auswirkungen des Entfalls der Vorgewichtstransformation auf das Berechnungsmodell von MTQM. Zudem wird eine weitere Verbesserung der objektiven Bewertbarkeit der PSFs angestrebt. Darüber hinaus werden derzeit Benutzerinterviews durchgeführt, um das Potenzial von noch solideren PSF-Beschreibungen und Schiebereglern mit verschiedenen Skalierungen zu bewerten.

Das IGF-Vorhaben 18878N der Forschungsvereinigung Forschungsgemeinschaft Qualität e. V. (FQS), August-Schanz-Straße 21A, 60433 Frankfurt am Main wurde über die AiF im Rahmen des Programms zur Förderung der industriellen Gemeinschaftsforschung (IGF) vom Bundesministerium für Wirtschaft und Energie aufgrund eines Beschlusses des Deutschen Bundestages gefördert.

Literatur

1. Neuhaus, R.: „Erst Lean-Management, dann Industrie 4.0!“. In: Wagner, R.M. (Hrsg.) Industrie 4.0 für die Praxis: Mit realen Fallbeispielen aus mittelständischen Unternehmen und vielen umsetzbaren Tipps, S. 53–65. Springer Gabler, Wiesbaden (2018)
2. Jochem, R.: Was kostet Qualität?: Wirtschaftlichkeit von Qualität ermitteln. Hanser, München (2010)
3. Lotter, E., Müller, U.: Moderne/smarte Montagearbeitsplätze im Umfeld der Industrie 4.0. In: Wagner, R.M. (Hrsg.) Industrie 4.0 für die Praxis: Mit realen Fallbeispielen aus mittelständischen Unternehmen und vielen umsetzbaren Tipps, S. 93–113. Springer Gabler, Wiesbaden (2018)
4. Kuhlang, P., Finsterbusch, T., Mühlbradt, T., Liebig, S.: Produktive und ergonomische Arbeit in der Industrie 4.0: Ganzheitliche Planung und Gestaltung menschlicher Arbeit, Industrie 4.0 Management. **31**(3), 11–15 (2015)
5. Wiendahl, H.-P., Reichardt, J., Nyhuis, P.: Handbook factory planning and design. Springer, Heidelberg (2015)
6. Brecher, C., Schapp, L.: Studie Strategien und Trends in der Montagetechnik und -organisation: Cluster of excellence integrative production technology for high wage countries. Apprimus, Aachen (2009)
7. Graf Hoyos, C.: Die Zuverlässigkeit des Menschen: Risiken und Chancen. In: Bubb, H., Albers, S. (Hrsg.) Menschliche Zuverlässigkeit Definitionen, Zusammenhänge, Bewertung, 1. Aufl., S. 11–15. ecomed-Storck, Landsberg am Lech (1992)
8. Glendon, A.I., Clarke, S.G., Mckenna, E.F.: Human Safety and Risk Management. CRC Press, Hoboken (2006)

9. Zülch, G., Krüger, J., Bongwald, O.: Produktionslogistische Planung von Prüfstrategien. In: Simulationstechnik: 12. Symposium in Zürich, S. 371–378. Zürich (1998)
10. VDI 4006 Blatt 1: Menschliche Zuverlässigkeit – Ergonomische Forderungen und Methoden der Bewertung (2015)
11. Swain, A.D., Guttmann, H.E.: Handbook of human-reliability analysis with emphasis on nuclear power plant applications: Final report. NUREG/CR-1278. U.S. Nuclear Regulatory Commission, Washington D.C. (1983)
12. Refflinghaus, R., Kern, C.: On the track of human errors – Procedure and results of an innovative assembly planning method. In: Proceedings of the 15th Global Conference on Sustainable Manufacturing: Procedia Manufacturing, Bd. 21, S. 157–164. Haifa, Israel (2017)
13. Kern, C., Refflinghaus, R.: Assembly-specific database for predicting human reliability in assembly operations. Tot. Qual. Manage. Bus. Excel. **26**(9–10), 1056–1070 (2015)
14. Löwe, K.: Consideration of Human Factors in the General Safety Analysis. In: Loss prevention 2007: 12th International Symposium on Loss Prevention and Safety Promotion in the Process Industries, Edinburgh, S. 1–8 (2007)
15. Kern, C., Refflinghaus, R.: Expert System for Evaluating Human Reliability in Manual Assembly Operations. In: Proceedings of the 18th International Conference on Quality and Service Science (Toulon-Verona-Conference), Palermo (2015)
16. VDI 4006 Blatt 2: Menschliche Zuverlässigkeit – Methoden zur quantitativen Bewertung menschlicher Zuverlässigkeit (2017)
17. Bell, J., Holroyd, J.: Review of human reliability assessment methods: Prepared by the Health and Safety Laboratory for the Health and Safety Executive 2009. Research Report 679. http://www.hse.gov.uk/research/rrpdf/rr679.pdf (2009). Zugegriffen: 25. Mai 2018
18. Brauser, K.: Aufgabentaxonomie: Ein Verfahren zur Ermittlung der menschlichen Leistung bei der Durchführung von Aufgaben. Messerschmitt-Bölkow-Blöhm (MBB), München (1990)
19. Kern, C., Refflinghaus, R.: Modification of the HRA-method ESAT for improving human reliability in manual assembly. In: Risk, Reliability and Safety: Innovating Theory and Practice: Proceedings of ESREL 2016, Glasgow, S. 918–925 (2016)
20. Kern, C., Refflinghaus, R.: Prospektive Ermittlung und Reduzierung potentieller Fehler für manuelle Montagelinien. In: Qualitätsmanagement denken – motivieren – leben: Berichte zur GQW-Jahrestagung 2014 in Chemnitz, Chemnitz, S. 67–92 (2014)
21. Kern, C., Refflinghaus, R.: Interdisziplinärer Ansatz zur Vorhersage und Reduzierung menschlicher Fehlerwahrscheinlichkeiten in der manuellen Montage. In: Woll, R. (Hrsg.) Berichte zum Qualitätsmanagement, Bd. 13: Vielfalt Qualität – Tendenzen im Qualitätsmanagement: Bericht zur GQW-Jahrestagung 2012 in Cottbus, S. 19–44. Shaker, Aachen (2012)
22. Deuse, J., Busch, F.: Zeitwirtschaft in der Montage. In: Lotter, B., Wiendahl, H.-P. (Hrsg.) VDI-Buch, Montage in der industriellen Produktion: Ein Handbuch für die Praxis, 2. Aufl., S. 79–107. Springer, Berlin (2012)
23. Kern, C., Refflinghaus, R.: Process optimization in manual assembly by software-based identification of quality-critical work steps. In: 19th Toulon-Verona International Conference: Excellence in Services, Huelva, S. 245–260 (2016)
24. Kern, C., Refflinghaus, R.: Adapting Kano's therory for weighting and implementing customer requirements on a software tool for assessing human relibility in manual assembly (eng). Int. J. Qual. Res. **12**, 835–850 (2018)
25. Lolling, A.: Analyse der menschlichen Zuverlässigkeit bei Kommissioniertätigkeiten. Dissertation. Shaker, Aachen (2003)

26. Mosleh, A., Chang, Y.H.: Model-based human reliability analysis: prospects and requirements. Rel. Eng. Syst. Safety **83**(2), 241–253 (2004)
27. Kern, C., Refflinghaus, R.: Cross-disciplinary method for predicting and reducing human error probabilities in manual assembly operations. Tot. Qual. Manag. Bus. Excel. **24**(7–8), 847–858 (2013)
28. Deutsche MTM-Vereinigung e. V., Basic MTM: MTM-1/UAS. Studentische Ausbildung. Hamburg (2003)
29. Kern, C., Refflinghaus, R., Trostmann, T.: Preventive quality improvement by ergonomic design of manual assembly operations. In: Proceedings of the 7th International Ergonomic Conference: Ergonomics 2018 – Emphasis on Wellbeing, Zadar/Croatia, S. 177–184 (2018)
30. Fransson-Hall, C., Bystrm, S., Kilbom, A.: Characteristics of forearm-hand exposure in relation to symptoms among automobile assembly line workers. Am. J. Ind. Med. **29** (1), 15–22 (1996)
31. Lotter, B., Hartung, J., Wiendahl, H.-P.: Altersneutrale Montagegestaltung. In: Lotter, B., Wiendahl, H.-P. (Hrsg.) VDI-Buch, Montage in der industriellen Produktion: Ein Handbuch für die Praxis, 2. Aufl., S. 419–441. Springer, Berlin (2012)
32. Lins, F., Britzke, B.: Standardisierung und Ergonomie. In: Schütte, M., Zülch, G. (Hrsg.) Mensch- und prozessorientierte Arbeitsgestaltung im Fahrzeugbau: Tagungsband zur Herbstkonferenz 2010 der Gesellschaft für Arbeitswissenschaft; Volkswagen AG, Wolfsburg, MobileLifeCampus, 23. und 24. September 2010, S. 29–49. GfA-Press, Dortmund (2010)
33. Steinberg, U., Liebers, F., Klußmann, A.: Manuelle Arbeit ohne Schaden, 4. Aufl. BAuA, Dortmund (2014)
34. Heidl, M. J., Boespflug, A., Wakula, J.: Evaluierung von fünf Screening-Bewertungsverfahren für repetitive physische Belastungen anhand des subjektiven Belastungsempfindens der Arbeitspersonen in der Montage der Automobil-Zulieferindustrie. Z. Arb. Wiss. **72** (2), 120–129 (2018)

Planspielkonzept zur Quantifizierung des Effekts von digitalem Shopfloor Management bei der Anwendung der Problemlösungsmethode 8D im Qualitätswesen

Jasmin Ohlig(✉), Patrick Pötters, und Bert Leyendecker

Hochschule Koblenz, Konrad-Zuse-Straße 1, 56075 Koblenz, Deutschland
{ohlig,leyendecker}@hs-koblenz.de

Zusammenfassung. In einem verstärkten Wettbewerb zwischen Unternehmen gewinnt das frühzeitige Erkennen von Abweichungen und das Ergreifen von Korrekturmaßnahmen zur Gewährleistung qualitativ hochwertiger und optimierter Prozesse zunehmend an Bedeutung. Durch regelmäßig stattfindende Besprechungen und die Visualisierung von Kennzahlen trägt das Shopfloor Management zu einer Erhöhung der Transparenz der Unternehmensabläufe bei. Aktuelle Digitalisierungstrends haben ebenso einen Einfluss auf das Shopfloor Management in Unternehmen. So hat sich in den vergangenen Jahren neben dem analogen Shopfloor Management eine digitale Form entwickelt. Unabhängig von der eingesetzten Variante des Shopfloor Managements sollte beim Auftreten von Abweichungen zeitnah ein Problemlösungsprozess initiiert werden, um fortlaufende Fehler zu vermeiden und eine hohe Qualität zu gewährleisten. Eine in der Praxis weit verbreitete Problemlösungsmethode stellt der 8D-Report dar. Doch welche Form des Shopfloor Managements einen Einfluss auf die Effizienz von Problemlösungsprozessen hat, wurde bisher nicht näher untersucht. Ziel dieses Papers ist daher die Entwicklung eines Konzeptes für die Durchführung eines Planspiels, um die Effizienz der 8D Problemlösungsmethode in ihrer Anwendung im analogen und digitalen Shopfloor Management zu vergleichen. Das Planspiel soll demonstrieren, inwieweit ein digitales Shopfloor Management in Kombination mit der 8D Problemlösungsmethode zu einer besseren Qualität der Produktionsabläufe und damit auch der Endprodukte beitragen kann.

Schlüsselwörter: Shopfloor Management · Problemlösungsprozess · Planspielkonzept

R. H. Schmitt (Hrsg.), *Datengetriebenes Qualitätsmanagement*, S. 38–56, 2021.
https://doi.org/10.1007/978-3-662-62442-5_3

1 Einleitung

In Zeiten eines globalen Wettbewerbs sind insbesondere produzierende Unternehmen zum Erhalt ihrer Wettbewerbsfähigkeit und zum Fortbestand auf dem Markt zu einer hohen Produktivität gezwungen [1]. Um die Leistungsfähigkeit und damit auch den Erfolg eines Unternehmens nachhaltig sicherzustellen, ist eine Förderung der Zusammenarbeit zwischen Führungskräften und Mitarbeitern zur Identifikation von Verbesserungspotenzialen erforderlich. Ein etabliertes Instrument zur Umsetzung dieser Aspekte, welches in den meisten Produktionsunternehmen angewendet wird, ist Shopfloor Management [2].

Shopfloor Management bietet die Möglichkeit, durch regelmäßige Besprechungen am Ort der Wertschöpfung Mitarbeiter in die kontinuierliche Verbesserung von Prozessen einzubinden und somit Potenziale aus fachspezifischem Mitarbeiterwissen auszuschöpfen [2]. Die regelmäßige Zusammenarbeit von Führungskräften und Mitarbeitern trägt ebenfalls zur frühzeitigen Identifikation von Problemen bei und ermöglicht somit ein zeitnahes Eingreifen in den Prozess [2]. Sind am Shopfloor Board Abweichungen der Kennzahlen vom definierten Sollwert erkennbar, so sollte ein Problemlösungsprozess zur Eliminierung der Ursache eingeleitet werden [3]. Eine in der Praxis weit verbreitete Methode zur Problemlösung stellt die 8D-Methode dar [4].

Aktuelle Digitalisierungstrends stellen Unternehmen vor neue Herausforderungen. So hat sich in den vergangenen Jahren eine digitale Variante des Shopfloor Managements entwickelt, welche die Nachteile des analogen Shopfloor Managements kompensiert [5].

Doch ob die Digitalisierung im Shopfloor Management einen Einfluss auf die Effizienz eines Problemlösungsprozesses hat, wurde bisher nicht untersucht. Ziel ist daher die Entwicklung eines Konzeptes für die Durchführung eines Planspiels, mit dessen Hilfe die Effizienz der 8D Problemlösungsmethode in der Anwendung des analogen und digitalen Shopfloor Managements verglichen werden kann. Aus dieser Zielsetzung können zwei übergeordnete Forschungsfragen für die Durchführung des Planspielkonzepts abgeleitet werden:

1. *„Kann die Effizienz von analogen und digitalem Shopfloor Management in Kombination mit dem 8D Report modellhaft gemessen werden?“*
2. *„Innerhalb welcher der 8D Problemlösungsphasen kann ein Effizienzunterschied zwischen analogen und digitalem Shopfloor Management aufgezeigt werden?“*

Mithilfe des entwickelten Konzepts soll validiert werden, dass durch die Bereitstellung von Echtzeitdaten die digitale Variante des Shopfloor Managements eine direkte Ermittlung von Abweichungen vom Sollzustand ermöglicht und den Problemlösungsprozess anhand der 8D Methode beschleunigt, Probleme schneller erkannt und Maßnahmen zum Erhalt der Qualität ergriffen werden können.

Des Weiteren kann durch eine Zeitmessung bei der Anwendung der 8D Methode ermittelt werden, ob eine Reduzierung der Bearbeitungszeit einzelner Phasen durch die Anwendung des digitalen Shopfloor Managements entsteht. Um Rückschlüsse auf die Wirksamkeit digitalen Shopfloor Managements auf die 8D

Problemlösungsmethode zuzulassen, werden im Falle einer Planspieldurchführung die darin erhobenen Daten statistisch, durch deskriptive Statistiken und Hypothesentests analysiert. Dabei werden die zeitlichen Unterschiede der einzelnen 8D Problemlösungsphasen betrachtet. Erste validierte Erkenntnisse können somit zu einer effektiveren Gestaltung des Problemlösungsprozesses beitragen und das Qualitätsniveau im Unternehmen erhöhen.

2 Shopfloor Management

Shopfloor Management ist ein zentrales Konzept der Lean Management Philosophie, das darauf abzielt, das Selbstmanagement der Mitarbeiter auf betrieblicher Ebene, dem Shopfloor, zu fördern. Darüber hinaus soll das Konzept operative Prozesse und Abläufe am Ort der Wertschöpfung optimieren [6, 7]. Shopfloor Management dient als Unterstützung zur Umsetzung der Konzepte und Ideen des Lean Managements [3].

Der Begriff "Shopfloor Management" wurde aus dem japanischen „Gemba Kanri" hergeleitet und wird im Deutschen mit „Führen am Ort des Geschehens" übersetzt [8]. Als Ort des Geschehens wird der Produktionsort eines Produktes betrachtet. Es handelt sich um den Ort, an welchem Werte für ein Produkt geschaffen werden [9]. Als zentraler Bereich der Wertschöpfung stellt der Shopfloor das größte Potenzial zur Identifizierung und Eliminierung von Verschwendung dar [3].

Shopfloor Management unterscheidet sich von tayloristischen Ansätzen, die auf der Idee beruhen, Managementebenen von der betrieblichen Produktion zu entkoppeln. Demgegenüber fördert das Shopfloor Management die Idee der „lernenden Organisation" durch eine verstärkte vertikale Vernetzung der Organisationsebenen [10]. Eine verstärkte Präsenz der Führungskräfte auf dem Shopfloor durch regelmäßig stattfindende Besprechungen stärkt die Vernetzung und bildet die Grundlage zur Identifikation von Optimierungspotenzialen in Prozessen [2].

Zentrales Instrument des Shopfloor Managements ist das sogenannte Shopfloor Board. Es dient als zentraler Ort für die Kommunikation und visualisiert für alle Beteiligten wesentliche Informationen. Es ermöglicht Mitarbeitern und Führungskräften sich innerhalb kurzer Zeit einen Überblick über die die aktuelle Situation zu verschaffen. Das Shopfloor Board bietet Unterstützung bei der Organisation der Abläufe und beim Erkennen und Lösen von Problemen [2]. Am Shopfloor Board werden täglich standardisierte Besprechungen mit Führungskräften und Mitarbeitern durchgeführt. Diese Besprechungen dienen dem Informationsaustausch, der Identifikation von Problemen und deren Ursachen sowie dem Einleiten von Lösungen [3].

Die regelmäßige Präsenz der Führungskräfte auf dem Shopfloor vermittelt den Mitarbeitern die hohe Bedeutung des Wertschöpfungsbereiches. Dies löst Hierarchieebenen auf und ermöglicht die Übertragung von Verantwortung an die Mitarbeiter [2].

Im Allgemeinen umfassen wissenschaftliche Ansätze für das Shopfloor Management vier Hauptaspekte: Transparenzerzeugung, Prozessstandardisierung und -optimierung, Betriebskontrolle durch Kennzahlen und Kultur und Organisation [11].

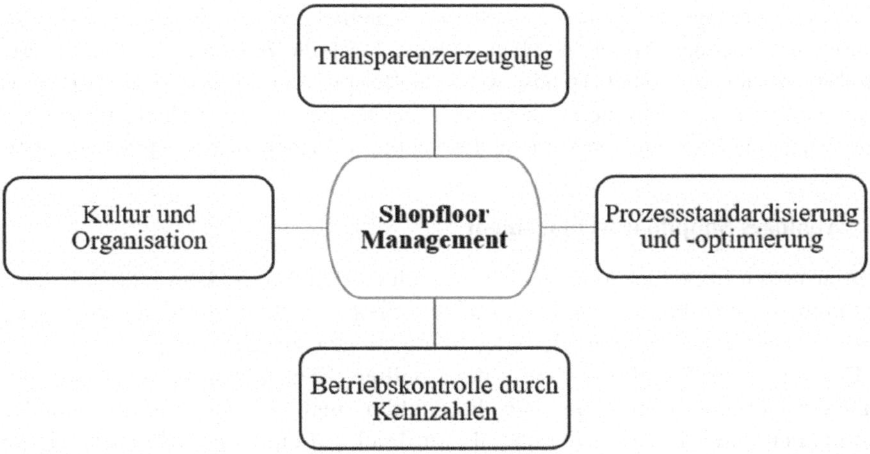

Abb. 1. Hauptaspekte des Shopfloor Managements

Transparenzerzeugung bedeutet das grafische Bereitstellen von Informationen, wie zum Beispiel die Visualisierung von Prozessabläufen. Visualisierungen sorgen für Transparenz bei Mitarbeitern und Führungskräften und fördern das Erkennen von Problemen und die frühzeitige Einleitung von Korrekturmaßnahmen [2]. Die Aspekte Transparenzerzeugung und Betriebskontrolle durch Kennzahlen stehen in einem direkten Zusammenhang. Durch die Bereitstellung von Kennzahlen werden Abweichungen von Soll- und Istzuständen in Prozessen sichtbar. Kennzahlen dienen im Shopfloor Management als Informationsträger und bilden die Basis für das Treffen von Entscheidungen [3]. Im Rahmen des Shopfloor Managements stellen Prozessstandardisierungen und -optimierungen einen wichtigen Aspekt dar. Durch die Einführung von Standards werden Abweichungen vom Sollprozess sichtbar und ein Ergreifen von Maßnahmen ermöglicht [8]. Ein weiterer Aspekt des Shopfloor Managements ist die Förderung einer respektvollen Zusammenarbeit über die Hierarchieebenen hinweg. Dies beinhaltet insbesondere die Einbindung und Übertragung von Verantwortung auf die Mitarbeiter [2]. Dabei ist der Mitarbeiter aufgrund seiner Erfahrung als Quelle für Verbesserungsmaßnahmen zu betrachten. Den Mitarbeitern muss ein Umfeld geschaffen werden, welches das Umsetzen von Optimierungen ermöglicht [3].

Ziel des Shopfloor Management ist es zum einen, die Kompetenzen der Mitarbeiter aufgaben- und problemorientiert zu entwickeln. Zum anderen sollen durch das Shopfloor Management Prozesse nachhaltig implementiert und über die Zeit stabilisiert und verbessert werden [12].

In den vergangenen Jahren fokussierten Unternehmen die Einführung des konventionellen, analogen Shopfloor Managements. Doch die zunehmende Digitalisierung und die Entwicklung neuer Trends, wie zum Beispiel die erhöhte Verfügbarkeit von Daten, stellt das konventionelle Shopfloor Management vor neue Herausforderungen, sodass sich eine neue, digitale Variante des Shopfloor Managements entwickelte [12].

2.1 Analoges Shopfloor Management

Beim analogen Shopfloor Management handelt es sich um die konventionelle und in der Praxis meist verbreitete Variante. Auf dem Shopfloor Board werden papierbasierte Ausdrucke zur Visualisierung relevanter Informationen ausgehangen [2].

Die auf dem Shopfloor Board dargestellten Kennzahlen basieren auf einer manuellen Datenerhebung in der Produktion und werden mittels Standardprogrammen grafisch aufbereitet und als Ausdruck auf einem Board für alle sichtbar platziert. Die manuelle Erhebung und Übertragung der Daten in Standardprogramme erhöht die Gefahr der Fehler im Datenerfassungsprozess [13]. Da die manuelle Erhebung der Daten sehr aufwendig ist, kann nur eine begrenzte Anzahl an Daten erhoben werden. Somit muss vorab entschieden werden, welche Daten den größten Informationsgehalt bieten und relevant für die Aufnahme und Auswertung am Shopfloor Board sind [14].

Des Weiteren ist die manuelle Datenerfassung mit einem erhöhten personellen und zeitlichen Aufwand verbunden [15]. Dies führt zu einer Verzögerung der Bereitstellung der erhobenen Kennzahlen. So werden die Daten zeitverzögert, meist vom Vortag, zur Verfügung gestellt. Abweichungen vom Sollzustand werden somit erst verspätet sichtbar. Dies verhindert eine schnelle Reaktion und das Einleiten von Korrekturmaßnahmen bei auftretenden Problemen und geht zulasten der Flexibilität des Unternehmens [13].

Bevor das analoge Shopfloor Management eingeführt werden kann, sollten einige Voraussetzungen erfüllt sein. Zum einen sollten die Prozesse eine gewisse Basisstabilität vorweisen. Ist diese nicht vorhanden, führt dies zu einer Überlastung der beteiligten Personen und des Shopfloor Managements an sich, da zu viele Probleme und Abweichungen in den Prozessen auftreten. Zum anderen sollten die Prozesse standardisiert sein. Abweichungen vom Standard sind ein Hinweis dafür, dass gehandelt werden und Maßnahmen ergriffen werden müssen [14].

Sind die Voraussetzungen erfüllt, dann ist das analoge Shopfloor Management ein gutes Instrument, um Transparenz zu schaffen, das Potenzial der Mitarbeiter auszuschöpfen und den Problemlösungsprozess anzustoßen [16].

Abb. 2. Analoges Shopfloor Board in der Modellfabrik der Hochschule Koblenz

2.2 Digitales Shopfloor Management

Beim digitalen Shopfloor Management werden Soft- und Hardware zur Aufbereitung und Darstellung von Kennzahlen angewendet [13]. Bei der digitalen Variante werden die für das Unternehmen wesentlichen Kennzahlen und Informationen digital generiert. Bedingt durch die Digitalisierungstrends werden nicht nur Daten aus vorhandenen Informationssystemen berücksichtigt, sondern auch Prozess- und Analysedaten aus weiteren internen und externen Quellen integriert [15]. Daher ist zusätzlich zu den Voraussetzungen des analogen Shopfloor Managements eine technische Infrastruktur erforderlich, um das digitale Shopfloor Management einzuführen [14].

Durch die Kopplung mit neuen Informationssystemen werden den Mitarbeitern die Kennzahlen in Echtzeit auf einem Board in der Produktion zur Verfügung gestellt. So erhalten alle Mitarbeiter stets aktuelle Informationen über mögliche Probleme, Verzögerungen oder Qualitätsmängel. Dabei können die Daten zielgruppengerecht ausgewertet werden, sodass sowohl die Mitarbeiter des Shopfloors, als auch das Management einen größtmöglichen Nutzen aus den generierten Daten ziehen können [5].

Die regelmäßig stattfindenden Besprechungen am digitalen Board basieren auf aktuellen und nicht auf veralteten Kennzahlen. Diese Aktualität ermöglicht das Treffen schneller Entscheidungen in Problemsituationen [5].

Des Weiteren lassen sich durch das digitale Shopfloor Management größere Datenmengen verarbeiten, ein wichtiger Aspekt im Zusammenhang mit Industrie 4.0. Trends oder Abweichungen vom Sollzustand können durch die Software-Unterstützung leichter identifiziert und am digitalen Board, im Rahmen regelmäßiger Besprechungen mit allen Beteiligten, analysiert werden. Dabei sollte beachtet werden, dass die Mitarbeiter entsprechend geschult werden, um ein Verständnis für die Digitalisierung im Unternehmen zu haben und damit eine schnellere Entscheidungsfindung gewährleisten zu können [17]. Sind die Mitarbeiter nicht richtig geschult, können Fehlinterpretationen der Daten zu falschen Rückschlüssen über den Prozess führen [5].

Somit ist also nicht nur eine Betrachtung der Gegenwart und der Vergangenheit durch die Aufdeckung von Abweichungen in Echtzeit möglich, sondern auch eine Verwendung der Daten für die Zukunft. Denn zum einen ist es möglich, Prognosen für die Zukunft zu erstellen. Zum anderen können systematisch wiederholt auftretende Probleme aufgedeckt werden [15].

Eine automatische Datenübernahme aus bereits vorhandenen MES-Systemen (Manufacturing Execution System) ist im Rahmen des digitalen Shopfloor Managements ebenfalls möglich [13]. Das digitale Shopfloor Management ermöglicht eine effizientere und nachhaltigere Auswertung der Prozesse, da eine größere Menge von Daten mit weniger Aufwand in Echtzeit zur Verfügung steht [17].

Abb. 3. Digitales Shopfloor Board in der Modellfabrik der Hochschule Koblenz

3 Problemlösungsmethoden

Durch ein effektives und nachhaltiges Shopfloor Management werden Abweichungen vom Sollprozess anhand der erhobenen Kennzahlen sichtbar. Um identifizierte Probleme frühzeitig zu beheben und einen hohen Qualitätsanspruch aufrecht zu erhalten, sind Problemlösungsprozesse in das Shopfloor Management von Unternehmen integriert [3].

Die meisten Unternehmen entwickelten über die Jahre einen unternehmensspezifischen Problemlösungsprozess [18]. Aber nicht jeder Problemlösungsprozess ermöglicht eine effiziente und nachhaltige Problemlösung. Aus diesem Grund greifen Unternehmen oftmals auf etablierte Methoden, wie beispielsweise die 8D Methode, zurück [4].

3.1 8D Methode

Der 8D Report ist ein systematisches Modell, welches zu einer schnellen und strukturierten Problemlösung beiträgt [19]. In Unternehmen wird der 8D Report häufig im Kontext des Beschwerdemanagements verwendet [20]. Dabei wird der 8D Report hauptsächlich zur Bearbeitung interner und externer Kundenbeschwerden eingesetzt, um einen hohen Qualitätsanspruch zu erfüllen [21].

Ziel der 8D Methode ist die dauerhafte Eliminierung eines Problems [22]. Der Begriff „8D“ bezieht sich auf acht Disziplinen oder Prozessschritte, welche erforderlich sind, um die Beschwerde oder das aufgetretene Problem systematisch zu identifizieren und zu beseitigen [23]. Die 8D Methode wird insbesondere bei Problemen angewendet, welche nicht nur eine nachhaltige Problemlösung erfordern, sondern auch das Ergreifen von Sofortmaßnahmen, um den Kunden vor weiteren Mängeln zu bewahren und die Kundenzufriedenheit aufrecht zu erhalten [19].

8D bezieht sich auf folgende Disziplinen [24]:

- D1: Team
- D2: Problembeschreibung
- D3: Sofortmaßnahmen
- D4: Ursachenanalyse
- D5: Korrekturmaßnahmen
- D6: Umsetzung der Korrekturmaßnahmen
- D7: Vorbeugungsmaßnahmen
- D8: Anerkennung des Teams

Der Report dokumentiert die Ergebnisse der Disziplinen und kann als Austauschdokument zwischen Lieferant und Kunden verwendet werden [25]. Die Struktur des Reports hilft dem Kunden dabei, die ergriffenen Maßnahmen zur Beseitigung des Problems zu verstehen [26].

Die erste Disziplin sieht die Bildung eines Teams vor, welches die Verantwortung für die Ausführung des Problemlösungsprozesses übernimmt. Dabei ist es wichtig, dass alle Teammitglieder ein gewisse Produkt- und Prozesskenntnis vorweisen [22]. In der zweiten Disziplin wird das aufgetretene Problem näher beschrieben.

Für die Fortführung des Problemlösungsprozesses ist es erforderlich, das Problem so detailliert wie möglich zu beschreiben [27]. Anschließend werden Maßnahmen ergriffen, um weitere Schäden vom Kunden abzuhalten. Dabei handelt es sich ausschließlich um kurzfristige Korrekturmaßnahmen zur Überbrückung bis zur vollständigen Ursacheneliminierung [28]. Um in der vierten Disziplin die tatsächliche Ursache des Problems zu identifizieren, werden verschiedene Werkzeuge, wie zum Beispiel das Ishikawa-Diagramm oder die 5 W-Fragetechnik, eingesetzt [19]. Innerhalb der fünften Disziplin werden geeignete, dauerhafte Abstellmaßnahmen für ein Problem ermittelt. Diese Maßnahmen sollen die in Disziplin drei getroffenen kurzfristigen Sofortmaßnahmen ablösen [29]. Die in Disziplin fünf ermittelten Maßnahmen werden im Rahmen der sechsten Disziplin organisatorisch verankert [30]. Anschließend werden die gesammelten Erkenntnisse und Erfahrungen auf vergleichbare Produkte und Prozesse übertragen, um das Auftreten ähnlicher Probleme zu vermeiden [31]. Abschließend wird das Team über eine erfolgreiche Beseitigung des Problems informiert und die Leistung des Teams anerkannt [22].

4 Konzeption des Planspiels

Ziel dieses Paper ist die Entwicklung eines Konzeptes zur Ermittlung des Einflusses von Shopfloor Management Varianten auf die Effizienz von Problemlösungsprozessen. Der Einfluss soll anhand von Planspielen in der Modellfabrik der Hochschule Koblenz überprüft werden. Die Modellfabrik ist ein betriebswirtschaftliches Labor im Fachbereich Wirtschaftswissenschaften. Anhand einer modellhaften LKW-Produktion aus Modellbaukästen lassen sich mit Hilfe von Planspielen Unternehmensabläufe simulieren. Nach Blötz [32] gilt ein Planspiel als wissenschaftlich anerkannte Methode. Planspiele werden angewendet, um die Komplexität realer Prozesse zu reduzieren. Durch Planspiele können Abläufe nachgebildet werden, deren Durchführung in der Realität zu zeitintensiv, kostspielig oder risikobehaftet wären [33]. Die Anwendung von Planspielen führt zu einer aktiven Einbindung und Interaktion der Teilnehmer innerhalb von Prozesssimulationen [34]. Ein Planspiel kann somit als Instrument zur Messung des Einflusses von Shopfloor Management auf einen Problemlösungsprozess angewendet werden. Das Planspiel fokussiert sich auf die Untersuchung des Einflusses analogen und digitalen Shopfloor Managements auf die 8D Problemlösungsmethode.

Zur Validierung und zum Vergleich des Einflusses von analogen und digitalem Shopfloor Management auf Problemlösungsprozesse werden Kennzahlen für das digitale und analoge Shopfloor Board erhoben. Hierfür wird im Rahmen des Planspiels die gesamte Durchlaufzeit je ausgebrachten Miniatur-LKW sowie die Bearbeitungszeiten der einzelnen Schritte erfasst. Um zu ermitteln, in welcher der 8D Problemlösungsphasen ein Unterschied durch die Anwendung der Shopfloor Management Variante bewirkt werden kann, wird die Bearbeitungszeit der einzelnen Phase im 8D Problemlösungsprozess erfasst.

Mit den Hilfsmitteln, die der Zeiterfassung dienen, wird eine Messsystemanalyse durchgeführt, wie zum Beispiel Digital Timer.

4.1 Aufbau

Das Planspiel repräsentiert eine beispielhafte Wertschöpfungskette des fiktiven Unternehmens „OpiTruck GmbH“ in Fließfertigung zur Herstellung des in Abb. 4 dargestellten Miniatur-LKWs.

Abb. 4. Produkt „Standard LKW“

Die „OptiTruck GmbH“ produziert eine weitere LKW Variante. Die beiden LKWs werden in zwei getrennten Produktionslinien hergestellt. Beide Produkte unterscheiden sich in ihrer Achsen- und Reifenform. Das erarbeitete Konzept fokussiert ausschließlich die Herstellung des Standard LKWs.

Abb. 5 veranschaulicht den Aufbau der Fließfertigung mit den einzelnen Produktionsplätzen des Planspiels.

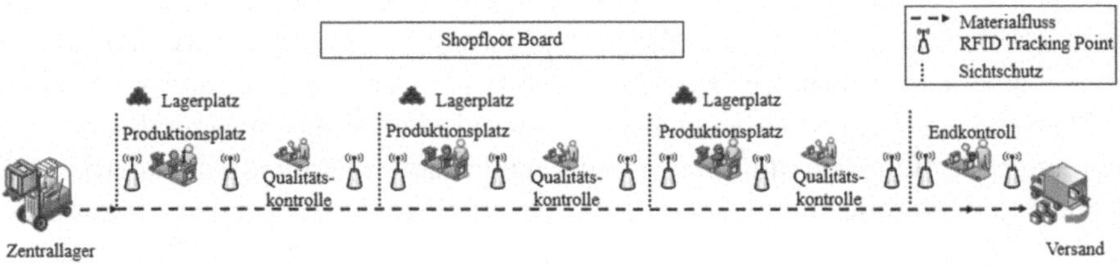

Abb. 5. Aufbau

Die Bauteile der beiden LKW Varianten werden in ein Zentrallager angeliefert. Durch eine hundertprozentige Wareneingangskontrolle ist ausgeschlossen, dass fehlerhafte Teile in den Produktionsprozess gelangen. Im Zentrallager werden die Komponenten für die jeweilige Produktionslinie kommissioniert und an die Lagerplätze der Produktionsplätze gebracht. Die Materialversorgung der Produktionsplätze wird über die Lagerflächen sichergestellt.

Die Montage des Standard LKWs wird an den Produktionsplätzen eins bis drei durchgeführt. Zwischen jedem Produktionsschritt befindet sich eine

Qualitätskontrolle. Dies dient der frühzeitigen Erkennung von Fehlern und verhindert das Weitergeben fehlerhafter Produkte im Produktionsprozess. Der hohe Qualitätsanspruch des Unternehmens wird durch eine finale Endkontrolle am Ende der Montagelinie sichergestellt. Anschließend erfolgt der Versand des Produktes an den Kunden. Der Materialfluss ist von links nach rechts gerichtet. Zwischen den einzelnen Produktionsplätzen befindet sich jeweils ein Sichtschutz, um eine praxisnahe Simulation zu gewährleisten.

Für das digitale Shopfloor Management erfolgt die automatische Datenerfassung der Durchlaufzeit mittels eines RFID-Systems (Radiofrequenz Identifikationssystem). RFID Systeme dienen der Identifikation von Gegenständen oder Personen und bestehen aus zwei Komponenten: einem Transponder und einem Lesegerät. Der Transponder wird dabei an dem zu identifizierenden Gegenstand, im Falle des Planspiels an der Unterseite des LKWs, angebracht. Dieser Transponder wird mittels Radiowellen an definierten Luftschnittstellen gelesen und die empfangenen Informationen an ein Computersystem weitergeleitet [35]. Diese Luftschnittstellen befinden sich in dem erarbeiteten Planspiel vor und nach jedem Produktionsplatz. Die in Abb. 5 dargestellten Tracking Points ermöglichen somit die Messung der gesamten Durchlaufzeit eines LKWs sowie die Messung der Durchlaufzeit einzelner Prozessschritte, den Lagerzeiten zwischen den einzelnen Prozessschritten und des Outputs. Die Messung der Durchlaufzeit beginnt, sobald der Mitarbeiter des ersten Produktionsplatzes die benötigten Baukomponenten aus seinem Lager entnimmt.

4.2 Durchführung

Um den Effekt des digitalen Shopfloor Managements im Vergleich zum analogen Shopfloor Management zu ermitteln, werden im Planspiel zwei Treatment Gruppen benötigt. Die Treatment Gruppen entsprechen dabei der Anwendung der jeweiligen Shopfloor Management Variante. Zur Durchführung des Planspiels werden je Treatment Gruppe acht Probanden benötigt. Diese teilen sich wie folgt auf die Stationen des Planspiels auf: ein Mitarbeiter für die Kommissionierung im Zentrallager, je ein Mitarbeiter für die Produktionsplätze und Qualitätskontrollen und ein Mitarbeiter für die finale Endkontrolle. Tab. 1 fasst die Rollenverteilung der Probanden zusammen:

Tab. 1. Rollenverteilung der Probanden

Aufgabenbereich	Anzahl Probanden
Zentrallager	1
Produktionsplatz 1	1
Qualitätskontrolle 1	1
Produktionsplatz 2	1
Qualitätskontrolle 2	1
Produktionsplatz 3	1
Qualitätskontrolle 3	1
Endkontrolle	1
Gesamt	**8**

Das Planspiel fokussiert die Herstellung des Standard LKWs, welcher aus 20 einzelnen Komponenten besteht, die durch Schieb- oder Druckverbindungen miteinander verbunden werden. Abb. 6 zeigt den Standard LKW und seine einzelnen Komponenten.

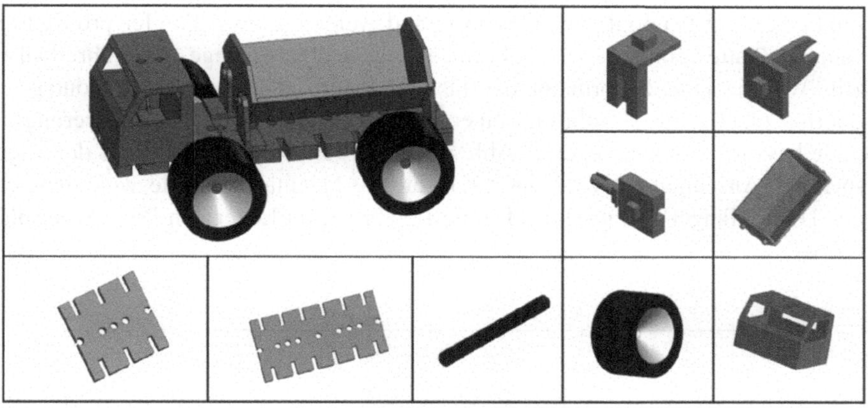

Abb. 6. Standard LKW und Baukomponenten

Das Planspiel beginnt mit der Anlieferung der einzelnen Teile für beide Produktvarianten in das Zentrallager. Nach einer hundertprozentigen Wareneingangskontrolle können fehlerfreie Teile weiterverarbeitet werden. Aufgabe des Mitarbeiters im Zentrallager ist daher die Kommissionierung der einzelnen Baukomponenten für die Produktionslinie des Standard LKWs entsprechend des vorgegeben Kommissionierauftrages sowie die Anlieferung an die Lagerplätze der einzelnen Produktionsplätze.

Für den ersten Produktionsschritt werden 1 × lange Platte, 1 × kurze Platte und 2 × Verbindungsstäbe aus dem Lagerplatz des ersten Produktionsplatzes entnommen und, wie in Abb. 7 dargestellt, miteinander verbunden. Anschließend wird das Halbfertigfabrikat an die Qualitätskontrolle zwischen Produktionsschritt eins und zwei weitergereicht. Nach einer erfolgreichen Kontrolle gelangt das Halbfertigfabrikat in das Lager von Produktionsplatz zwei.

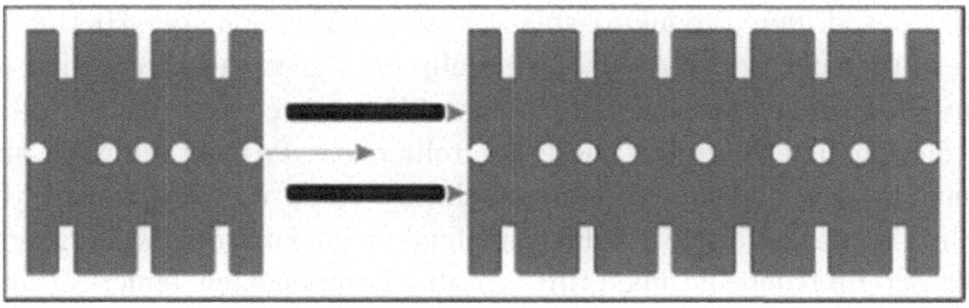

Abb. 7. Produktionsschritt 1

Der Mitarbeiter des zweiten Produktionsplatzes entnimmt das Halbfertigfabrikat von seinem Lagerplatz unter Berücksichtigung des „Fist-In-First-Out"-Prinzips. Für die Montage am zweiten Produktionsplatz benötigt der Mitarbeiter 2 × L-Form, 4 × Achse, 4 × Reifen und 4 × Geifer. Es müssen jeweils zwei Achsen an jeder Unterseite der beiden Platten montiert werden. Die Achsen dienen als Halterung für die Reifen. Die Greifer werden für die Befestigung der Kippmulde im nächsten Produktionsschritt benötigt. Aus diesem Grund werden je zwei Greifer pro Seite an der langen Platte montiert. Die L-Formen dienen der Montage des Führerhauses. Hierfür wird je eine L-Form an der kleinen Platte angebracht. Die Montage an Produktionsplatz zwei ist aufgrund einer möglichen fehlerhaften Positionierung der Bauteile besonders herausfordernd. Abb. 8 zeigt das Halbfertigfabrikat aus der Vogelperspektive. Anschließend wird der LKW an die Qualitätskontrolle weitergereicht. Liegen keine Mängel vor, wird das Halbfertigfabrikat im Lager von Produktionsplatz drei platziert.

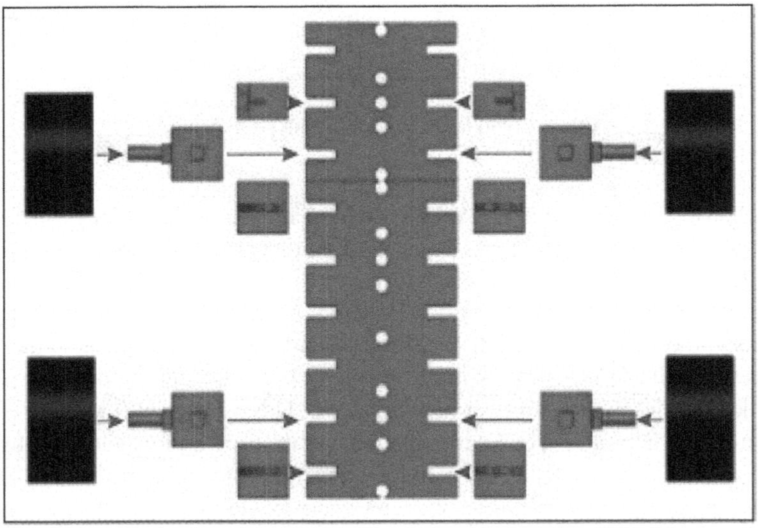

Abb. 8. Produktionsschritt 2

Aufgabe des dritten Produktionsplatzes ist die Endmontage. Hierfür setzt der zuständige Mitarbeiter, wie in Abb. 9 dargestellt, das Führerhaus sowie die Ladefläche auf die zuvor angebrachten Halterungen. Anschließend reicht er das fertige Produkt weiter an die Qualitätskontrolle. Diese kontrolliert das Produkt lediglich auf Fehler resultierend aus dem letzten Produktionsschritt. Wurde die Endmontage fehlerfrei durchgeführt, wird das fertige Produkt zur finalen Endkontrolle weitergereicht. Der Mitarbeiter der Endkontrolle überprüft, ob alle Komponenten fehlerfrei angebracht wurden. Tritt ein Fehler auf, so wird der LKW an den entsprechenden Produktionsplatz zur Korrektur zurückgegeben. Nach einer fehlerfreien Endkontrolle wird der LKW an den Kunden versendet.

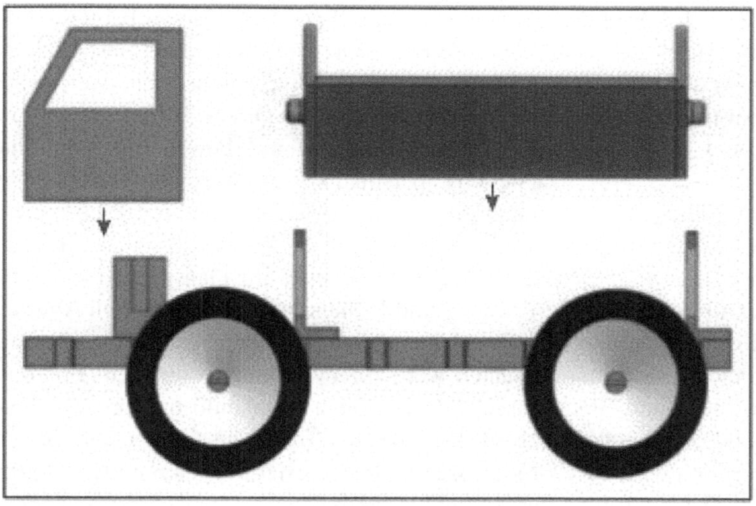

Abb. 9. Produktionsschritt 3

Das Planspiel umfasst eine Dauer von 20 min. Ziel der Probanden ist es, die eingehenden Produktionsaufträge so schnell und fehlerfrei wie möglich abzuarbeiten.

Eines der übergeordneten Ziele von Shopfloor Management ist der Erkennen von Abweichungen im Prozess, um eine Verschlechterung der Qualität zu verhindern. Um im Planspiel eine Abweichung im Prozess herzustellen, werden Fehler in den Kommissionieraufträgen des Mitarbeiters des Zentrallagers eingebaut, sodass die Reifen der zweiten Produktvariante irrtümlicherweise in die Produktionslinie des Standard LKWs gelangen. Dies führt zu einer falschen Anlieferung der Bauteile im zweiten Prozessschritt. Durch die unterschiedliche Achsen- und Reifenform fallen bei der Standardvariante die Räder bei einer Rotation ab. Aufgrund der durchgeführten Qualitätskontrolle nach jedem Prozessschritt verbleiben die Halbfertigfabrikate bis zur Anlieferung der richtigen Bauteile im Zwischenlager von Prozessschritt zwei. Dies führt zu einer mangelnden Materialversorgung und zeitlichen Verzögerung des letzten Prozessschrittes.

Um die Durchführung des Planspiels mit beiden Treatment Gruppen zu ermöglichen, wird ein analoges sowie ein digitales Shopfloor Board benötigt. Bei der analogen Variante wird den Probanden eine Stelltafel mit papierbasierten Ausdrucken zur Verfügung gestellt. Die Aufgabe der Datengenerierung obliegt den im Produktionsprozess involvierten Mitarbeitern. Jeder Mitarbeiter hat den Start- sowie Endzeitpunkt seines Arbeitsvorganges als Zeitstempel manuell in einer vorgefertigten, papierbasierten Liste zu dokumentieren. Neben der Dokumentation der Zeiten für den eigenen Prozessschritt ist es zusätzlich die Aufgabe des Mitarbeiters der finalen Endkontrolle die erhobenen Kennzahlen in eine Excel Tabelle zu übertragen, zu Kennzahlen zu verdichten und in Papierform den weiteren Probanden über das analoge Shopfloor Board zur Verfügung zu stellen. Durch den zusätzlichen administrativen Aufwand entstehen Verzögerungen im Planspiel. Probleme und Prozess- sowie Qualitätsabweichungen werden lediglich zeitverzögert anhand der Kennzahlen auf dem analogen Shopfloor Board sichtbar.

Ein digitales Shopfloor Board wird auf Basis von Microsoft-Produkten in das Planspiel integriert. Durch die Zeiterfassung mithilfe eines installierten RFID Systems werden die Zeiten in eine Excel Tabelle geschrieben, welche über das Datenauswertungstool Power BI analysiert werden. Dieses Tool dient der grafischen Aufbereitung von Kennzahlen [36]. Der Zugriff auf Power BI ist in SharePoint integriert, sodass eine Darstellung personalisierter Webseiten möglich ist. Die erhobenen Kennzahlen werden somit über Power BI aufbereitet und automatisch an SharePoint übermittelt, womit sie in Echtzeit auf dem digitalen Board in der Produktion angezeigt werden [37]. Die Mitarbeiter im Planspiel haben somit einen Überblick über die aktuelle Leistung und können beim Erkennen von Abweichungen kurzfristige Besprechungen einberufen und einen Problemlösungsprozess anstoßen.

Bei beiden Shopfloor Varianten werden Abweichungen auf dem Board sichtbar. Dies soll die Mitarbeiter dazu auffordern, einen Problemlösungsprozess anhand der 8D Methode anzustoßen. Sobald die jeweilige Treatment Gruppe mit der Problemlösung beginnt, wird die Zeit je Phase durch eine externe Person mittels Digital Timer gemessen. Dabei wird der gesamte 8D Problemlösungsprozess betrachtet. Die Ergebnisse ermöglichen Rückschlüsse des Einflusses der jeweiligen Shopfloor Variante auf die Bearbeitungszeiten der 8D Problemlösungsphasen. Des Weiteren kann durch die Anwendung der beiden Shopfloor Management Varianten Unterschiede in der Qualität der Lösung auftreten. Abweichungen von der Musterlösung gilt es zu bewerten und zu vergleichen, sodass Qualitätsunterschiede in der Lösung des 8D Problemlösungsprozesses der Shopfloor Management Varianten aufgedeckt werden.

4.3 Erwartete Ergebnisse

Um Rückschlüsse auf die Wirksamkeit von analogem und digitalem Shopfloor Management auf die 8D Problemlösungsmethode zuzulassen, werden die erhobenen Daten statistisch durch deskriptive Statistiken und Hypothesentests analysiert. Zur Analyse wird ein Signifikanzniveau von 5 % gewählt. Aus den Ergebnissen des Planspiels lässt sich ableiten, welche Auswirkungen die jeweiligen Shopfloor Management Varianten auf die Effizienz des Planspiels und des Problemlösungsprozesses haben.

Für die Effizienz der Shopfloor Management Varianten im Planspiel lassen sich zunächst die gesamte Durchlaufzeit, die Bearbeitungszeiten je Produktionsplatz sowie die einzelnen Lagerzeiten vergleichen. Hierzu wird die deskriptive Statistik angewendet, welche somit einen Vergleich der Mittelwerte ermöglicht. Die Ergebnisse der Standardabweichung zeigen, wie weit die Daten der jeweiligen Shopfloor Management Variante um den Mittelwert streuen. Je kleiner die Standardabweichung desto geringer ist die Streuung innerhalb der Daten. Mittels eines t-Test für zwei Stichproben kann untersucht werden, ob sich die Leistung durch den Einsatz der jeweiligen Shopfloor Management Variante statistisch signifikant unterscheidet. Es lassen sich die gesamten Durchlaufzeiten der LKWs, die Bearbeitungszeiten der einzelnen Produktionsplätze sowie die Lagerzeiten auf eine statistische Signifikanz untersuchen. Die Ergebnisse ermöglichen Rückschlüsse auf die Effizienz der jeweilig eingesetzten Shopfloor Management Variante.

Um den Einfluss des analogen und digitalem Shopfloor Management auf die Effizienz des 8D Problemlösungsprozesses zu untersuchen, wurden die Bearbeitungszeiten für die einzelnen 8D Problemlösungsphasen erhoben. Zur Beurteilung der Effizienz werde die Daten ebenfalls nach dem beschriebenen Verfahren mittels deskriptiver Statistik und Hypothesentests analysiert. Die Ermittlung von Qualitätsunterschiede in der Lösung basiert auf Maßgaben der Musterlösung.

5 Zusammenfassung und Ausblick

Shopfloor Management unterstützt bei der frühzeitigen Erkennung von Abweichungen und der Identifikation bestehender Optimierungspotenziale. Die Förderung der Zusammenarbeit zwischen Führungsebene und Mitarbeitern spielt dabei eine zentrale Rolle. Durch eine enge Kooperationen können Maßnahmen schnell definiert und umgesetzt werden. Des Weiteren wird eine Optimierung durch das Einfließen von Ideen der am Prozess beteiligten Mitarbeiter gefördert.

Traditionell besteht das Shopfloor Management aus einem analogen Board mit Ausdrucken in Papierformat. Doch die fortschreitende Digitalisierung trägt neue Trends in die Unternehmen, sodass sich in den letzten Jahren eine neue, digitale Variante des Shopfloor Managements entwickelt hat. Diese Variante ermöglicht die Übertragung von Echtzeitdaten und bietet somit Vorteile in der frühzeitigen Erkennung von Prozess- und Qualitätsabweichungen. Shopfloor Management ist eng gekoppelt mit einem Problemlösungsprozess. Werden Abweichung an einem Board sichtbar, so sollte unmittelbar ein Problemlösungsprozess initiiert werden. Eine in der Praxis weitverbreitete Methode zur Lösung von Problemen stellt die 8D Methode dar. Dennoch wurde bisher nicht näher untersucht, welche der beiden Varianten des Shopfloor Managements einen Einfluss auf die Effizienz der 8D Problemlösungsmethode hat. Aus diesem Grund wurde ein Planspielkonzept entwickelt. Für die Umsetzung des Planspielkonzepts ergeben sich folgende Forschungsfragen:

1. *„Kann die Effizienz von analogen und digitalem Shopfloor Management in Kombination mit dem 8D Report modellhaft gemessen werden?“*
2. *„Innerhalb welcher der 8D Problemlösungsphasen kann ein Effizienzunterschied zwischen analogen und digitalem Shopfloor Management aufgezeigt werden?“*

Zur Überprüfung dieser Forschungsfragen wurde ein Konzept für die Durchführung eines Planspiels zum Vergleich des Einflusses analogen und digitalen Shopfloor Managements entwickelt. Das Planspiel simuliert eine LKW Produktion aus Modellbaukästen. Die Produktion ist in Form einer Fließfertigung angeordnet. Das Planspiel wird mit zwei Treatment Gruppen durchgeführt, welche der Anwendung der jeweiligen Shopfloor Management Variante entsprechen. Bei Anwendung des analogen Shopfloor Managements ist es die Aufgabe der Probanden die erforderlichen Kennzahlen zu erheben und aufzubereiten. Zur Etablierung des digitalen Shopfloor Managements befinden sich an fest definierten Plätzen RFID Tracking Points zur Messung der Durchlaufzeit und Lagerzeit. Anhand dieser Daten ist erkennbar, welche Shopfloor Management Variante einen Einfluss auf die Leistung des Planspiels hat.

Um die Effizienz des Problemlösungsprozesses beider Treatment Gruppen vergleichen zu können, wird ein Fehler in das Planspiel integriert, sodass Prozessabweichungen an den jeweiligen Boards zum Vorschein kommen, welche durch die Mitarbeiter identifiziert und einen Problemlösungsprozess eingeleitet wird. Anhand erhobener Daten kann durch das Planspiel ermittelt werden, welche Variante des Shopfloor Managements den größten Einfluss auf die Durchlaufzeit des 8D Problemlösungsprozesses hat. Diese Ergebnisse können auch auf die einzelnen 8D Problemlösungsphasen spezifiziert werden. Der Einfluss digitalen Shopfloor Managements kann somit mithilfe eines Planspiels gemessen werden. Des Weiteren kann durch das Planspiel ermittelt werden, in welcher der 8D Problemlösungsphasen ein Unterschied in der Effizienz durch den Einsatz digitalem Shopfloor Management auftritt.

Zunächst gilt es, das erarbeitete Konzept umzusetzen und einen Pre-Test mit Studierenden des Studienschwerpunktes „Operations Management" durchzuführen. Dabei sollte auf einen umfangreichen Stichprobenumfang geachtet werden. Eine Planspieldurchführung von zehn Runden je Treatment Gruppe ist empfehlenswert. Bei der Durchführung ist zu beachten, dass es sich bei jeder Runde um neue, unerfahrene Probanden handelt, um Lerneffekte in der Konstruktion eines LKWs und somit einer Verfälschung der Daten für die Shopfloor Boards auszuschließen. Des Weiteren ist zu gewährleisten, dass das integrierte RFID System sowie alle Systeme des digitalen Shopfloor Managements zuverlässig funktionieren. Nur so kann sichergestellt werden, dass der Mitarbeiter eine Abweichung in den Daten erkennen kann. Nichtsdestotrotz besteht die Gefahr, dass die Mitarbeiter die Änderungen am Board nicht wahrnehmen oder diese anhand der Daten nicht interpretieren können. Um dies zu verhindern, ist auf eine ausreichende Visualisierung am Board zu achten. Ein weiterer Forschungsaspekt stellt die Digitalisierung des 8D Reports in Form eines Tools zur Entscheidungsfindung im Rahmen der Problemlösung dar. Vordefinierte Entscheidungsbäume könnten die Mitarbeiter bei der Identifikation von Problemen sowie dem Einleiten von Sofort- und Korrekturmaßnahmen unterstützen.

Literatur

1. Dombrowski, U.; Crespo, I.: A Management Approach to Lean Production System Implementation in Small and Medium-sized Enterprises – Results of a Research Project. In: del Olmo Martínez, R., Galán Ordax, J.M., Laviós Villahoz, J.J. (Hrsg.), Approaches and Trends on current Organization Engineering. II International Conference on Industrial Engineering and Industrial Management, September 3–5, Burgos, S. 995–1005 (2008)
2. Leyendecker, B., Pötters, P.: Shopfloor Management. Führen am Ort des Geschehens. Carl Hanser Verlag, München (2018)
3. Brenner, J.: Shopfloor Management und seine digitale Transformation. Die besten Werkzeuge in 45 Beispielen. Hanser, München (2019)
4. Schmitt, R.: Basiswissen Qualitätsmanagement. Symposion Publishing, Düsseldorf (2015)
5. Meissner, A., Müller, M., Hermann, A., Metternich, J.: Digitalization as a catalyst for lean production: A leaning factory approach for digital shop floor management. In: 8th Conference on Learning Factories 2018. Procedia Manufacturing (2018)
6. Peters, R.: Shopfloor Management. Führen am Ort der Wertschöpfung. LOG_X, Ludwigsburg (2009)

7. Brunner, F.: Japanische Erfolgskonzepte. Hanser, München (2017)
8. Suzaki, K.: Die ungenutzten Potentiale. Neues Management im Produktionsbetrieb. Hanser, München (1994)
9. Peters, R.: Shopfloor Management. Führen am Ort der Wertschöpfung. 2. aktualisierte Auflage, LOG_X, Ludwigsburg (2017)
10. Noory, A.S.: SFM – Shopfloor Management. Führen am Ort der Wertschöpfung. Soltany, Training and Consulting (2018)
11. Diez, J.V., Ordieres-Mere, J., Nuber, G.: The Hoshin Kanri Tree. Cross-Plant Lean Shopfloor Management. Procedia CIPS **32**, 150–155 (2015)
12. Hertle, C., Tisch, M., Metterich, J., Abele, E.: Das Darmstädter Shopfloor Management-Modell. ZWF Zeitschrift für wissenschaftlichen Fabrikbetrieb, Jahrg. 112/3 (2017)
13. Alt, M., Pötters, P., Leyendecker, B.: Digitales Shopfloor Management für KMU. Umsetzung auf Basis von Standardsoftware am Beispiel einer Modellfabrik. ZWF Zeitschrift für wissenschaftlichen Fabrikbetrieb, Jahrg. 114/6 (2019)
14. Meißner, A., Hertle, C., Metternich, J.: Digitales Shopfloor Management – Ihr Weg zur vernetzten Fabrik. ZWF Zeitschrift für wissenschaftlichen Fabrikbetrieb, Jahrg. 113/5 (2018)
15. Bitsch, G.: Digitales Shopfloor-Management: Ein adaptives Informations- und Entscheidungsintrument im Umfeld von Industrie-4.0-Produktionssystemen. In: Obermaier, R. (Hrsg.): Handbuch Industrie 4.0 und Digitale Transformation. Betriebswirtschaftliche, technische und rechtliche Herausforderungen. Springer, Wiesbaden (2019)
16. Hertle, C., Siedelhofer, C., Metternich, J., Abele, E.: The next generation shop floor management – how to continuously develop competencies in manufacturing environments. In: The 23rd International Conference on Production Research. 03.08.2015. Manila, Philippines (2015)
17. Rauch, E., Rojas, R., Dallasega, P., Matt, D.: Smart Shopfloor Management. Anforderungen an ein digitales und intelligentes Shopfloor Management im Zeitalter von Industrie 4.0. ZWF Zeitschrift für wissenschaftlichen Fabrikbetrieb, Jahrg. 113/1–2 (2018)
18. Cloft, P.W., Kennedy, M.N., Kennedy, B.M.: Success is Assured: Decision-Focused Mapping of Reusable Knowledge and Innovation to Achieve First-Time Quality. Taylor & Francis, Milton Park (2018)
19. Jung, B., Schweisser, S., Wappis, J.: 8D. In: Kamiske, G.F. (Hrsg.): Handbuch QM-Methoden. Die richtige Methode auswählen und erfolgreich umsetzen. 3. Auflage, 699–712, Hanser, München (2015)
20. Junker, A., Griebsch, J.: Unternehmensnachfolge und Unternehmenswertsteigerung. Konzepte für den Mittelstand. Springer Gabler, Wiesbaden (2017)
21. Kuntsche, P., Börchers, K.: Qualitäts- und Risikomanagement im Gesundheitswesen: Basis- und integrierte Systeme. Managementsystemübersichten und praktische Umsetzung. Springer Gabler, Berlin (2017)
22. Kaschek, B., Schumacher, I.: Führungspersönlichkeiten und ihre Erfolgsgeheimnisse: Management und Leadership im 21. Jahrhundert. Springer Gabler, Wiesbaden (2015)
23. Krausz, B.: Methode zur Reifegradsteigerung mittels Fehlerkategorisierung von Diagnoseinformationen in der Fahrzeugentwicklung. Springer Vieweg, Wiesbaden (2018)
24. Barsalou, M.A.: Root Cause Analyses: A Step-By-Step Guide to Using the Right Tool at the Right Time. CRC Press, Boca Raton (2015)
25. Daum, A., Greife, W., Przywara, R.: BWL für Ingenieurstudium und -praxis, 3. Aufl. Springer Vieweg, Wiesbaden (2018)
26. Bertagnolli, F.: Lean Management: Einführung und Vertiefung in die japanische Management-Philosophie. Springer Gabler, Wiesbaden (2018)
27. Schmieder, M., von Regius, B., Leyendecker, B.: Qualitätsmanagement im Einkauf: Vermeidung von Produktfehlern in der Lieferkette. Springer Gabler, Wiesbaden (2018)

28. Müller, E.: Qualitätsmanagement für Unternehmer und Führungskräfte: Was Entscheider wissen müssen. Springer Gabler, Berlin Heidelberg (2014)
29. Nied, B., Dräxler K.: Materialfluss-Kaizen – Fehler- & Störungsanalyse in der Logistik. In: Dickmann, P. (Hrsg.): Schlanker Materialfluss mit Lean Production, Kanban und Innovationen. 3. Auflage, 276–278, Springer Vieweg, Berlin (2015)
30. Brückner, C.: Qualitätsmanagement – Das Praxishandbuch für die Automobilindustrie. Hanser, München (2011)
31. Gorecki, P., Pautsch, P.: Praxisbuch Lean Management: Der Weg zur operativen Excellence, 3. Aufl. Hanser, München (2018)
32. Blötz, U.: Planspiele und Serious Games in der beruflichen Bildung – Auswahl, Konzepte, Lernarrangements, Erfahrungen – Aktueller Katalog für Planspiele und Serious Games. Bundesinstitut für Berufsbildung, Bonn (2015)
33. Hitzler, S., Zürn, B., Trautwein, F.: Planspiele. Qualität und Innova-tion. Neue Ansätze aus Theorie und Praxis, ZMS Schriftenreihe – Band 2. Books on Demand, Norderstedt (2011)
34. Ulrich, M.: Komplexität anpacken. Mit Planspielen erfolgreiches Handeln erlernen. In: Tagungsband zur 7. Werner-Kollath-Tagung, Komplexität erkennen. Zukunft gestalten. Ernährungsökologie als integrativer Ansatz für Wissenschaft und Praxis: 1–24 (2006)
35. Kern, C.: RFID für Bibliotheken. Springer, Berlin Heidelberg (2011)
36. Schels, I.: Business Intelligence mit Excel – Datenanalyse und Reporting mit Power Query. Carl Hanser Verlag, München, Power Pivot und Power BI Desktop (2019)
37. Microsoft Corporation. https://powerbi.microsoft.com/de-de/integrations/sharepoint/. Zugegriffen: 25. Sept. 2019

Geschlossener Qualitätsregelkreis für die Additive Fertigung durch bildgestütztes Maschinelles Lernen

Marc Preißler(✉), Sophia Jobmann, und Gunther Notni

Fakultät für Maschinenbau, Fachgebiet Qualitätssicherung und Industrielle Bildverarbeitung, Technische Universität Ilmenau, Ilmenau, Deutschland
{marc.preissler,gunther.notni}@tu-ilmenau.de

Zusammenfassung. Hohe Qualitätsstandards in der Fertigung wären ohne effektive Messverfahren heute nicht vorstellbar. Die Ergebnisse sind notwendig, um den Fertigungsprozess gegenüber den Qualitätsansprüchen zu validieren und gleichzeitig zu steuern. Die übliche, nachgelagerte und zusätzliche Aufwendung zur Prozesskontrolle ist zeit- und kostenintensiv. Ansätze zur In-Prozess-kontrolle können diesen Schritt reduzieren oder sogar komplett entfallen lassen. Die hier vorgestellte Arbeit zeigt eine Möglichkeit zur Prozessüberwachung und -steuerung für die Additive Fertigung und ist am Beispiel des Fused Filament Fabrication Verfahrens spezifiziert. Es werden Fertigungsabweichungen identifiziert, Ursachen ergründet und eine quantitative Messung als Grundlage für die Qualitätsverbesserung durchgeführt. Der für die Additive Fertigung typische, schichtweise Strukturaufbau ermöglicht es während der Fertigung Prozessinformationen über das Werkstück zu erfassen. Jede einzelne gefertigte Schicht wird 3-dimensional erfasst und ist die Grundlage zur anschließenden In-Prozessauswertung. Im Bereich des Fused Filament Fabrication Verfahrens gibt es eine große Auswahl von verfügbaren Materialien, die für die Verarbeitung verwendet werden können. Die Herausforderung liegt in den unterschiedlichen Materialeigenschaften und den damit verbundenen, variierenden Anforderungen an die Prozessparameter. Die hier gezeigte Arbeit soll die Regelung der Prozessparameter automatisieren und objektivieren. Die Auswertung der aufgenommenen Schichtinformationen erfolgt mit der Unterstützung von Convolutional Neural Networks und die Ergebnisse steuern, mit dem Ziel zur Steigerung der Fertigungsqualität, einen geschlossenen Qualitätsregelkreis.

Schlüsselwörter: Additive Fertigung · In-prozess Kontrolle · Qualitätsregelkreis · Maschinelles Lernen

1 Einleitung

In den letzten Jahrzehnten haben Bereiche, wie z. B. die Kommunikation, Architektur und Fotografie, alle ihren Weg durch die Digitale Revolution durchlaufen und haben erhebliche Vorteile hinsichtlich Geschwindigkeit, Manipulierung und Qualität der

R. H. Schmitt (Hrsg.), *Datengetriebenes Qualitätsmansssagement,* S. 57–71, 2021.
https://doi.org/10.1007/978-3-662-62442-5_4

entsprechenden Daten hervorgebracht. Der Begriff Digitalisierung findet immer dort Anwendung, wo analoge Werte in Digitale umgesetzt werden. Die mit der Additiven Fertigung entstandenen neuen Arbeitsabläufe nutzen diesen Umstand vollständig aus und bringen neue Maßstäbe hinsichtlich Flexibilität und Effizienz mit sich. Die übliche Verwendung von computergestützter CAD-Software oder 3D-Objektscannern ist Stand der Technik und beinhaltet somit das Vorhandensein eines digitalen vorliegenden Formats des relevanten Objekts. Dieses ist die Basis und gleichzeitig die einzige, notwendige Information für die weiteren nötigen Schritte zur Additiven Fertigung. Die Erstellung einer technischen Zeichnung, die Auswahl eines Halbzeugs und eventuell notwendige Werkzeuge sind nicht von Nöten. Maschinenspezifische und methodenabhängige Softwarelösungen übernehmen wichtige Schritte zur Vorbereitung der Fertigung und lassen dem Bediener gleichzeitig Möglichkeiten zur Beeinflussung der Bauteilqualität und der damit verbundenen Prozessgeschwindigkeit. Die Nutzung der vorhandenen CAD-CAM Schnittstelle stellt die Verbindung zwischen digitalisierten Bauteil und eigentlicher Fertigungsmaschine dar und zeigt den kompletten digitalisierten Weg der Daten von der Konstruktion bis zur Erstellung des NC-Codes, welcher zur Steuerung der Fertigungsmaschine notwendig ist. Auch wenn additive Fertigungsprinzipien schon vor über 30 Jahren patentiert wurden sind, hat sich durch die Digitalisierung im Ganzen und stetig fortschreitender Technologieentwicklung das Potenzial von Additiver Fertigung erst in den letzten Jahren gezeigt. Additive Fertigung, auch bekannt als 3D-Druck, ist eine Alternative oder auch ergänzende Methode zu traditionellen Fertigungsverfahren, welche nach DIN 8580 zu den Hauptgruppen Urformen, Umformen, Trennen und Fügen gehören.

Kennzeichnend für die Additive Fertigung sind der schichtweise Aufbau und der Verzicht weiterer Werkzeuge zur Herstellung des entsprechenden Objekts. Der schichtweise Aufbau stellt ein Alleinstellungsmerkmal bekannter Fertigungsverfahren dar und eröffnet neue Möglichkeiten zur Prozessüberwachung. Gemeint ist an dieser Stelle die In-Prozesserfassung und -kontrolle für die Fertigung von Bauteilen, welche maßgeblich zum Gedanken des kontinuierlichen Verbesserungsprozesses beitragen. Ziel ist einerseits die Fertigungsqualität stetig zu steigern und außerdem die meist notwendige Dokumentationspflicht im erheblichen Maße zu unterstützen. In-Prozess bedeutet hier die Erfassung und Auswertung des Fertigungsprozesses während der eigentlichen Durchführung. In den traditionellen Fertigungsverfahren oder auch den so genannten subtraktiven Verfahren, wie Drehen oder Fräsen, sind schon seit längeren verschiedene Prozesserfassungssysteme entstanden und etabliert. Hier reichen die Ansätze von der Auswertung der zum Fertigungsbetrieb nötigen Sensordaten der Maschine, wie die Geschwindigkeiten der einzelnen Bewegungsachsen oder die Erfassung verschiedener Temperaturen, bis hin zur Integration von Sensoren, welche zum Beispiel das Werkstück oder Werkzeug In-situ erfassen und entsprechende Korrekturmaßnahmen ableiten.

Gegenstand der Arbeit am Fachgebiet Qualitätssicherung und Industrielle Bildverarbeitung der TU Ilmenau, betreffend der Additiven Fertigung, ist der Entwurf eines geschlossenen Qualitätsregelkreises zur Steigerung der Leistungsfähigkeit unter verschiedenen Gesichtspunkten. Erhebliche Potenziale sind schon im Entwicklungs- und Designfindungsprozess gegenüber traditionellen Fertigungsverfahren verfügbar und nutzbar. Viele Restriktionen sind hinsichtlich der möglichen Fertigbarkeit außer Kraft gesetzt. Bauteile können z. B. topologisch hinsichtlich einer optimalen Wärmeübergabe gestaltet werden oder perfekte Gleichgewichte zwischen Festigkeit und Gewicht gefunden werden. Die Nachteile der Additiven Fertigung betreffen aktuell die Kosten und die Zeit, welche es gilt zu reduzieren um die Wettbewerbsfähigkeit weiter zu steigern. Ein erheblicher Grund ist der noch fehlende hoch entwickelte Automatisierungsgrad. Gerade in der Jobvorbereitung, im Handling und der oft notwendigen Nacharbeit sind noch viele händische Schritte notwendig, die dazu noch weitreichende menschliche Erfahrung benötigen. Die In-Prozesserfassung- und kontrolle in der Additiven Fertigung ist ein prozessbasierter Ansatz und trägt hier maßgeblich zu einer nötigen Objektivierung der Prozessbeurteilung, verbunden mit einer gleichzeitigen Qualitätssteigerung des Produktes, bei und wirkt somit den aktuellen Nachteilen deutlich entgegen.

Ziel dieser Arbeit ist die Identifizierung von bekannten Fertigungsfehlern während des Fertigungsprozesses und die daraus schlussfolgernde, automatische Parameterkorrektur zur Erreichung einer stetig steigenden Prozessqualität. Um fehlgeleitete Prozesse zu erkennen, muss eine Klassifizierung der Bilddaten erfolgen. Dies kann aber nur erreicht werden, wenn eine Merkmalsextraktion und anschließende Merkmalsreduktion stattfindet. Die verwendeten Merkmale können u. a. Kennzahlen von Verteilungsfunktionen, Momente (Erwartungswert, Varianz) oder Korrelationen und Faltungen sein. Die Gewinnung und Definition erfolgt in der Regel empirisch durch Intuition und Erfahrung. Bei relativ ähnlichen Datensätzen ist dieser Ansatz etabliert und führt auch zu hervorragenden Erkennungsraten, da die Merkmalsräume genau definiert werden können. Die Daten, die bei dem Prozess der Additiven Fertigung gewonnen werden, können durch die differenzierten Bauteilgeometrien und unterschiedlichen Werkstoffen sehr unterschiedlich sein. Eine automatische Merkmalsextraktion und einhergehende Reduzierung für die Klassifizierung wäre daher von großem Vorteil. Genau dies passiert bei bestimmten Ansätzen des Maschinellen Lernens. Der hier verfolgte Ansatz nutzt das Prinzip von künstlichen, neuronalen Netzen zur Klassifizierung von Prozessfehlern in der Additiven Fertigung. Auf Basis von großen, vorklassifizierten Datenmengen, welche zum Trainieren der Netze genutzt werden, können Merkmale selbstständig und automatisiert extrahiert und definierten Klassen zugeordnet werden. In dem Fall, das eine oder mehrere Fehlerklassen während des additiven Fertigungsprozess erkannt werden, wird eine dem jeweiligen Prozess zugeordnete Lookup Tabelle (LUT) zu Rate gezogen und die entsprechenden Parameter angepasst. Durch die Nachregelung wird der Prozess stabilisiert und eine Steigerung der Bauteilqualität erreicht. Der hier vorgestellte Ansatz ist zurzeit mit dem additiven Fertigungsverfahren Fused Filament Fabrication (FFF) realisiert und wird aktuell auch noch mit weiteren Verfahren evaluiert.

2 Fused Filament Fabrication

Fused Filament Fabrication (FFF) ist eine der günstigsten Methoden der Additiven Fertigung und bei den Nutzern sehr beliebt [1]. Sowohl die Initialkosten als auch die Kosten für Betriebsmittel und Materialkosten sind überschaubar. Weitere Vorteile sind die erhöhte Verfügbarkeit verschiedenster thermoplastischer Materialien, die für die Herstellung von Objekten eingesetzt werden können und der relativ einfache Umgang mit dem Verfahren selbst. Der Einsatz der Maschinen kann in Büroumgebungen erfolgen und hat keine besonderen Anforderungen an die Peripherie. Der Herstellungsprozess arbeitet nach dem additiven Prinzip, d. h. die Objektstruktur wird in horizontale Schichten unterteilt. Das Rohmaterial ist in der Regel ein gewickelter Draht (Filament), welcher während des Fertigungsprozesses in einer Düse aufgeschmolzen wird und dann entsprechend der jeweiligen Schicht auf einer Bauplattform verteilt. Jedes Material hat spezifische Eigenschaften und ist für verschiedene Anwendungen geeignet. Der Qualitätsgrad des erzeugten Objekts ist aber nicht nur von dem verwendeten Material abhängig, sondern auch insbesondere von der verwendeten Fertigungsmaschine und den zugehörigen Prozessparametern. Für das optimale Zusammenspiel dieser Faktoren ist ein grundlegendes Verständnis über Materialeigenschaften und Parameterauswirkungen von Nöten, welches in der Regel nur über Expertenwissen erlangt werden kann. Zu nennen sei hier auch der Abkühlprozess, welcher sehr sensibel zu behandeln ist und von Umgebungsparametern beeinflusst wird [2, 3]. Ein ungünstiges Zusammenspiel der Prozessparameter ist im anschließenden Kapitel erläutert.

2.1 Prozessfehler im Verfahren Fused Filament Fabrication

Wenn die Bedingungen oder Prozessparameter für das Fused Filament Fabrication Verfahren ungünstig gewählt sind oder andere zufällige Fehler auftreten, dann können bestimmte unerwünschte Effekte auftreten, wie sie in Abb. 1. dargestellt sind.

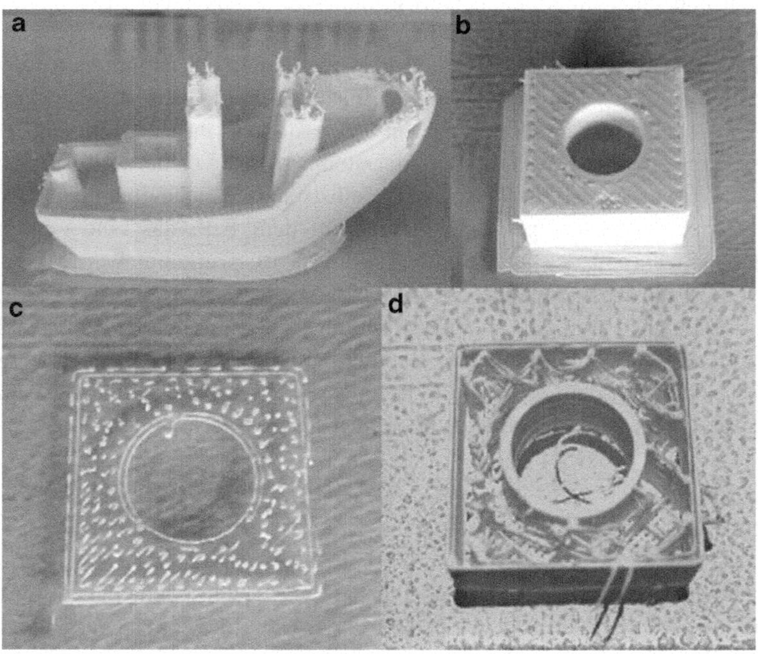

Abb. 1. (**a**) Blockierte Düse, (**b**) Löcher in der Deckschicht, (**c**) Beeinträchtigter Filamentfluss, (**d**) Fehlerhaftes Infill

Das erfolgreiche Auftragen der ersten Schicht ist von großer Bedeutung und die Grundlage für einen erfolgreichen Herstellungsprozess des additiv gefertigten Bauteils. Die parallele und korrekte Nivellierung zwischen Bauplattform und Extruderdüse ist eine Grundvoraussetzung für stabile Prozessbedingungen und hat gravierende Auswirkungen für das Haften der Schichten. Wenn diese Bedingungen nicht erfüllt sind, bleibt die erste Schicht an der Plattform nicht haften und ein Anheben der aufgetragenen Schichten kann die Folge sein. Im schlimmsten Fall beginnt das Objekt sich vollständig von der Oberfläche zu lösen und eine Beschädigung der Maschine kann herbeigeführt werden. Eine korrekte Justage der Prozessparameter ist nicht nur für optische und maßhaltige Qualitätsansprüche von Nöten, sondern beeinflusst auch maßgeblich die mechanischen Eigenschaften des zu fertigenden Bauteils. Ein eingeschränkter Filamentfluss führt zu fehlerhaften und destabilisierten Infill und beschränkt die Festigkeit bzw. Steifigkeit maßgeblich. Auch ein sich ändernder Filamentdurchmesser hat Einfluss auf die Menge der Materialextrusion und damit auch auf alle Bauteileigenschaften. Weitere Effekte von unzureichenden Prozessbedingungen können Löcher und Blasen auf der Bauteiloberfläche sein, was die Haftung der nächsten Schicht beeinträchtigt und weitere Fertigungsfehler verursachen kann.

Die Vielfalt der möglichen Prozessfehler in dem Fused Filament Fabrication Verfahren ist groß und dieser Beitrag soll keinen Anspruch auf Vollständigkeit übernehmen.

3 Deep Learning

Deep Learning ist ein Teilgebiet des Maschinellen Lernens, welches wiederum zur Thematik der Künstlichen Intelligenz zugeordnet wird. Deep Learning oder auch zu Deutsch frei übersetzt tiefgehendes Lernen nutzt die Methodik der künstlichen neuronalen Netze. Die Abgrenzung zu diesem erfolgt lediglich durch die Anzahl der verwendeten Zwischenschichten und beeinflusst somit die Komplexität des Netzes erheblich. Die Funktionsweise ist vom biologischen Vorbild, den Neuronen im Nervensystem, inspiriert und auf Grundlage von bereits Gelerntem, können Optimierungsprobleme gelöst werden. Bereits im Jahr 1943 beschrieben Warren McCulloch und Walter Pitts die Vernetzung von Neuronen, also elementare Einheiten, welche zur Lösung von logischen oder arithmetischen Funktionen genutzt werden können [4]. Weiterhin ist dieses Verfahren auch hervorragend zur Mustererkennung geeignet und damit in der Bildverarbeitung weit verbreitet.

Voraussetzung ist aber immer ein sehr großer Trainingsdatensatz, welcher auch gleichzeitig einen nicht zu vernachlässigenden Nachteil mit sich bringt.

3.1 Convolutional Neural Networks

Ein Convolutional Neural Network (CNN), oder zu Deutsch faltendes neuronales Netzwerk, ist ein künstliches, neuronales Netz. Wie in jedem künstlichen neuronalen Netz gibt es auch hier für die Daten eine Eingabeschicht und für die Optimierungsaufgabe entsprechende Ausgabeschicht. Die Abgrenzung zu konventionellen neuronalen

Netzen erfolgt durch die Zwischenschichten. In einem CNN kommen Convolutional Layer und angegliederte Pooling Layer zur Anwendung. Durch die mehrmalige Wiederholung dieser Konstellation in mehreren Ebenen spricht man von tiefen neuronalen Netzen. Die Eingabeschicht eines CNN wird in der Regel von einer zwei- oder dreidimensionalen Matrix bedient (z. B. die Pixel eines Graustufen- oder Farbbildes) und die voll- oder teilvermaschten Neuronen sind diesem entsprechend im Convolutional Layer angeordnet. Die Aktivität jedes Neurons wird durch eine diskrete Faltung berechnet. Der Eingang jedes Neurons, der durch diskrete Faltung bestimmt wird, wird nun von einer Aktivierungsfunktion in einen Ausgang umgewandelt und heißt Rectified Linear Unit (ReLu).

Der Pooling Layer hat die Funktion zur Reduzierung und Verdichtung der erkannten Merkmale, indem an dieser Stelle überflüssige Informationen verworfen werden und die Datenmenge reduziert wird. Nach den sich oft wiederholenden Einheiten von Convolutional Layer und Polling Layer ist das CNN mit einem oder mehreren Fully-connected Layer ausgestattet und entspricht der Architektur eines mehrlagigen Perzeptrons [5]. Die Anzahl der Neuronen in dieser Schicht entspricht dann üblicherweise der Anzahl an Objektklassen, welche z. B. für Klassifizierungsaufgaben angewandt werden. Die Ausgabe der letzten Schicht des CNN wird in der Regel durch eine Softmax-Funktion in eine Wahrscheinlichkeitsverteilung umgewandelt.

Anwendung finden CNNs, wie anfangs schon erwähnt, sehr oft in Bilderkennungssystemen. Mit der MNIST-Datenbank, eine für handgeschriebene Ziffern, wurde eine minimale Fehlerquote von 0,23 % erreicht und zeigte 2011 den aktuellen Stand der Technik [6]. Anschließend gewann ein weiteres CNN, ähnlicher Architektur, namens AlexNet [7], die ImageNet Large Scale Visual Recognition Challenge, welches auch in dieser Arbeit betrachtet wird. Zur Erreichung dieser hohen Erkennungsraten ist nicht nur eine effektive Architektur des CNNs von Nöten, sondern auch ein in ausreichend hoher Anzahl vorliegender Trainingsdatensatz. Um dieses Problem möglichst gering zu halten wird im Folgenden auf die Transfer Learning Methode eingegangen, welche auch in dieser Arbeit Anwendung findet.

3.2 Transfer Learning

Transfer Learning ist ein Ansatz des Maschinellen Lernens für neuronale Netze, bei welchem eines für eine Aufgabe trainiertes Modell mit einer großen Menge an Trainingsdaten als Ausgangspunkt für das Trainieren eines Modells für eine ähnliche Aufgabe verwendet wird [8]. Das Training eines neuen, neuronalen Netzes ist sehr rechenintensiv und benötigt entsprechend Zeit. Die Feinabstimmung eines vortrainierten Netzwerks mit der Unterstützung von Transfer Learning ist in der Regel viel schneller und einfacher als das Training eines Netzwerks von Grund auf. Bestimmte Strukturen und Formen eines Bildes sind diesem dann nicht unbekannt und im einfachsten Fall muss nur ein Lernen für die Zuordnung der neuen

Objektklassen erfolgen. Alternativ kann aber auch eine Änderung von mehreren Layern des vortrainierten neuronalen Netzes durchgeführt werden. Der Ausgangspunkt des anschließenden Trainings sind die vorgelernten Wichtungen zwischen den Neuronen und nicht zufällig Gewählte.

Diese Methode kann für die Objekterkennung, Bilderkennung, Spracherkennung und viele andere Aufgaben eingesetzt werden. Die Popularität basiert auf der Möglichkeit, CNN-Modelle mit kleinen Datensätzen, wo die Objektklassen bekannt sind, zu trainieren, was die Trainingszeit und die Hardware-Ressourcen erheblich reduzieren kann. Das Transfer Learning findet nach folgendem Schema statt: Ein geeignetes, vortrainiertes CNN-Netzwerk ist auszuwählen, welches passenderweise für eine ähnliche Aufgabe genutzt wurde. Die Klassifizierungsebenen müssen im Netzwerkaufbau entfernt werden und an die neue Aufgabe angepasst werden. Eine Feinabstimmung der Wichtungen ist möglich und hängt von der neuen Aufgabe und dem verfügbaren Datensatz ab. Mehr Daten ermöglichen die Auswahl mehrerer Layer für die Feinabstimmung. Nach diesem Schritt kann das Netzwerk trainiert und das Ergebnis hinsichtlich der Erkennungsrate überprüft werden.

4 Methodik zur Prozesssteuerung des Additiven Fertigungsprozesses

Am Fachgebiet Qualitätssicherung und Industrielle Bildverarbeitung werden dazu verschiedene Ansätze untersucht und entsprechende Sensorsysteme in additive Fertigungsmaschinen integriert und evaluiert. Die Ansätze reichen von der Auswertung des Werkstücks nach jeder gefertigten Schicht mithilfe 2-dimensionaler RGB-Bildinformationen, die Aufnahme der einzelnen Schichten durch Thermografie bis hin zur Aufnahme 3-dimensionaler Bilddaten von jeder Schicht, welche dazu genutzt wird, innervolumetrische 3D-Daten zu erzeugen. Diese Daten des Werkstücks haben einen ähnlichen Informationsgehalt wie die eines CT- oder Röntgenscans. Somit besteht auch noch nach der Beendigung des Fertigungsprozesses die Möglichkeit das Innere des Bauteils zu bewerten und eventuelle Abweichungen festzustellen. Gemein dieser Ansätze zur In-Prozesserfassung- und Kontrolle ist das Erkennen von eventuell auftretenden Fertigungsabweichungen und Fehlern während des additiven Fertigungsprozesses. Aktuell konnten gute Ergebnisse hinsichtlich der Erkennung geometrischer Abweichungen erzielt werden und auch eine erste Fehlerklassifizierung findet statt. Die Klassifizierung wird dazu genutzt, die Prozessparameter gezielt zu steuern und durch entsprechende Korrekturmaßnahmen einen geschlossenen Qualitätsregelkreis (Abb. 2.) entstehen zu lassen, welcher den Gedanken der kontinuierlichen Qualitätsverbesserung voll unterstützt. Durch die Aufnahme von ortsaufgelösten Bildinformationen nach jeder Schicht, egal ob 2D, 3D oder thermografische, sind Daten über den Ist-Zustand verfügbar und können zur Auswertung und Messung genutzt werden.

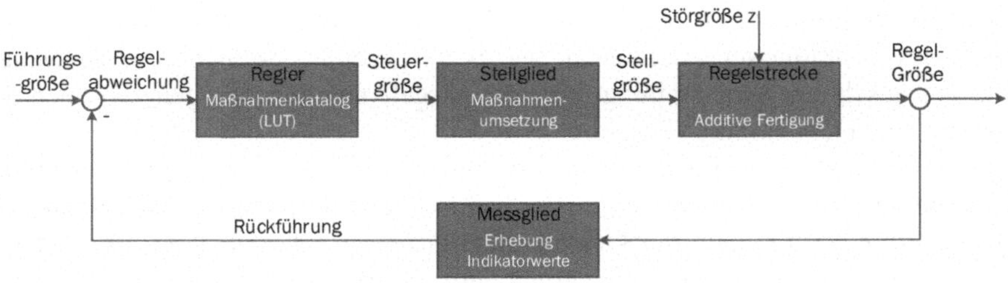

Abb. 2. Geschlossener Qualitätsregelkreis für die Additive Fertigung

4.1 Modell zur Aufnahme von Prozessdaten

Die in dieser Arbeit entwickelte Methode soll einen additiven Fertigungsprozess mit Hilfe von bildbasierten Informationen bewerten. Das erarbeitete Modell soll außerdem auch auf weitere additive Fertigungsverfahren übertragbar sein und damit eine Bewertung ermöglichen.

Nach erfolgter Definition der Anforderungen für die zu betrachtende AM-Methode ist das geeignete Sensorprinzip auszuwählen und mit der Datenaufnahme kann begonnen werden. Die Wahl des Sensors kann ein herkömmlicher Graustufen-, Mehrkanal-, Thermografie- oder ein 3D-Sensor sein. Um den Vorteil der Prozesskontrolle in der Additiven Fertigung umfänglich zu nutzen, ist es ratsam die Bilddaten Schicht für Schicht zu erfassen. Das bedeutet, dass am Ende des Fertigungsprozesses die gleiche Anzahl von Schichtbildern vorhanden sind, wie die Anzahl der Schichten. Jede einzelne Schicht wird dann mithilfe eines geeigneten Convolutional Neural Network klassifiziert. Für erste Evaluierungen kamen in diesem Beitrag mehrere CNNs zur Anwendung und sind mit der Transfer Learning Methode trainiert.

Das Klassifizierungsergebnis zeigt eine Wahrscheinlichkeit der Fertigungsfehler pro Bild bzw. pro Schicht an. Es können nur solche Fehler erkannt werden, die zuvor durch das Training des CNN definiert wurden.

Anschließend erfolgt eine Korrelationsüberprüfung zwischen den automatisch, ausgewerteten Bildern und zugehörigen Prozessparametern in einer Lookup-Tabelle (LUT). Erkannte Fertigungsfehler werden automatisch mit dem LUT verglichen und die zu ändernden Prozessparameter ausgegeben. Abhängig vom erkannten Fehlerbild können die Parameter für die nachfolgende Schicht angepasst werden oder Berücksichtigung in einem neuen Fertigungsdurchlauf finden.

Dieses Verfahren (Abb. 3.) erfüllt den Gedanken eines geschlossenen Qualitätsregelkreis und soll die Fertigungsqualität durch iterative Abläufe verbessern.

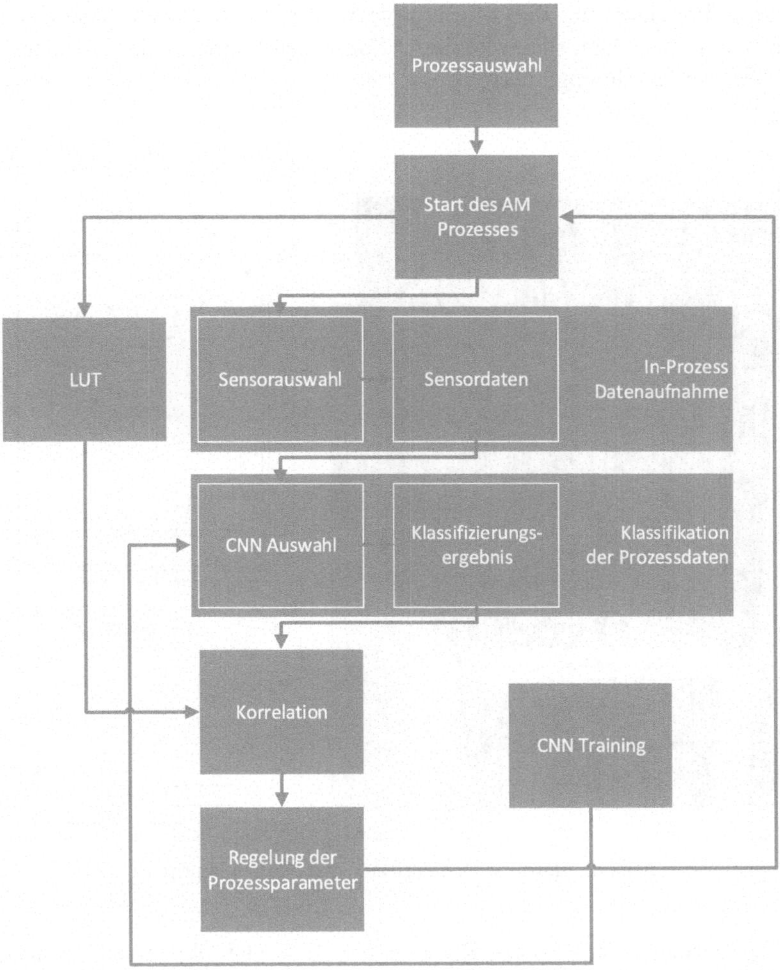

Abb. 3. Methode zur Prozessauswertung in der Additiven Fertigung

4.2 Experimenteller Aufbau für das Fused Deposition Modeling

Die für diese Arbeit betrachtete Fused Deposition Modeling Maschine ist ein kommerziell erhältlicher Ultimaker 2 extended+. Modifizierungen betreffen den geschlossenen Bauraum und die Integration eines geregelten Heiz- und Kühlsystems, um die Prozessbedingungen so konstant wie möglich zu gestalten.

Die Besonderheit ist jedoch die Erweiterung der Fertigungsmaschine durch die Integration eines eigens entwickelten Sensor, der während der Prozesszeit topologische 3D-Informationen von der extrudierten Schicht aufnehmen kann (Abb. 4.). Die Montageposition ist über der additiven Fertigungsmaschine zur Aufnahme aus der Vogelperspektive gewählt, um die Informationen schichtweise zu erfassen. Die Hardwareplattform verfügt über ein stereoskopisches Kamerasystem und der notwendige Projektor für die Musterprojektion wird zwischen beiden Kameras platziert. Die notwendige, stereoskopische Kamerakalibrierung wird zuvor mit einem 5 mm Checkerboard durchgeführt [9].

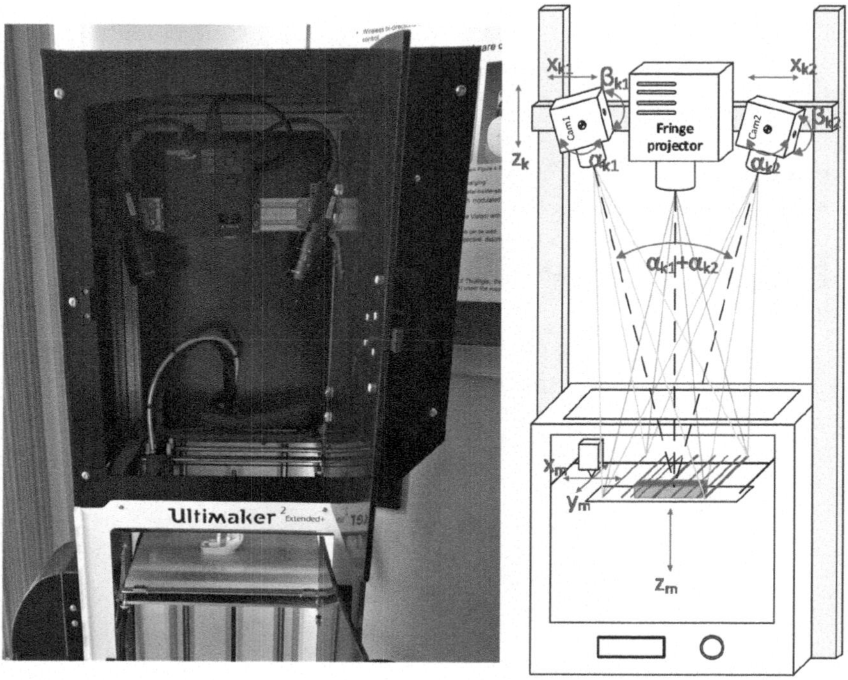

Abb. 4. Hardwaredemonstrator und Aufnahmeprinzip

Die verwendeten GigE Vision-Kameras und C-Mount-Objektive sind austauschbar, um den Bildausschnitt für jeweilige Aufgabe zu adaptieren. Die verwendete Brennweite beeinflusst somit auch direkt die Auflösung und Genauigkeit des Messsystems. Darüber hinaus hängt auch die Auflösung der 3D-Daten davon ab. Das für die Datenaufnahme experimentelle Design besteht aus einem Sony IMX249 2,4 MP Bildsensor und einem Objektiv mit einer Brennweite von 25 mm. Diese Anordnung erfasst den maximal-verfügbaren Arbeitsbereich in der Fertigungsmaschine von 220×220 mm. Die maximale Schärfentiefe hängt vom gewählten Objektiv und der gewählten Blende ab. Der Wert der Schärfentiefe muss jedoch mindestens der Schichtdicke entsprechen. Handelsübliche FFF Maschinen sind in der Lage, eine Schichtdicke zwischen 50–400 µm herzustellen.

Der prinzipielle Ablauf zur Messwertaufnahme beginnt nach jeder gefertigten Schicht erneut. Ein eigens entwickeltes Python [10] Skript, für die verwendete Slicer Software CURA, ermöglicht nach jeder Herstellung einer Schicht die automatische

Bewegung des Düsenkopfes außerhalb des Bildbereichs. Ein angeschlossenes Arduino Uno erzeugt ein Triggersignal und kommuniziert über eine serielle Verbindung mit dem Steuerrechner. Der Projektor erzeugt aperiodische Streifenmuster und projiziert diese auf die gefertigte Bauteilschicht. Die stereoskopischen Bildsensoren erfassen die jeweils notwendigen zweidimensionalen Bilder der letzten hergestellten Schicht und die Berechnung der 3-dimensionale Punktwolke folgt [11, 12]. Die Bilddatenkontrolle für die Punktwolkengenerierung und die Steuerung der additiven Fertigungsmaschine erfolgt auf einer Linux-basierten × 86-PC-Architektur. Die verwendeten Frameworks für die zweidimensionale Bilderfassung sind QT5, OpenCV und das Sony Camera SDK.

Die berechnete Punktwolke wird anschließend automatisch vorverarbeitet. Dazu gehören die Rauschunterdrückung und das Entfernen von Pseudopunkten, die durch Lichtreflexionen oder andere zufällige Einflüsse entstehen.

Die Punktwolke besteht aus mehreren Punkten im dreidimensionalen kartesischen Koordinatensystem und ist daher für die Eingabe der hier vorgestellten CNNs in dieser Form nicht geeignet. Ein Tiefenbild wird aus dem parallelen Blickwinkel in z-Richtung berechnet. Dazu wird ein virtuelles Gitter mit frei definierbarer Auflösung aufgebaut und anschließend die dreidimensionale Ausdehnung der Punktwolke für die Tiefenberechnung bestimmt. Die berechnete Tiefe in z wird für 24 bit RGB-Werte kodiert und ein zweidimensionales Bild ausgegeben (Abb. 5.). Dieses Format wiederum eignet sich für die anschließende Weiterverarbeitung mit CNNs. Die vollständige Transformation wurde mit Unterstützung von Matlab® und der Image Acquisition Toolbox erreicht.

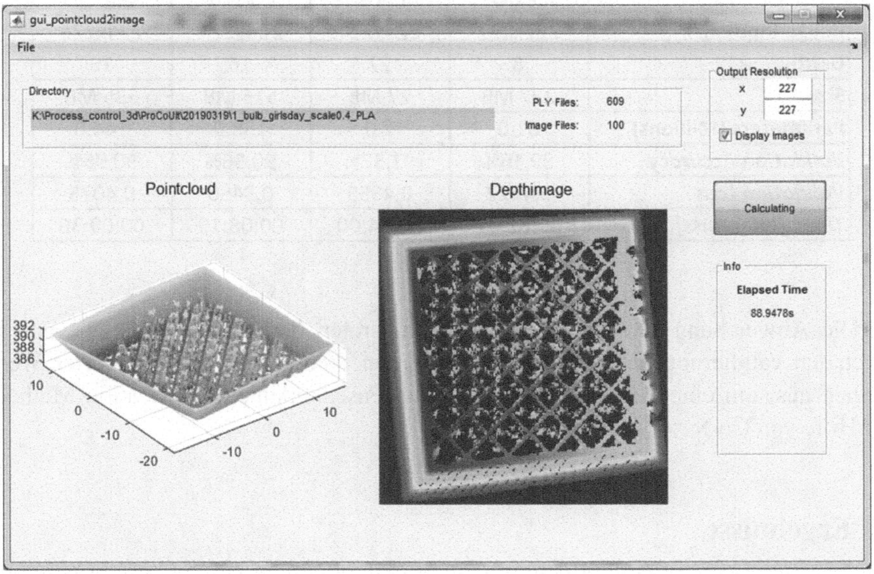

Abb. 5. Aufgenommene Punktewolke und Tiefenkarte mit Falschfarben

4.3 Training

Das Training von CNNs, welche vorher einer Anpassung hinsichtlich der Klassifizierungsaufgabe durchlaufen sind, erfolgt durch einen Datensatz von Bildern mit bekannten Objektklassen. In dem hier vorgestellten Fall sind Bilder von verschiedenen additiven Fertigungsdurchläufen manuell durchsucht und hinsichtlich verschiedener Prozessfehler sortiert. 13 verschiedene Fehlerklassen sind im Resultat entstanden und können erkannt werden. Da aktuell noch keine ausreichende Anzahl von Bildern als Trainingsdaten verfügbar ist, findet die anfangs vorgestellte Methode des Transferlernens Verwendung. Der erstellte Trainingsdatensatz ist nach Trainings- und Validierungsdaten getrennt.

Das Trainieren erfolgt mit der Unterstützung der Software Matlab® und der Deep Learning Toolbox. Ein weiterer Vorteil der Deep Learning Toolbox ist die Möglichkeit, Berechnungen auf eine CUDA-fähige Nvidia-Grafikkarte auszulagern. Durch die Möglichkeit der Parallelisierung der Algorithmen auf einer Grafikprozessoreinheit (GPU) wird der Trainingsprozess enorm beschleunigt. Zur Durchführung des Trainingsprozesses wird ein NVIDIA Geforce RTX 2080 Ti verwendet. Der Trainingsdatensatz mit Prozessfehlern aus dem FFF Verfahren besteht aus insgesamt 412 Bildern und die für das Transfer Learning verwendeten CNN-Modelle sind AlexNet, GoogLeNet, VGG-16 und VGG-19.

Ein Vergleich der verschiedenen CNN-Modelle zeigt Differenzierungen in der Trainingsdauer (Tab. 1.).

Tab. 1. CNN Vergleich

	AlexNet	**GoogLeNet**	**VGG-16**	**VGG-19**
Image Input Size	227x227	224x224	224x224	224x224
Depth	8	22	16	19
Size	227 MB	27 MB	515 MB	535 MB
Parameters (Millions)	61.0	7.0	138.0	144.0
Validation Accuracy	89,16%	91,57%	90,36%	90,96%
Validation Loss	0,4422	0,4855	0,3450	0,4075
Time [hh:mm:ss]	00:02:01	00:34:00	00:08:15	00:09:36

Die Abweichung zwischen den Erkennungsraten der einzelnen CNNs, welche durch den Validierungsdatensatz bestimmt werden, sind gering. Die evaluierten Werte reichen aus, um eine Fehlererkennung für die Fused Filament Fabrication Methode mit Hilfe von CNNs zu starten.

5 Ergebnisse

Die betrachteten CNNs und der vorsortierte Trainingsdatensatz haben gezeigt, dass eine praktikable Erkennungsrate der potenziellen Prozessfehler von etwa 90 % möglich ist. Die Anwendung in der Praxis ist die Auswertung der aufgenommenen

Schichten während des additiven Fertigungsprozesses. Das CNN-Modell VGG-16 hat sich für die Auswertung der verschiedenen Schichten bewährt und ein Ergebnis hinsichtlich der möglichen aufgetretenen Prozessfehler ist innerhalb von wenigen Sekunden verfügbar. Somit herrschen durch die Bildaufnahme und -auswertung keine Einschränkungen vor und eine kontinuierliche, schichtweise Prozessbetrachtung ist möglich. Zur Auswertung der Daten wird die Häufigkeit und Intensität pro Schicht der relevanten Prozessfehler zu Rate gezogen und entsprechend eines LUT Parameteränderungen durchgeführt. Abb. 6. zeigt das iterative Ergebnis einer Anpassung der Fertigungsparameter in einem Fused Filament Fabrication Verfahren. Der an diesem Beispiel vorrangig aufgetretene Fehler ist die Bildung von Blasen und weiteren Filamentrückständen am Bauteil, was zu einer unsauberen Oberfläche und eingeschränkter Maßhaltigkeit führt. Das verwendete Material Polyflex® der Marke Polymaker hat anspruchsvolle Eigenschaften für den additiven Herstellungsprozess. Durch eine Shore Härte von A95 gehört es zu der Gruppe der Weichfilamente und hat eine Elastizität von bis zu 400 %. Diese Materialeigenschaften führen oft zu einer Tropfenbildung an der Extruderdüse, wie auch in den ersten Durchläufen in Abb. 6. deutlich zu erkennen ist.

Abb. 6. Ergebnis der Parameteroptimierung im FFF Verfahren

Die automatische Auswertung, mit zugrunde liegendem LUT, gibt in diesem Fall eine Verringerung der Extrudertemperatur und Erhöhung des Retraction Parameters, also der Rückzug des Filaments im Förderschlauch beim Erreichen freier Flächen, vor. Im Ergebnis hat sich die Oberflächenqualität des Bauteils nach etwa 5 Durchläufen deutlich verbessert und eine Grenze des Möglichen ist mit diesem Material bzw. Parametern erreicht. Insgesamt wird die Methode Fused Filament Fabrication von etwa 200 Parametern gesteuert und hält das Optimierungspotenzial somit noch weit offen.

6 Fazit

Die hier vorgestellte Methode zeigt eine Möglichkeit zur automatisierten Prozessverbesserung in der additiven Fertigung mit Hilfe von bildbasierten Daten in einem geschlossenen Qualitätsregelkreis. Die Daten werden schichtweise erfasst und klassifiziert. In dem hier vorgestellten Beispiel für das Fused Filament Fabrication Verfahren ist ein 3D-Erfassungssystem in die Fertigungsmaschine integriert, eine notwendige Transformation ohne Informationsverlust von 3D in 2D implementiert und diese mit Hilfe von Convolutional Neural Networks klassifiziert. Auf Basis dessen sind Optimierungen der Fertigungsparameter erfolgt und gezeigt, dass eine stetige Verbesserung der Fertigungsqualität erreicht werden kann.

Durch die Möglichkeit beliebige 2D Bildinformationen als Eingabe zu verwenden, ist es auch möglich weitere bildbasierte Prozesserfassungssysteme einzusetzen und auch andere additive Verfahren damit zu kontrollieren bzw. zu steuern. Durch die stetige Erweiterung der Trainingsdatensätze ist damit zu rechnen, dass das System den Fertigungsprozess in Zukunft noch genauer beurteilen kann und der datengetriebene Qualitätssicherungsansatz sein Potenzial weiter entfalten kann.

Literatur

1. Raddatz, L., Austerjost, J., Beutel, S.: 3D-Druck: Chancen, Möglichkeiten, Risiken: Wie eine neue Technologie die Zukunft der Biotechnologie und Chemie prägen könnte. Chem. unserer Zeit **52**(1), 42–50 (2018)
2. Sun, Q., Rizvi, G.M., Bellehumeur, C.T., Gu, P.: Effect of processing conditions on the bonding quality of FDM polymer filaments. Rapid Prototyp. J. **14**(2), 72–80 (2008)
3. Rankouhi, B., Javadpour, S., Delfanian, F., Letcher, T.: Failure analysis and mechanical characterization of 3D printed ABS with respect to layer thickness and orientation. J. Fail. Anal. Prev. **16**(3), 467–481 (2016)
4. McCulloch, W.S., Pitts, W.: A logical calculus of the ideas immanent in nervous activity. Bull. Math. Biophys. **5**(4), 115–133 (1943)
5. Rosenblatt, F.: The perceptron: a probabilistic model for information storage and organization in the brain. Psychol. Rev. **65**(6), 386 (1958)
6. Cireşan, D., Meier, U., Schmidhuber, J.: Multi-column deep neural networks for image classification. arXiv preprint arXiv:1202.2745 (2012)
7. Sutskever, I., Hinton, G.E., Krizhevsky, A.: Imagenet classification with deep convolutional neural networks. Advances in Neural Information Processing Systems, S.1097–1105. MIT Press,Cambridge (2012)
8. West, J., Ventura, D., Warnick, S.: Spring research presentation: a theoretical foundation for inductive transfer. Brigham Young University, College of Physical and Mathematical Sciences **1**, 32 (2007)

9. Zhang, Z.: A flexible new technique for camera calibration. IEEE Transactions on Pattern Analysis and Machine Intelligence, Aufl. 22. IEEE Computer Society, New York (2000)
10. Kelly, S.: Python, PyGame and Raspberry Pi Game Development. Apress, Berkeley (2016)
11. Heist, S., Kuehmstedt, P., Tuennermann, A., Notni, G.: Theoretical considerations on aperiodic sinusoidal fringes in comparison to phase-shifted sinusoidal fringes for high-speed three-dimensional shape measurement. Appl. Opt. **54**(35), 10541–10551 (2015)
12. Heist, S., Kühmstedt, P., Tuennermann, A., Notni, G.: Experimental comparison of aperiodic sinusoidal fringes and phase-shifted sinusoidal fringes for high-speed three-dimensional shape measurement. Opt. Eng. **55**(2), 024105 (2016)

Datengestütztes Qualitäts- und Komplexitätsmanagement am Beispiel des automobilen Konfigurationsmanagements

Alexander Frisch[1,2(✉)] und Roland Jochem[1]

[1] Fachgebiet Qualitätswissenschaft, Technische Universität Berlin, Berlin, Deutschland
Alexander.DR.Frisch@bmw.de,
roland.jochem@tu-berlin.de
[2] Konfigurations- und Releasemanagement, BMW AG München, München, Deutschland

Zusammenfassung. Die steigende Komplexität in der Automobilindustrie durch externe Treiber stellt hohe Herausforderungen an das klassische Qualitäts- und Komplexitätsmanagement. Eine häufige Maßnahme ist die produktseitige Reduzierung der Variantenvielfalt, welche der idealen Balance aus interner und externer Komplexität meist nicht gerecht wird. Es sind neue Ansätze notwendig, um trotz hoher interner Komplexität zur Sicherung von Marktpotenzialen eine stabile und nachhaltige Qualität sicherstellen zu können. Die Hypothese dieser Arbeitet lautet, dass trotz gleichbleibender und hoher objektiver Komplexität positive Auswirkungen auf die Qualität durch eine methodische sowie toolbasierte Reduzierung der subjektiven Komplexität erzielt werden können.

Es wird dazu ein Vorgehensmodell vorgestellt und angewendet, welches Prinzipien und Methoden zum qualitätsorientierten Umgang mit Komplexität beinhaltet. Betrachtungsgegenstand ist der automobile Konfigurationsprozess, welcher aufgrund seiner Vielzahl und Vielfalt an Konfigurationsmöglichkeiten sowie seiner vor allem durch den Mensch beeinflussten Dynamik eine hohe Systemkomplexität aufweist. Es werden drei verschiedene Projekte entlang des Konfigurationsprozesses vorgestellt, welche die verschiedenen Phasen des Prozesses abdecken. Erste Studienergebnisse in einem der Projekte bestätigen die positiven Effekte des neuen Qualitäts- und Komplexitätsansatzes. So können durch die Reduzierung der subjektiven Komplexität eine messbar gesteigerte objektive wie auch subjektive Qualität erreicht werden.

Schlüsselwörter: Komplexität · Qualität · Automobilindustrie · Konfigurationsmanagement

R. H. Schmitt (Hrsg.), *Datengetriebenes Qualitätsmanagement,* S. 72–95, 2021.
https://doi.org/10.1007/978-3-662-62442-5_5

1 Einleitung

1.1 Das komplexe Unternehmensumfeld der Automobilindustrie

Die Automobilindustrie sieht sich aktuell einem starken Wandel ausgesetzt. Der Grund dafür ist vor allem die Vielzahl globaler Trends, die sich untereinander auf verschiedene Art und Weise dynamisch beeinflussen und somit als externe Treiber zu einem komplexen Unternehmensumfeld führen.

Ein wesentlicher Trend ist die weiterhin steigende Globalisierung. Als Global Player muss sich die Automobilindustrie auf eine hohe Vielzahl und Vielfalt an alten und neuen Wettbewerbern, Märkten und länderspezifischen Gesetzgebungen einstellen. Des Weiteren führt der aus der Globalisierung resultierende Wegfall von geografischen Vorteilen zu einem steigenden Kosten- und Wettbewerbsdruck [1–3].

Neue Technologien und Mobilitätsformen wie die Elektromobilität und das autonome Fahren müssen kostenintensiv entwickelt werden, um den sich wandelnden Kunden- und Gesetzesanforderungen gerecht zu werden. Der dadurch resultierende steigende Elektronik- und Softwareanteil erfordert produkt- wie auch prozessseitig gänzlich neue Lösungen entlang der gesamten Wertschöpfungskette sowie eine weitere Kürzung des traditionellen Produktlebenszyklus [4, 5]. Ein Beispiel ist der VW Golf, dessen Produktzyklus von der ersten Generation (neun Jahre) bis zur siebten Generation (vier Jahre) stetig abgenommen hat [6].

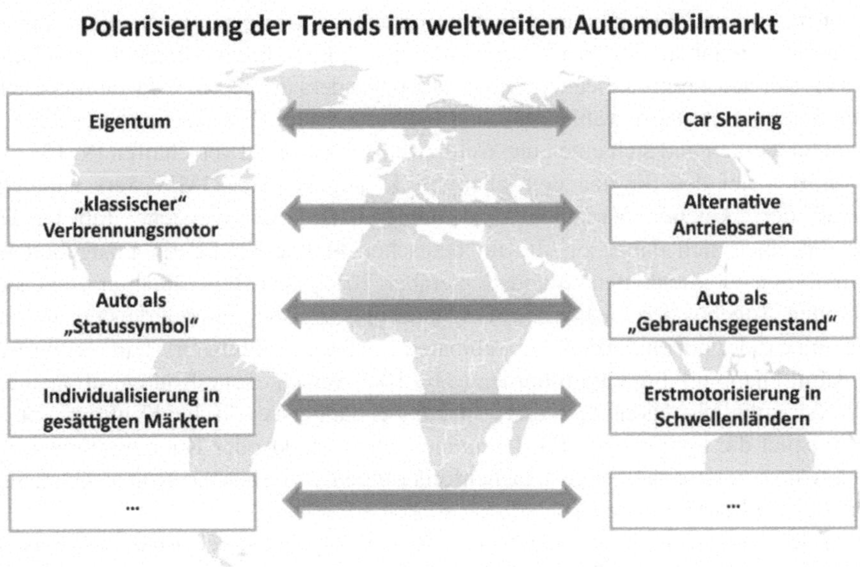

Abb. 1. Polarisierung der Trends im weltweiten Automobilmarkt [7]

Ebenfalls zu erwähnen ist, dass die Kundenanforderungen weltweit heterogen ausgeprägt sind und stark von dem jeweiligen Markt abhängen. So erfordern die Regionen je nach Entwicklungsstand und Marktsättigung gänzlich unterschiedliche Unternehmensstrategien und Produktausprägungen, was oftmals auf den Wertewandel der Gesellschaft zurückzuführen ist (siehe Abb. 1) [7].

Die Digitalisierung und die damit verbundene vierte industrielle Revolution (Industrie 4.0) bieten aufgrund der neuen Automatisierungsmöglichkeiten und der großen Datenmengen (Big Data) hohe Potenziale, um den genannten Herausforderungen begegnen zu können [8, 9]. Gleichzeitig beinhaltet die Digitalisierung auch Herausforderungen und Risiken, da neue Kompetenzfelder und Methoden erforderlich sind, um die Potenziale effektiv und effizient nutzen zu können und den Mitarbeiter nicht zu überfordern [10, 11]. So scheitern datenbasierte Entscheidungen im Unternehmen heutzutage oft an fehlender Datenverfügbarkeit (unterschiedliche Systeme), unzureichender Datenqualität sowie der notwendigen Datentransparenz [9].

Zusammengefasst werden die Automobilunternehmen aktuell mit einer Vielzahl an verschiedenen globalen Trends konfrontiert, deren Ursachen vor allem dem Markt, der Technologie und der Gesellschaft zugeordnet werden können [12]. Neben dieser Vielzahl und Vielfältigkeit an Unternehmenseinflüssen ist auch eine Dynamik der verschiedenen regionalen Trends ersichtlich. Dies erschwert die Vorhersage der Markt- und Umweltentwicklung und erfordert deshalb unternehmensintern neue Methoden, um den genannten externen Komplexitätstreibern effektiv und effizient begegnen zu können. Im Folgenden werden die Auswirkungen der externen Komplexitätstreiber auf das Unternehmen dargestellt.

1.2 Interne Komplexitätstreiber am Beispiel Konfigurationsmanagement

Als Reaktion auf die unternehmensexterne Zunahme der Komplexität ist auch unternehmensintern eine Komplexitätserhöhung erkennbar. Diese wird vor allem anhand der Variantenzunahme im Produktportfolio der Automobilunternehmen ersichtlich [13, 14]. Bei den Premiumherstellern ist dies besonders ausgeprägt, da sie meist eine Differenzierungsstrategie wählen, um den Individualisierungswünschen ihrer Kunden gerecht zu werden und sich eine gute Wettbewerbssituation zu verschaffen [9, 15].

Am Beispiel des für den deutschen Markt angebotenen BMW 5ers kann das Ausmaß der aktuellen Variantenvielfalt abgeschätzt werden (siehe Tab. 1). Die Werte beziehen sich dabei auf die im deutschen Online-Konfigurator angebotenen Konfigurationsmöglichkeiten (Stand September 2019). Die Individualität zeigt sich am breiten Angebot der Lackfarben, Felgendesigns, Polster, Interieurleisten und vor allem anhand der hohen Anzahl der wählbaren Sonderausstattungen. Rein rechnerisch sind damit knapp dreißig Quintilliarden ($2{,}9 \cdot 10^{34}$) verschiedene Konfigurationen des BMW 5er möglich. Nicht inkludiert sind dabei länderspezifische Konfigurationen, zum Beispiel die Langversion für den chinesischen Markt oder Konfigurationen, die sich aus den unterschiedlichen Crashanforderungen zwischen amerikanischem und europäischem Markt ergeben.

Um den Kunden nicht zu überfordern, ist das Angebot durch Konfigurationseinschränkungen eingegrenzt. So werden beispielsweise nicht sämtliche Kombinationen aus Kraftstoff, Getriebe, Antriebsart und Motorisierung angeboten. Des Weiteren existieren Zwänge, Ausschlüsse und Paketsteuerungen für die verschiedenen Sonderausstattungen, was das tatsächlich wählbare Angebot reduziert.

Die verbleibende Anzahl der vom Kunden bestellbaren Konfigurationsmöglichkeiten ist trotzdem noch so hoch, dass die Wahrscheinlichkeit für zwei identische Fahrzeuge bei 2,1 Mio. jährlich produzierten Fahrzeugen der Marke BMW sehr gering ausfällt [16].

Tab. 1. Variantenvielfalt am Beispiel des BMW 5er im deutschen Markt

Konfigurationsmerkmal	Angebot	Beispiel Ausprägungen
Modelle	2	Limousine, Touring
Modellvarianten	8	Basis, Sport Line, Luxury Line, …
Kraftstoff	3	Benzin, Diesel, PHEV
Getriebe	4	Automatik, Sportautomatik, …
Antriebsart	2	Heckantrieb, Allrad
Motorisierung	3	20, 30, 40
Lackfarben	14	Schwarz uni, Alpinweiß uni, …
Räder/Felgen	22	17“ V-Speiche, 17“ Turbinenstyling, …
Polster	24	Stoff Anthrazit, Leder Dakota Schwarz, …
Interieurleisten	11	Oxidsilber dunkel matt, Aluminium Feinschliff, …
Sonderausstattungen	88	Ambientes Licht, Sport-Lederlenkrad, …

Theoretisch mögliche Konfigurationsmöglichkeiten = $2 \cdot 8 \cdot 3 \cdot 4 \cdot 2 \cdot 3 \cdot 14 \cdot 22 \cdot 24 \cdot 11 \cdot 2^{88} = 2{,}9 \cdot 10^{34}$

Um die genannten marktseitigen Chancen der Variantenvielfalt optimal nutzen zu können, muss diese gesteigerte interne Komplexität effizient beherrscht werden. Sonst können im Gesamtunternehmen hohe Leistungseinbußen drohen [17]. Denn eine erhöhte und unkontrollierte unternehmensinterne Komplexität hat Auswirkungen auf alle Bereiche der Wertschöpfungskette: von der Entwicklung und Absicherung über Einkauf, Logistik und Produktion bis hin zum Vertrieb (siehe Abb. 2) [15, 18, 19].

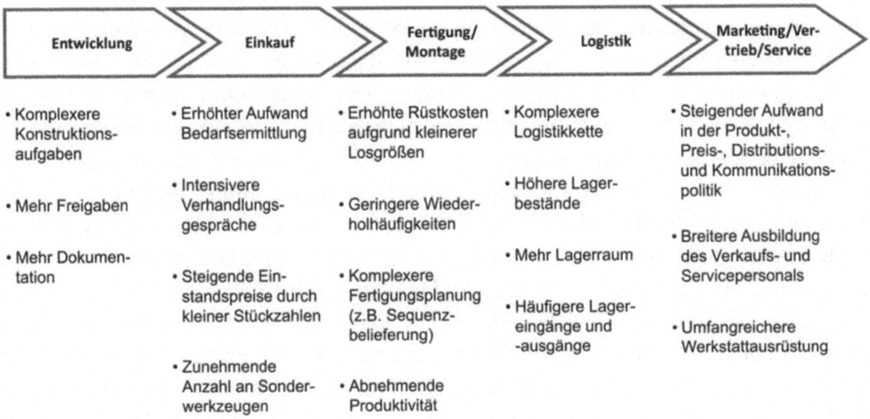

Abb. 2. Vielfaltsinduzierter Mehraufwand in der Wertschöpfungskette [18]

Eine gesteigerte Variantenvielfalt wird meist durch neue Komponenten, Funktionen und Bauteilausprägungen realisiert. Neben der Produktkomplexität steigt dadurch auch die Prozesskomplexität. Beispiele dafür sind die Hinzunahme neuer Lieferanten bei der Beschaffung, die Notwendigkeit neuer Werkzeuge und Maschinen in der Produktion oder eine Überarbeitung der Kalkulationen für den Vertrieb [12, 20]. Weitere Beispiele sind in Abb. 2 dargestellt.

Die Komplexität steigt folglich in allen Teilen der Wertschöpfungskette, aber in unterschiedlichem Ausmaß. Laut einer Studie von Eppler et al. ist von diesen Änderungen der internen Komplexität vor allem der Produktentwicklungsprozess betroffen. Grund ist, dass er bereits eine hohe Prozesskomplexität und Wissensintensität aufweist [21].

Ein wesentlicher Bestandteil des Produktentwicklungsprozesses ist das Konfigurations- und Releasemanagement, welches die Schnittstelle zwischen Entwicklung und Produktion bildet. Das Konfigurationsmanagement ist dabei nach ANSI/EIA 1997 als Managementprozess zur Herstellung und Erhaltung einer Übereinstimmung der Produktleistungen sowie der funktionalen und physikalischen Eigenschaften des Produkts während des gesamten Produktlebenszyklus definiert [22, 23]. Ein wichtiger Teilbereich davon ist die Konfigurationserstellung und -freigabe [24]. Die Kernaufgabe der Freigabe ist die vollständige, korrekte und rechtzeitige Überführung der Produktdaten aus den Entwicklungssystemen in die Produktionssysteme. Dies muss zu verschiedenen Meilensteine im Entwicklungsprozess erfolgen, um den aktuellen Entwicklungsstand und damit den Inhalt der Releases synchronisieren, kommunizieren und absichern zu können [22].

Hauptbestandteil der Produktdaten ist die Stückliste, welche bei einem Fahrzeug aus über 10.000 Sachnummern bestehen kann. Sie wird initial von der Entwicklung aufgesetzt und entlang des Produktentstehungsprozesses stetig angepasst. Auslöser für Änderungen können dabei Maßnahmen zur Erreichung der Bauteilgeometrie/-funktion, Vertriebsanforderungen oder Qualitätsrückmeldungen aus Versuch und Absicherung sein. So kann es notwendig sein innerhalb eines Jahres mehr als 60.000 Änderungen an der Stückliste für mehrere 100.000 Sachnummern vorzunehmen. Bei jeder Änderung muss weiterhin die Gültigkeit der Stückliste für jede mögliche Fahrzeugkonfigurationen sichergestellt sein, welche wie dargestellt vor allem im automobilen Premiumsegment sehr hoch ausfallen können. Der Konfigurationsprozess erstreckt sich zusätzlich als Querschnittsprozess über mehrere IT Systeme, Prozessschritte und Organisationen von der Entwicklung über den Einkauf bis hin zur Produktion und Logistik, was folglich zu einer hohen Prozesskomplexität führt. Weitere zu berücksichtigende Faktoren sind die Eigendynamik des menschlichen Handelns innerhalb des Konfigurationsprozesses sowie die Unvorhersehbarkeit und Nichtlinearität der äußeren Umwelteinflüsse und Trends. Dies alles führt dazu, dass der automobile Konfigurationsprozess eine gesteigerte Komplexität aufweist. Dadurch steigen die Herausforderungen für das Qualitätsmanagement, um die Prozesse weiterhin ohne Defizite für die resultierenden Produkte durchführen zu können [25]. Im Folgenden soll deshalb näher auf die Definition und Wechselwirkung der beiden Größen Komplexität und Qualität sowie geeignete Methoden im Umgang mit diesen eingegangen werden.

1.3 Vergleich von Komplexität und Qualität

Der Qualitätsbegriff stammt vom lateinischen Wort „qualis“ (wie beschaffen) ab und ist ein Maß für die Güte [26]. Die Güte wird dabei durch den Vergleich zwischen realisierter und geforderter Beschaffenheit gemessen (siehe Abb. 3) [27]. Die Qualität ist eine dynamische Größe, da sich die geforderte Beschaffenheit durch den Kunden aufgrund verschiedener Einflüsse stetig wandelt. Ein Beispiel für derartige Einflüsse sind die technischen Möglichkeiten sowie die sozialen, politischen oder wirtschaftlichen Rahmenbedingungen, in denen der Kunde die Beschaffenheit eines Produktes oder Prozesses wahrnimmt [25]. Dies ist einer der Gründe, warum die Qualitätsanforderungen in der Automobilindustrie stetig gestiegen sind. Heute ist in der Automobilindustrie die Null-Fehler-Strategie weit verbreitet [4].

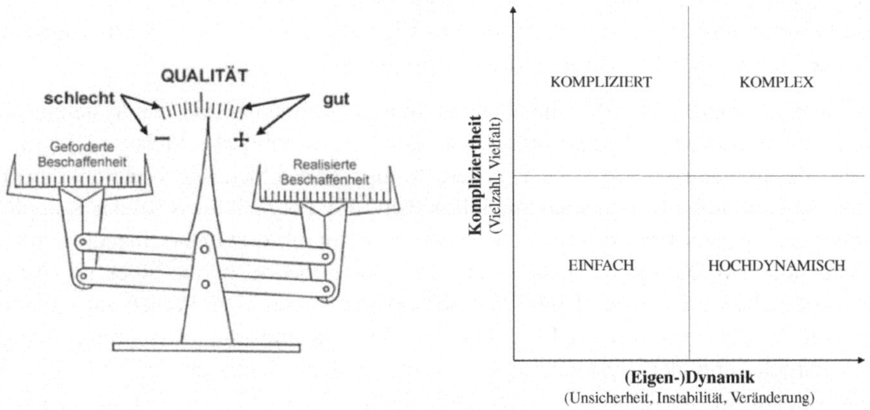

Abb. 3. Definition Qualität [27] und Komplexität (angelehnt an [28])

Eine weitere Eigenschaft der Qualität sind ihre Wechselwirkungen zu anderen Zielgrößen. Dies zeigt sich beispielsweise im klassischen magischen Zieldreieck Qualität, Kosten und Zeit, welches oft zur Visualisierung der Zielabhängigkeiten verwendet wird [2, 29]. Aber auch die Relativität ist Bestandteil des Qualitätsbegriffes, da die Qualitätsanforderungen immer in Relation zu anderen Produkten und Prozessen gesetzt werden. Darüber hinaus ist auf die Mehrdimensionalität hinzuweisen, da keine feste Einzelkennzahl für die Qualität existiert und diese immer von einer Vielzahl an individuellen Indikatoren abhängt [25, 28].

Die Komplexität ist ebenfalls eine mehrdimensionale Größe. Sie hängt hauptsächlich von der Kompliziertheit und der Dynamik eines Systems ab (siehe Abb. 3) [28, 30–32]. Die genannten Dimensionen sind in weitere Teilbegriffe untergliedert. Aus Sicht der Systemtheorie kann die Kompliziertheit objektiv über die Anzahl und Heterogenität der Systemelemente sowie die Vielzahl und Dichte der Relationen zueinander bestimmt werden [33]. Der Dynamik als zweite Dimension werden unter anderem die Begriffe Unsicherheit, Variabilität und Intransparenz zugeordnet [12, 25, 34, 35].

Durch die genannten Dimensionen können einfache, komplizierte, hochdynamische und komplexe System voneinander unterscheiden werden (siehe Abb. 3):

- **Einfache Systeme** beinhalten nur eine geringe Anzahl an Elementen und Wechselwirkungen. Des Weiteren sind sie zeitlich gesehen stabil und die Zustände sind deterministisch.
- **Komplizierte Systeme** sind geprägt durch eine hohe Anzahl und Vielfalt an Elementen und deren Wechselwirkungen, die jedoch klar bestimmbare Zustände einnehmen und eine geringe Dynamik aufweisen.
- In **hochdynamischen Systemen** liegen nur wenige Systemelemente und -zustände vor. Diese sind jedoch nicht deterministisch, nicht linear und verändern sich sehr häufig. Eine Vorhersage der Systemzustände ist deshalb äußerst schwierig.
- Ein **komplexes System** weist sowohl eine hohe Kompliziertheit als auch eine hohe Dynamik auf. Es besteht aus einer hohen Vielzahl an Elementen, Zuständen und Relationen und weist eine nicht lineare Eigendynamik auf, die Vorhersagen und Aufzeigen von Wirkketten nahezu unmöglich macht.

Ein wichtiger Aspekt ist dabei die Wahrnehmung des Systems und der Systemumwelt durch den Menschen und seine Interaktion damit (soziopolitische Sichtweise) [36]. In diesem Zusammenhang lassen sich weitere Komplexitätsfelder, wie beispielsweise die soziale und kulturelle Komplexität miteinbeziehen [35]. Folglich muss bei der Komplexitätsbetrachtung zwischen objektiver und subjektiver Komplexität unterschieden werden.

Die objektive Komplexität kann aus der Systemtheorie heraus über die Anzahl der Systemelemente sowie deren Wechselwirkungen und den Vernetzungsgrad der Elemente beschrieben werden [37]. Die subjektive Komplexität beschreibt dagegen die Wahrnehmung der Systemkomplexität durch den Menschen [25, 38, 39]. Sie ist beispielsweise abhängig von den individuellen menschlichen Fähigkeiten, dem Wissen und der Qualifizierung [35, 40, 41]. Dasselbe System mit derselben objektiven Komplexität kann demzufolge von Menschen unterschiedlich wahrgenommen werden. Dies lässt sich mithilfe der Aufgabenkomplexität veranschaulichen. So wird beispielsweise der Entwicklungsprozess eines neuen Motors von einem Laien als schwierig, intransparent und umgangssprachlich komplex wahrgenommen, während ein Spezialist die Aufgabe als durchschaubar, transparent und folglich einfach wahrnimmt. Die subjektive Komplexität kann deshalb nicht allgemeingültig berechnet werden, sondern muss individuell zum Beispiel über einen Fragebogen erhoben werden [42]. Die bereits genannten Ausführungen beziehen sich auf die Definition und Wahrnehmung der Komplexität. Im Folgenden werden Ansätze für den Umgang mit dieser aufgezeigt.

2 Notwendigkeit neuer Ansätze im Umgang mit Komplexität

Abb. 4 zeigt die wichtigsten Strategien des Komplexitätsmanagements: Komplexitätsreduzierung, -beherrschung, -vermeidung und -erhöhung [3, 33, 43–45]. Das Hauptziel des Komplexitätsmanagements ist wertmindernde Komplexität zu reduzieren (zum Beispiel unnötig komplizierte Prozesse) und wertschöpfende Komplexität (zum Beispiel Selbstorganisation von Teams) effizient zu verwalten [46]. Im Folgenden werden die Strategien näher erläutert:

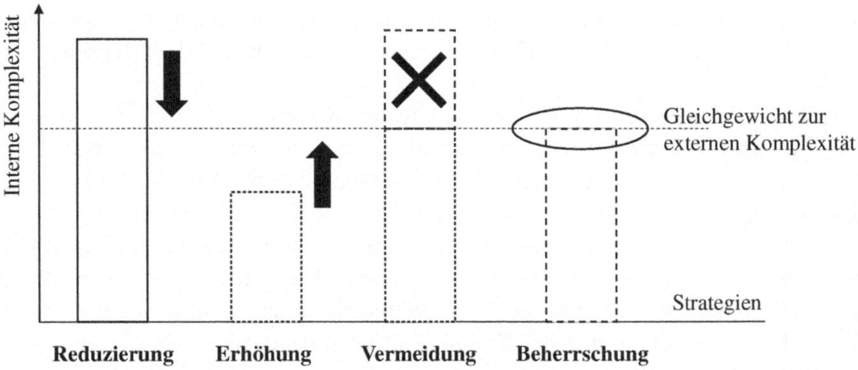

Abb. 4. Strategien im Umgang mit Komplexität

- **Komplexitätsreduzierung:** Dieser Ansatz wird vom Mensch oft intuitiv angewandt, wenn das zu lösende Problem als zu komplex eingeschätzt wird [33]. Grund dafür sind sowohl kognitive als auch motivationale und emotionale Faktoren [47]. Bei der Komplexitätsreduzierung wird versucht die Kompliziertheit oder die Dynamik des Systems zu verringern. Komplexitätsreduzierung ist vor allem sinnvoll, wenn eine wertmindernde und unnötig hohe Komplexität vorliegt [48].
- **Komplexitätsbeherrschung:** Diese Strategie umfasst den effizienten Umgang mit unausweichlicher oder notwendiger Komplexität, welche weder reduziert noch gesteigert werden kann oder darf [49].
- **Komplexitätsvermeidung:** Ziel dieses Ansatzes ist es Komplexität präventiv zu verhindern. Es stellt damit eine Art Frontloading der Komplexitätsreduktion dar, da die Komplexitätsvermeidung auch auf die Reduktion der Komplexität abzielt, dies allerdings in einer sehr frühen Phase [33].
- **Komplexitätserhöhung:** Auch wenn es widersprüchlich klingen mag, kann es in einigen Fällen erforderlich sein die Komplexität bewusst zu erhöhen. Einer dieser Fälle ist beispielsweise, wenn das Unternehmen nur Produkte mit geringer Komplexität anbietet, die jedoch nicht die komplexen Marktanforderungen erfüllen. In diesem Fall muss bewusst die interne Komplexität in Form von Produktvarianten und neuen Angeboten erhöht werden, damit die interne Komplexität der extern geforderten Komplexität entspricht [48].

Vor allem die Komplexitätsreduzierung und -vermeidung werden in der Literatur oft als Strategien im Umgang mit Komplexität empfohlen. Der Fokus liegt meistens auf der produktseitigen Komplexitätsreduzierung durch beispielsweise Modularisierung und Methoden des Variantenmanagements [33]. Weitere wichtige Unternehmensbestandteile wie Prozess, Organisation und Mitarbeiter werden dabei oft außer Acht gelassen [50, 51]. Dies ist kritisch zu betrachten, da die Qualität des Produktes direkt oder indirekt von den Mitarbeitern erzeugt wird. So ist es auch der Mitarbeiter, der durch seine nicht vorhersehbare Arbeitsweise und seine Vernetzung in verschiedene Arbeitsorganisationen für eine hohe Unternehmenskomplexität sorgt [52]. Eine wesentliche Rolle spielt die drohende Überforderung des Menschen aufgrund seiner kognitiven Limitierungen. Dies kann zu Vereinfachungen führen, welche dem komplexen System nicht mehr vollständig gerecht werden und deshalb zu falschen Entscheidungen und Qualitätsverlusten in der menschlichen Arbeit führen können [53–55].

Wolfgang Vieweg führt sogar an, dass wahre Komplexität durch den Menschen weder gänzlich beherrscht noch vollständig reduziert werden kann. Der Begriff Komplexitätsmanagement sei demnach ein Oxymoron [56]. Ashbys Gesetz folgend ist ein ausgeglichenes Maß an Komplexität das Ziel [55, 57]. Dieses ausgeglichene Maß ergibt sich aus der Balance zwischen extern geforderter und intern aufgebrachter Komplexität (siehe Abb. 4). Bei zu geringer interner Komplexität gehen Chancen und Nutzen beispielsweise in Form von im Produktportfolio unerfüllten Kundenwünschen verloren. Ein Übermaß an interner Komplexität kann dagegen zu Verschwendung und instabilen Prozessen führen, welche negativen Auswirkungen auf die Qualität haben können [9, 55, 58, 59].

Dieses Dilemma gilt es forschungsseitig aufzulösen. Im Fokus dieser Arbeit steht deshalb das angesprochene Zusammenspiel aus der herausfordernden Komplexität und der wichtigen Zielgröße Qualität. Lasch und Gießmann vergleichen beispielsweise die Methoden des Qualitäts- mit denen des Komplexitätsmanagements hinsichtlich ihres Einflusses auf das klassische Zieldreieck [25]. Die detaillierte Wechselwirkung zwischen den beiden Größen ist jedoch noch kaum erforscht. Fast-Berglund et al. und Falck et al. geben Studienergebnisse an, welche im automobilen Produktionsumfeld eine Korrelation zwischen Prozessqualität und Aufgabenkomplexität aufzeigen [32, 41]. Fast-Berglund et al. fordern dabei eine stärkere kognitive Unterstützung der Mitarbeiter, um mit der steigenden Komplexität umgehen zu können [41]. Die Studien beziehen sich jedoch überwiegend auf die objektiven Aspekte der Wechselwirkung. Die subjektive Wahrnehmung der Komplexität und Qualität bleiben unberücksichtigt. Des Weiteren besteht Forschungsbedarf, ob diese Ergebnisse von dem Produktions- auch auf das Entwicklungsumfeld und dessen Prozesse übertragen werden können. Eine Besonderheit des Entwicklungs- gegenüber dem Produktionsprozess ist beispielsweise, dass viele Informationen unstrukturiert und in textueller Form vorliegen (zum Beispiel Änderungsaufträge oder Dokumentationen). Zur Anwendung von datenbasierten Analyseverfahren sind deshalb gegenüber der Produktion neue Verfahren zur Datengenerierung und -verarbeitung für das Qualitätsmanagement notwendig.

Zusammengefasst weisen Qualität und Komplexität sowohl in ihrer Definition, ihren Managementmethoden als auch in ihren Ursachen und Auswirkungen eine hohe Gemeinsamkeit auf. Es besteht ein großer Bedarf an methodischen Ansätzen in der Praxis, um dieses Wechselspiel verstehen und hinsichtlich einer positiven Ausprägung kontrollieren zu können. Studien dazu wurden hauptsächlich bisher nur in der Produktion erbracht. Des Weiteren fokussieren die meisten Lösungsansätze nur das Produkt. Es fehlen ganzheitliche und praxistaugliche Ansätze, die neben dem Produkt auch Prozesse, Organisation und vor allem den Menschen einbeziehen. Eine Unterscheidung zwischen objektiver und subjektiver Komplexität, deren Wechselwirkung zur Qualität sowie die Ableitung von geeigneten Ansätzen und Methoden im automobilen Entwicklungsprozess sind deshalb näher zu untersuchen. Ausgehend von diesen Forschungspotenzialen wird im folgenden Kapitel die Hypothese und Zielsetzung des neuen Ansatzes im Umgang mit Komplexität und Qualität formuliert.

3 Hypothese und Zielsetzung

Hauptziel ist es die Wechselwirkung von Komplexität und Qualität in den komplexen Systemen zu erforschen, in denen die strukturelle Komplexität nicht gesenkt werden kann oder darf. Dies ist insbesondere für Systeme relevant, in denen idealerweise die interne Komplexität mit der hohen externen Komplexität im Gleichgewicht ist (siehe Abschn. 1.3). Dadurch können die Marktpotenziale optimal ausgenutzt und ein Wettbewerbsvorteil aufgebaut werden. Dabei muss vermieden werden, dass der Mensch durch die hohe interne Komplexität überfordert wird, was zu instabilen Prozessen führen kann. Der Fokus des neuen Ansatzes liegt deshalb auf dem subjektiven Komplexitätsanteil, das heißt dem menschlichen Umgang mit der Komplexität. Die Wechselwirkung der subjektiven zur objektiven Komplexität soll ebenfalls untersucht werden (siehe Abb. 5). Das für die Evaluation betrachtete komplexe System ist das Konfigurations- und Releasemanagement der Automobilindustrie als Teil des Produktentwicklungsprozesses. Die Gründe, warum es sich dabei um ein komplexes und folglich geeignetes System handelt, wurden in Abschn. 1.2 aufgezeigt.

Haupthypothese ist, dass bei hoher objektiver Komplexität durch Reduzierung der subjektiven Komplexität positive Effekte auf die Qualität erzielt werden können ohne das Gleichgewicht aus interner und externer Komplexität ändern zu müssen.

Aufbauend auf bestehenden sowie neuen Ansätzen soll ein Vorgehensmodell entwickelt werden, das den effizienten und effektiven Umgang mit der Komplexität zur Erreichung positiver Qualitätseffekte methodisch und strukturiert beschreibt. Dieses Modell soll anhand von mehreren Use-Cases in der Praxis angewendet und evaluiert werden. Um das Modell sowohl auf objektiver als auch subjektiver Ebene verifizieren zu können, müssen für die Komplexität und Qualität jeweils geeignete Messgrößen definiert und angewendet werden. Dies stellt folglich ein weiteres Teilziel dar (siehe Abb. 5).

Durch diese Forschung sollen in der Wissenschaft bereits vorhandene aber auch neue Ansätze des Komplexitätsmanagements aus Sicht der Qualität nachvollziehbar

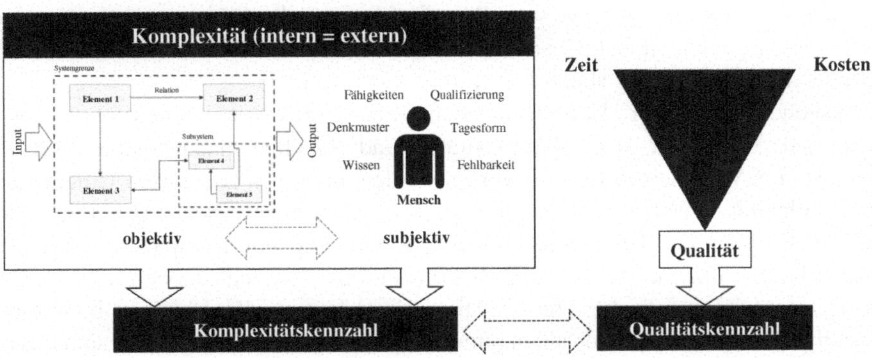

Abb. 5. Überblick Forschungsziel

bewertet werden können. Ebenso wird die bisher vor allem auf das Produkt zentrierte Sichtweise hin zum Menschen als maßgeblichen Erzeuger und Verantwortlichen der Qualität in komplexen Randbedingungen gelenkt. Das Vorgehensmodell soll somit zielorientierte und ganzheitliche Ansätze aufzeigen, die über die klassische und meist produktorientierte Komplexitätsreduzierung und -vermeidung in der automobilen Produktentwicklung hinausgehen. Im Folgenden wird das Modell näher vorgestellt.

4 Datengetriebenes Komplexitäts- und Qualitätsmanagement

Wie zu Beginn dargestellt, bietet die Digitalisierung aufgrund der Automatiserungsmöglichkeiten hohe Potenziale. Die Stärke von Maschinen liegt unter anderem in der hochgenauen und stabilen Abarbeitung von beschreibbaren Abläufen. Folglich sind sie vor allem für einfache und komplizierte Systeme geeignet, in denen die Systemelemente und deren Abhängigkeiten eindeutig erfasst und beschrieben werden können. Durch den Einsatz künstlicher Intelligenz ist es der Maschine nun auch möglich neue Tätigkeiten durch Ableitung aus Historiendaten zu erlernen und damit auch in dynamische Systeme erfolgreich vorzudringen. Grundvoraussetzungen dafür sind sowohl eine hohe Datenmenge, -verfügbarkeit und performante Rechnersysteme als auch geeignete Algorithmen [60]. Diese Anforderungen sind heute im Zuge von beispielsweise Big Data, hohen Rechnerleistungen und Deep Learning erfüllt.

Durch den Transfer der Komplexität vom Menschen auf die Maschine kann die subjektiv spürbare Systemkomplexität nach der Hypothese des Autors für den Menschen reduziert werden. Um dies zu ermöglichen, muss der Mensch eine neue Rolle einnehmen. Wie heute bereits aus dem Produktionsumfeld bekannt, muss sich in Zukunft das menschliche Aufgabengebiet zunehmend weg von der Umsetzung und Prüfung hin zur Planung und (Weiter-)Entwicklung verändern. Gründe dafür sind einerseits die menschliche Fehlbarkeit für sich wiederholende Abläufe mit hoher Aufgabenkompliziertheit [55, 61] und andererseits die Stärke des kreativen Handelns in neuen Denkmustern, welche vor allem für dynamische Situationen mit geringer Informationslage und hoher Unsicherheit vorteilhaft ist und heute noch nicht ausreichend von der Maschine abgebildet werden kann [62].

Ausgehend von der Komplexitätsdefinition und deren Dimensionen sowie klassischen Methoden des Komplexitäts- und Qualitätsmanagements soll im Folgenden ein Vorgehensmodell entworfen werden, um einen geeigneten Umgang mit der Komplexität in Wechselwirkung zur Qualität aufzuzeigen. Dazu werden im ersten Schritt Prinzipien für den qualitätsorientieren Umgang mit Komplexität abgeleitet (siehe Abb. 6), um sie im zweiten Schritt in das Vorgehensmodell des PDCA-Zyklus zu integrieren (siehe Abb. 7). Diese Einordnung soll aufzeigen, in welchen Abschnitten die Prinzipien vor allem sinnvoll sind. Die Einordnung stützt sich auf die Erfahrungen der aufgesetzten Projekte, welche in Abschn. 5.1 beschrieben sind.

Dimension	Bestandteile	Prinzipien	Beispiele für Methoden
Kompliziertheit	Vielzahl	Transparenz	Data Analytics, Visualisierung
	Vielzahl	Fokus	Ursachenfokus, Künstliche Intelligenz
	Vielfalt	Gleichheit	Standardisierung, Modularisierung, Künstliche Intelligenz

Dimension	Bestandteile	Prinzipien	Beispiele für Methoden
Dynamik	(Eigen-)Dynamik	Agilität	SCRUM, Teamheterogenität, KVP, Datenrückfluss
	Instabilität	Stabilität	Automatisierung, Simulation, Poka Yoke
	Unsicherheit	Vorhersage	Künstliche Intelligenz

Abb. 6. Übersicht der abgeleiteten Prinzipien

Eine Dimension der Komplexität ist die Kompliziertheit, welche sich in die Vielzahl und Vielfalt der Systemelemente aufteilt. Um den Menschen methodisch bei der Verarbeitung vieler Elemente zu unterstützen, sind die Datenanalyse und die Visualisierung geeignete Methoden. Durch die Visualisierung können strukturelle Eigenschaften und Zusammenhänge schneller erfasst und die strukturelle Komplexität visuell beherrscht werden [63]. Das kann ein Grund sein, warum viele Qualitätsmethoden ebenfalls einen visuellen Charakter besitzen [64].

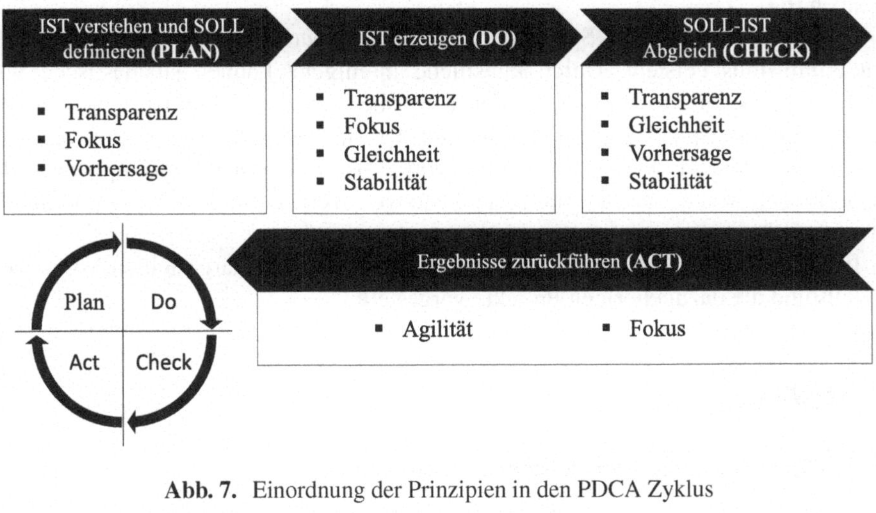

Abb. 7. Einordnung der Prinzipien in den PDCA Zyklus

Durch den Fokus auf die wesentlichen Systembestandteile und die damit verbundene subjektive Reduzierung der Komplexität kann der Mensch ebenfalls bei der Verarbeitung komplizierter Inhalte unterstützt werden. Dazugehörige Q-Methoden sind zum Beispiel die FMEA Analyse oder das Ishikawa Diagramm, welche den Fokus des Anwenders auf die wichtigsten Einflussgrößen und Kernursachen lenken.

Durch analytische oder prädiktive Methoden der künstlichen Intelligenz kann der Prozess zusätzlich maschinell unterstützt werden.

Ein weiteres Prinzip ist die Gleichheit, welche die spürbare Vielfalt für den Anwender reduzieren soll. Klassische Methoden des Variantenmanagements wie die Standardisierung und Modularisierung lassen sich auch auf die IT-Prozesse übertragen. Durch den Einsatz modularer Codebestandteile lassen sich ähnliche Funktionen in der GUI für den Anwenders gleich darstellen, wodurch die Vielfalt der Algorithmen im Code Backend dem Anwender verborgen bleibt. Durch die Standardisierung der Datenstrukturen und -benennungen wird unnötige Kompliziertheit vermieden. Dies vereinfacht den Einsatz künstlicher Intelligenz, um beispielsweise Daten durch Cluster-Algorithmen in gleiche oder ähnliche Strukturen zu überführen.

Um der Eigendynamik und Nichtlinearität von Systemen begegnen zu können, ist Agilität erforderlich, welche prozessseitig durch agile Vorgehensweisen (zum Beispiel SCRUM) [65, 66] und organisatorisch durch heterogene Teams umgesetzt werden kann [49]. Durch agile Arbeitsweisen wird auch der Qualitätsgedanke der kontinuierlichen Verbesserung durch einen stetigen Datenrückfluss gefestigt.

Um kostspielige und späte Iterationsschleifen sowie Sonderprozesse zu vermeiden, sind stabile Prozesse notwendig, um die Dynamik des Systems spürbar und präventiv einzugrenzen. Dies kann durch First-Time-Right Prozesse erreicht werden, welche die Qualitätserzeugung anstelle der oft späten Qualitätsprüfung fokussieren. Dazugehörige toolbasierte Methoden sind beispielsweise die Simulation und IT-Systeme, welche eine eindeutige und geführte Bedienung im Sinne von „Poka Yoke“ erlauben [64].

Ein weiterer Faktor der Systemdynamik ist die spürbare Unsicherheit, die durch Indeterminismus entsteht. Durch künstliche Intelligenz können stochastische Vorhersagen getroffen werden, welche den Menschen bei der Zukunftsprognose unterstützen. Ein Beispiel aus der Produktion ist die Vorhersage von notwendigen Maschinenwartungen [3]. Ein weiterer Vorteil ist die lernende Komponente der Algorithmen, welche der Dynamik und stetigen Veränderung des Systemumfelds gerecht wird.

Im nächsten Kapitel werden Evaluierungsmethoden des dargestellten Vorgehensmodells und die dazugehörigen Projekte vorgestellt.

5 Methoden

5.1 Projekte entlang des Konfigurationsprozesses

Das erläuterte Vorgehensmodell wurde in drei verschiedenen Projekten entlang des Konfigurationsprozesses angewendet, um alle Bestandteile des PDCA Zyklus in Bezug auf den Konfigurationsprozess abzudecken und die Wechselwirkung von Qualität und Komplexität zu erforschen. Im Folgenden werden die Projekte und ihr Bezug zu den beschriebenen Prinzipien vorgestellt (siehe Abb. 8):

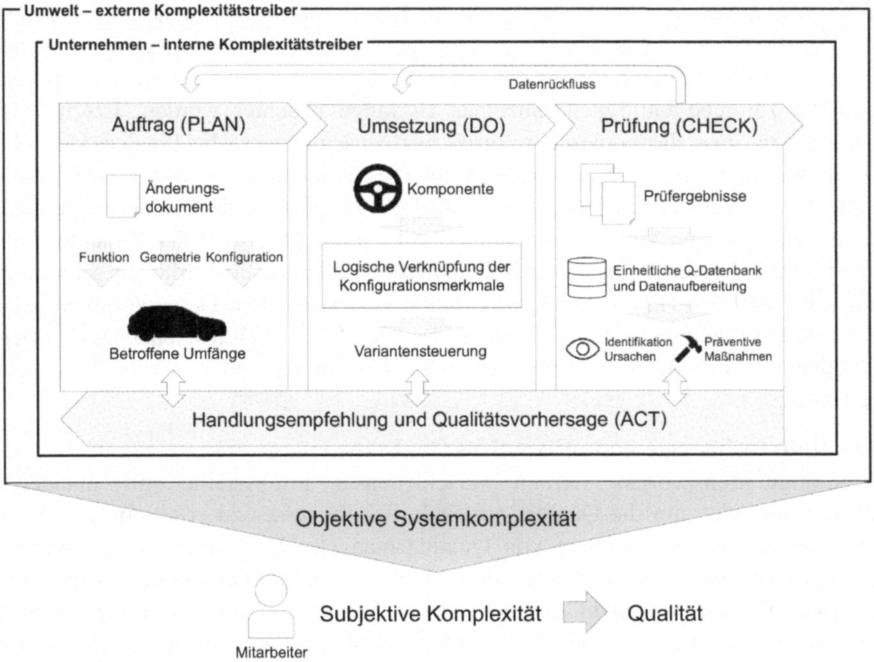

Abb. 8. Übersicht Konfigurationssystem und Projekte

a) Frühe Auftragsklarheit für Änderungen

Ein heutiges Automobil ist ein sehr kompliziertes Objekt, da es eine Vielzahl an Komponenten und einen hohen Vernetzungsgrad der Bauteile aufweist. Die Abhängigkeiten sind dabei sowohl funktionaler, geometrischer wie auch konfigurationsseitiger Natur. Bei Änderungen der bestehenden Stückliste müssen diese Abhängigkeiten vollständig berücksichtigt werden, um eine frühe und vollständige Auftragsklarheit zu erzeugen. Mit Hilfe von Natural Language Processing können die meist als Freitext vorliegenden Eingangsdaten maschinell verarbeitet werden. Durch die Fusionierung von Expertenwissen und eines auf Historiendaten antrainierten Deep Learning Algorithmus werden der Änderungsinhalt, die Änderungsart und die betroffenen Organisationen und Komponenten transparent aufgezeigt. Eine technische Weiterentwicklung der Frontleuchten kann beispielsweise Auswirkungen auf Kabelbaum (Funktion), Stoßfänger (Geometrie) und Außenspiegel (Konfiguration) haben. Neben den Primärauswirkungen werden somit auch Sekundäreffekte berücksichtigt. Durch die mit Hilfe von Deep Learning getätigte Vorhersage potenzieller Betroffenheiten wird der Fokus auf die relevanten Systemelemente und -relationen geschärft. Dadurch kann der Mensch bei der Entscheidungsfindung in einem komplizierten System daten- und toolbasiert unterstützt werden.

b) Methodische First-Time-Right Konfiguration

Ist die Auftragsklarheit gegeben, gilt es die Komponentensteuerung korrekt umzusetzen. Die Steuerung erfolgt über logisch verknüpfte Konfigurationsmerkmale mit

Hilfe von booleschen Termen. Beispiele für Konfigurationsmerkmale sind Antriebsarten, Motorvarianten und Sonderausstattungen. Neben einer vorgegebenen Syntax müssen auch das Konfigurationsregelwerk mit Merkmalszwängen und -ausschlüssen sowie die zeitliche Gültigkeit einzelner Umfänge beachtet werden. Erschwerend kommt hinzu, dass die booleschen Terme als Maschinensprache für den Menschen nicht leicht verstanden und angepasst werden können. Im schlimmsten Fall kann es bei nicht erfolgreicher Umsetzung zu späten Prozessinstabilitäten und aufgrund der Rule-of-ten zu teuren Verbesserungsschleifen kommen [67]. Ziel des Projektes ist es deshalb mithilfe einer toolbasierten Visualisierung und einer einheitlichen Änderungsmethodik eine First-Time-Right Konfiguration sicherzustellen. Dabei kommen neben regelbasierten Prüfungen und automatischer Booleverarbeitung auch KI basierte Methoden wie beispielsweise eine Anomalie Erkennung und ein Vorschlagswesen zum Einsatz.

c) Qualitätsvorhersage und präventives Qualitätsmanagement
Im Konfigurationsprozess werden verschiedenste Prüfsysteme mit manuellem Anteil angewendet, um die Qualität am Ende des Prozesses zu ermitteln. Der Fokus liegt dabei auf der Beseitigung von Qualitätsmängeln. Eine Analyse des aktuellen Methodenverbunds hat aber gezeigt, dass eine vollständige Qualitätssicherung durch die späten Prüfsysteme nicht möglich ist. In Kooperation mit dem Lehrstuhl für Qualitätswissenschaften der TU Berlin wurde deshalb eine zentrale Qualitätsdatenbank aufgebaut, um die verschiedenen Ergebnisse der Prüfsysteme zu standardisieren und automatisieren. Des Weiteren entstand die Basis für eine fokussierte Ursachenbetrachtung und für einen Informationsrückfluss in die Eingabesysteme im Sinne kontinuierlicher Verbesserung. Dadurch wird eine durchgängige und präventive Qualitätsverfolgung und entlang des gesamten Konfigurationsprozesses ermöglicht. Im nächsten Schritt soll ein Machine Learning Ansatz entwickelt werden, um mithilfe einer parallel zum Konfigurationsprozess laufenden Datenanalyse eine möglichst frühe und genaue Qualitätsvorhersage für die einzelnen Änderungsobjekte treffen zu können.

Die dargestellten Projekte dienen neben der Anwendung und iterativen Anpassung des dargestellten Vorgehensmodells auch der Evaluation der formulierten Hypothese. Für das Projekt „Methodische First-Time-Right Konfiguration“ konnten mithilfe einer Studie erste Ergebnisse erzielt werden. Diese werden im Folgenden erläutert und diskutiert.

5.2 Studie im Projekt „Methodische First-Time-Right Konfiguration“

Im Projekt „Methodische First-Time-Right Konfiguration“ wurden anhand einer Fallstudie erste Ergebnisse zur Wechselwirkung von Qualität und Komplexität aus objektiver und subjektiver Sicht erzielt. Inhalt der Studie war die Erzeugung eines booleschen Konfigurationsterms unter Berücksichtigung der relevanten Konfigurations- und Verbauregeln. Teilnehmer der Studie waren 15 Experten aus der Fahrzeugentwicklung und aus dem Konfigurationsmanagement mit unterschiedlicher Berufserfahrung.

Die Aufgaben mit jeweils unterschiedlichen Parametern aber gleichem Kompliziertheitsgrad mussten von den Probanden einmal ohne und einmal mit toolbasierter Unterstützung durchgeführt werden. Die Aufgaben wurden nach maximal 15 min abgebrochen. Die konkreten Aufgaben waren wie folgt:

1. Typkonfiguration (tätigkeitsorientiert)
Zur Steuerung einer Sachnummer über eine Sonderausstattung mussten die relevanten Typmerkmale (Motor, Antriebsart, Lenkung, …) bestimmt werden. Dafür musste das für diese Sonderausstattung gültige Typspektrum analysiert und nach Unterschieden ausgewertet werden.

2. Einschätzung der Regelrelevanz (wissensorientiert)
Auf Basis des Fallbeispiels wurde abgefragt, welche Regeln für diese Art der Konfiguration relevant und was deren Auswirkungen sind. Somit wurde ein allgemeines Verständnis für die Rahmenbedingungen der Konfigurationsregeln abgeprüft.

3. Suche und Auswahl der zugehörigen Klassen und Regeln (tätigkeitsorientiert)
Im letzten Schritt mussten die Probanden die Klasse der Sonderausstattung bestimmen und dazugehörige Regeln suchen und auswählen, welche die Verwendung der Sonderausstattung für die Sachnummer auf richtige Art und Weise einschränken.

Die toolbasierte Unterstützung beinhaltete verschiedene mit einer Datenbank verknüpfte Algorithmen, welche ausgehend von der eingegebenen Sonderausstattung die relevanten Typmerkmale, Klassen und Regeln suchten, verarbeiteten und anzeigten. Das zugehörige Konfigurationsregelwerk bestand dabei aus mehr als 80.000 verschiedenen Regeln- und Klasseninformationen.

Die objektive Aufgabenkomplexität wurde nicht konkret gemessen. Sie kann in beiden Fällen aber als gleich angenommen werden, da die jeweils betrachtete Sonderausstattung mit der gleichen Anzahl und Vielfalt an Regeln verknüpft war. Die subjektive Komplexität wurde mit Hilfe des NASA Task Load Index (NASA TLX) Fragebogens ermittelt (siehe Tab. 2) [68]. Der Index berücksichtigt dabei verschiedene Aspekte der subjektiven Aufgabenwahrnehmung durch den Menschen. Die jeweiligen Kategorien werden dabei mit einer Skala von 0 (niedrig) bis 20 (hoch) bewertet.

Tab. 2. Übersicht Kategorien NASA TLX

Kategorie	Beschreibung
Verständlichkeit der Ziele	Wie verständlich fanden Sie die vom Versuchsleiter angegebenen Ziele für diese Aufgabe?
Geistige Anforderungen	Erforderte die Aufgabe Denken, Entscheiden, Rechnen, Erinnern, Hinsehen, Suchen bzw. war hohe Genauigkeit erforderlich?
Körperliche Anforderungen	Aufwand von Klicken, Scrollen, Steuern, Zielen? War die Aufgabe mühselig (vs. entspannend)?
Zeitliche Anforderungen	Wie hoch war der Zeitdruck?
Leistung	Wie erfolgreich haben Sie Ihrer Meinung nach die vom Versuchsleiter gesetzten Ziele erreicht? Wie zufrieden waren Sie mit Ihrer Leistung bei der Verfolgung dieser Ziele?
Anstrengung	Wie hart mussten sie arbeiten, um Ihren Grad an Aufgabenerfüllung zu erreichen?
Frustration	Wie unsicher, entmutigt, irritiert, gestresst und verärgert (versus, sicher bestätigt und zufrieden mit sich selbst) fühlten Sie sich während der Aufgabe?

Tab. 3. Fragen zur subjektiven Qualität

Beschreibung
Wie sicher sind Sie, dass sie alle Ausstattungsklassenregeln richtig angewandt haben?
Wie sicher sind Sie sich, dass sie alle notwendigen Zwang- Ausschlussregeln richtig identifiziert haben?
Wie sicher sind Sie sich, dass sie alle notwendigen Zwang- Ausschlussregeln richtig angewendet haben?
Wie sicher sind Sie sich, dass Sie in Ihrem Ergebnis keine unzulässige Konfiguration übersehen haben?

Die objektive Qualität wurde anhand der Güte der Aufgabenerfüllung ermittelt. Pro Aufgabe wurden maximal zwei Punkte vergeben: 0 (falsch), 1 (teilweise richtig), 2 (vollständig richtig). Das subjektive Qualitätsempfinden wurde über vier Fragen mit einer Skala zwischen 0 (niedrig) und 20 (hoch) ermittelt, welche sowohl die Vollständigkeit als auch die Richtigkeit der Ergebnisse adressierten (siehe Tab. 3).

5.3 Ergebnisse und Diskussion

Im Folgenden werden die wesentlichen Ergebnisse der Studie vorgestellt. Die objektive (Aufgaben-)Komplexität war für beide Aufgaben in der Studie gleich. Sie wurde jedoch subjektiv unterschiedlich aufgefasst. Die Ergebnisse des NASA TLX zeigen, dass die Komplexität bei toolbasierter Unterstützung im Durchschnitt rund 58 % geringer ausfiel als ohne Unterstützung (siehe Abb. 9).

Des Weiteren war die geistige Belastung sowohl mit als auch ohne Unterstützung im Vergleich zu den anderen Faktoren am höchsten. Dies unterstützt die Forderung von Fast-Berglund et al., welche eine stärkere kognitive Unterstützung der Mitarbeiter fordern, um mit der steigenden Komplexität umgehen zu können [41].

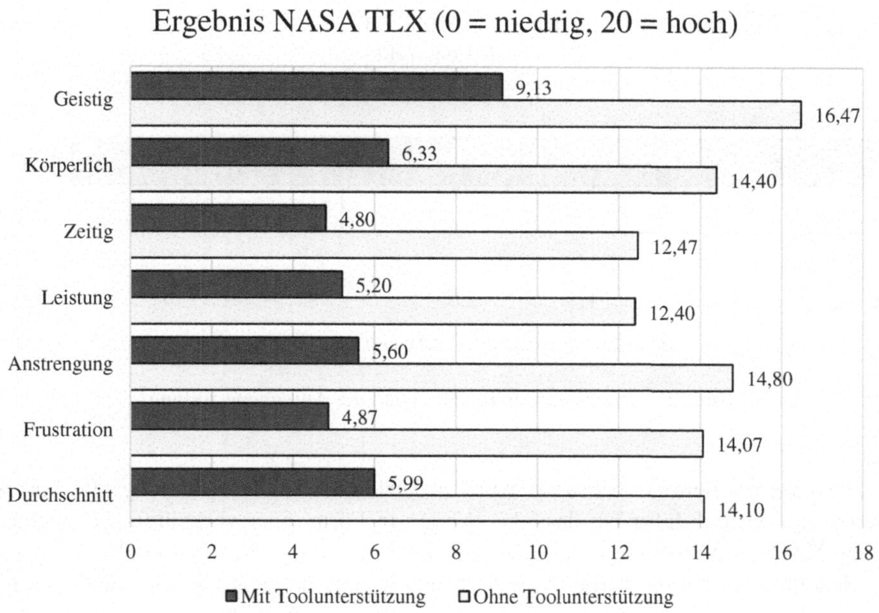

Abb. 9. Ergebnis NASA TLX (subjektive Komplexität)

Die subjektiv spürbaren zeitlichen Anforderungen konnten laut NASA TLX ebenfalls gesenkt werden (um 61 %) (siehe Abb. 9). Dies wird durch die reduzierte Bearbeitungszeit bestätigt, welche im Durchschnitt um 62 % niedriger ausfiel (siehe Abb. 10).

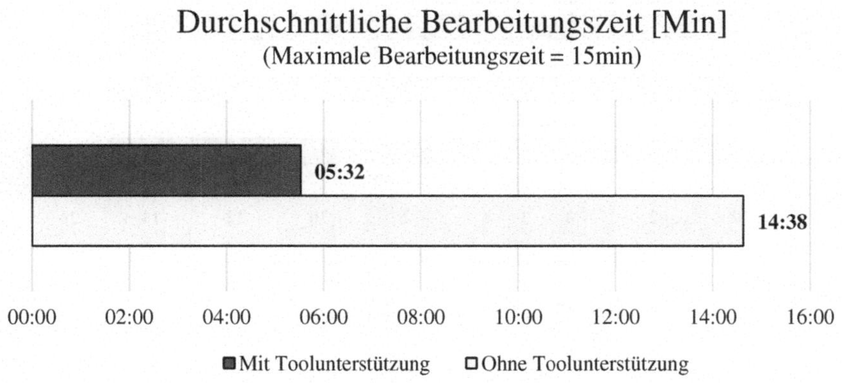

Abb. 10. Durchschnittliche Bearbeitungszeit

Die objektive Qualität wurde durch den Erfüllungsgrad der maximal möglichen 12 Punkte für die drei Aufgaben gemessen. Im Durchschnitt wurden ohne Toolunterstützung 7,60 Punkte erreicht, während mit Toolunterstützung 11,47 Punkte und damit 51 % mehr Punkte erreicht werden konnten (siehe Abb. 11).

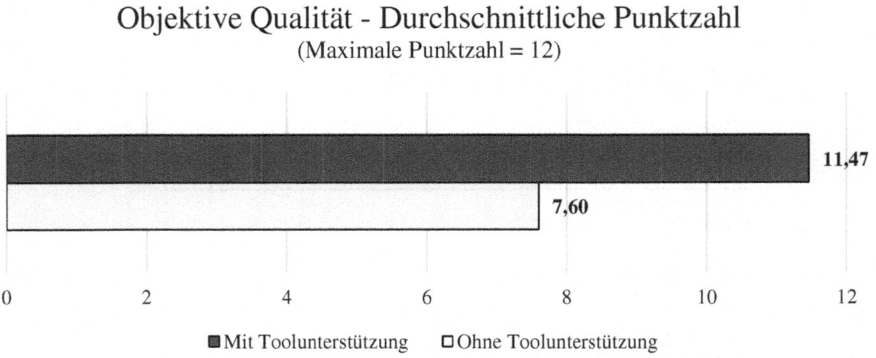

Abb. 11. Durchschnittliche Punktzahl der Aufgabenerfüllung

Die wissensorientierten Fragen wurden dabei mit Toolunterstützung alle korrekt beantwortet. Grund dafür ist, dass das Wissen in Form einer verknüpften Datenbank zu den Konfigurationsregeln und -klassen hinterlegt war und deshalb vollständig von der Maschine abgerufen werden konnte. Somit konnte unabhängig von der Erfahrung und den Vorkenntnissen der Probanden eine durchgängig hohe und stabile Qualität erzielt werden.

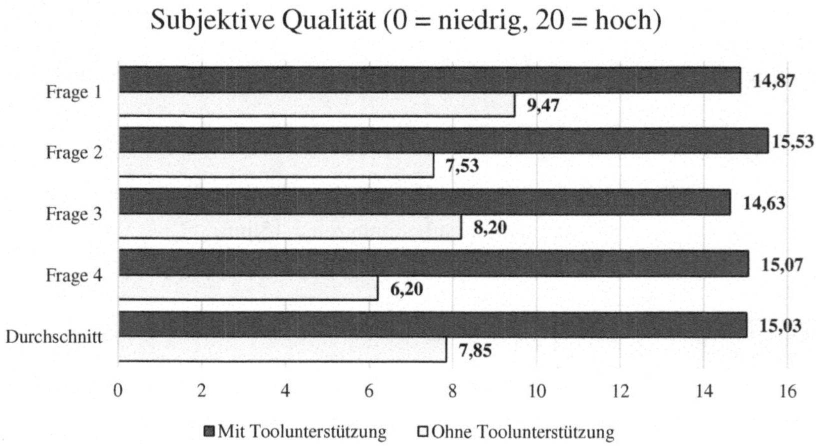

Abb. 12. Ergebnis subjektive Qualität

Die subjektive Komponente der Qualität konnte ebenfalls verbessert werden. So bewerteten die Probanden die eingeschätzte Qualität bei Toolunterstützung fast doppelt so hoch wie im Fall ohne Unterstützung (siehe Abb. 12).

Zusammengefasst unterstützen die Studienergebnisse die Hypothese, dass bei gleichbleibender objektiver Komplexität die Qualität durch Reduzierung der subjektiven Komplexität gesteigert werden kann. Die positiven Auswirkungen wurden für den objektiven wie auch subjektiven Anteil der Qualität bestätigt. Darüber hinaus konnten auch positive Effekte auf die Zeit in Form der notwendigen Bearbeitungsdauer gemessen werden.

Das Ergebnis dieser Studie soll in Zukunft in weiteren Studien überprüft werden. Mögliche Anwendungsgebiete sind die in Abschn. 5.1 dargestellten Projekte. Um auch den Einfluss der objektiven Komplexität untersuchen zu können, sollen die Systeme der weiteren Studien unterschiedliche objektive Komplexitätsgrade aufweisen. Des Weiteren sind in Zukunft auch weitere und verschiedene Metriken zur Qualitäts- und Komplexitätsmessung vor allem auf subjektiver Seite notwendig, um die Thematik aus verschiedenen Sichtweisen betrachten und untersuchen zu können.

6 Zusammenfassung und Ausblick

Die Automobilindustrie ist durch eine Vielzahl verschiedener externer wie auch interner Treiber einer hohen Komplexität ausgesetzt. Dies wird vor allem an der hohen Variantenvielfalt sichtbar, die alle Bereiche der Wertschöpfungskette beeinflusst. Heutige Maßnahmen fokussieren deshalb vor allem die produktseitige Reduzierung der Komplexität, um die interne Komplexität in Form stabilerer Prozesse besser beherrschen zu können. Eine hohe Komplexität bietet aber auch Chancen, welche durch derartige Ansätze nicht ausgenutzt werden. Im idealen Fall sind interne und externe Komplexität im Gleichgewicht, indem wertschöpfende Komplexität gefördert und wertmindernde Komplexität präventiv reduziert wird. Der dadurch bestmöglichen Nutzung von Marktchancen steht die notwendige Vermeidung von Mitarbeiterüberforderung und Qualitätseinbußen gegenüber.

Deshalb sind neue und ganzheitliche Ansätze notwendig, die auch in Systemen hoher Komplexität eine hohe Qualität ermöglichen. Insbesondere der Mitarbeiter muss dabei im Vordergrund stehen, weshalb neben der objektiven auch eine subjektive Sichtweise auf Komplexität und Qualität notwendig ist. Die Hypothese dieser Arbeit lautet, dass trotz gleichbleibend hoher objektiver Komplexität positive Auswirkungen auf die Qualität durch die Reduzierung der subjektiven Komplexität erzielt werden können. Dazu wurden aus den beiden Begriffsdefinitionen und klassischen Qualitäts- und Komplexitätsmethoden Prinzipien abgeleitet und durch neue digitale und datenbasierte Methoden ergänzt. Das Ergebnis war der konzeptionelle Aufbau eines an den PDCA Zyklus angelehnten Vorgehensmodells, welches in drei verschiedenen Projekten entlang des Konfigurationsprozesses angewendet wird.

In einem dieser Projekte wurde eine erste Studie zur Wechselwirkung aus Qualität und Komplexität durchgeführt. Die Ergebnisse bestätigen die formulierte Hypothese und zeigen, dass im Zuge der Digitalisierung Potenziale zur Reduzierung der subjektiven Komplexität vorhanden sind. Es konnten dadurch positive Effekte auf die Qualität wie auch auf die Zeit gemessen werden. In Zukunft soll das Modell durch Anwendung in den Projekten iterativ verfeinert werden. Zusätzlich sollen weitere Studien durchgeführt werden, um die Ergebnisse der ersten Studie überprüfen zu können. Dabei soll auch der Einfluss der objektiven Komplexität durch eine sinnvolle Variation der Systemkomplexität berücksichtigt werden. Des Weiteren gilt es zu untersuchen, ob die dargestellten Methoden und Ergebnisse auch für Systeme mit sehr hoher Komplexität gültig sind oder ob komplexitätsseitig eine Limitierung gegeben ist.

Literatur

1. Schawel, C., Billing, F.: Top 100 Management Tools: Das wichtigste Buch eines Managers, 2. Aufl. Gabler, Wiesbaden (2009)
2. Schömann, S.O.: Produktentwicklung in der Automobilindustrie: Managementkonzepte vor dem Hintergrund gewandelter Herausforderungen, 1. Aufl. Gabler/Springer Fachmedien Wiesbaden GmbH, Wiesbaden (2012)
3. Kohr, D., Budde, L., Friedli, T.: Identifying complexity drivers in discrete manufacturing and process industry. Procedia CIRP **63**, 52 (2017)
4. Stockmar, J.: Erfolgsfaktoren für Automobilzulieferer – Strategien für 2020. In: Ebel, B., Hofer, M.B. (Hrsg.) Automotive Management, S. 215. Springer, Berlin (2014)
5. Fonseca, L.M., Domingues, J.P.: Reliable and flexible quality management systems in the automotive industry: monitor the context and change effectively. Procedia Manufacturing **11**, 1200 (2017)
6. Diez, W.: Automobil-Marketing: Erfolgreiche Strategien, praxisorientierte Konzepte, effektive Instrumente, 6. Aufl. Verlag Franz Vahlen, München (2015)
7. Ebel, B., Hofer, M.B., Genster, B.: Automotive management – trends und Ausblick für die Automobilindustrie. In: Ebel, B., Hofer, M.B. (Hrsg.) Automotive Management, S. 539. Springer, Berlin (2014)
8. Schaupp, E., Abele, E., Metternich, J.: Potentials of digitalization in tool management. Procedia CIRP **63**, 144 (2017)
9. Budde, L., Friedli, T.: Komplexitätsmanagement in Zeiten von Industrie 4.0 und wachsender Digitalisierung. **9**, 28, Springer (2017)
10. Jäger, J., Schöllhammer, O., Lickefett, M., Bauernhansl, T.: Advanced complexity management strategic recommendations of handling the "Industrie 4.0" complexity for small and medium enterprises. **57**, 116 (2016)
11. Grösser, S.N.: Complexity management and system dynamics thinking. In: Grösser, S.N., Reyes-Lecuona, A., Granholm, G. (Hrsg.) Dynamics of Long-Life Assets: From Technology Adaptation to Upgrading the Business Model, S. 69. Springer International Publishing, Cham (2017)
12. Thiebes, F., Plankert, N.: Umgang mit Komplexität in der Produktentwicklung – Komplexitätsbeherrschung durch Variantenmanagement. In: Schoeneberg, K.-P. (Hrsg.) Komplexitätsmanagement in Unternehmen: Herausforderungen im Umgang mit Dynamik, Unsicherheit und Komplexität meistern, S. 165. Springer Gabler, Wiesbaden (2014)
13. Schuh, G., Rudolf, S., Riesener, M., Dölle, C., et al.: Product production complexity research: developments and opportunities. Procedia CIRP **60**, 344 (2017)
14. Falck, A.C., Örtengren, R., Rosenqvist, M., Söderberg, R.: Criteria for assessment of basic manual assembly complexity. Procedia CIRP **44**, 424 (2016)
15. Schuh, G., Lenders, M., Nussbaum, C.: Maximaler Wirkungsgrad von Produktkomplexität. Procedia CIRP **105**, 473 (2010)
16. PressClub Deutschland: BMW Group bleibt 2018 weltweit führender Premiumhersteller. https://www.press.bmwgroup.com/deutschland/article/detail/T0289883DE/bmw-group-bleibt-2018-weltweit-fuehrender-premiumhersteller?language=de. Zugegriffen: 27. Sept. 2019
17. Brunoe, T.D., Nielsen, K.: Complexity management in mass customization SMEs. Procedia CIRP **51**, 38 (2016)
18. Rücker, A., Jaenicke, P., Hofer, M.B.: Aktives Vielfaltsmanagement – Ertragssteigerung im automobilen Ersatzteilgeschäft. In: Ebel, B., Hofer, M.B. (Hrsg.) Automotive Management, S. 207. Springer, Berlin (2014)
19. Wildemann, H.: Teure Vielfalt. Qualität und Zuverlässigkeit **50**, 33 (2005)

20. Krumm, S., Schopf, K.D., Rennekamp, M.: Komplexitätsmanagement in der Automobilindustrie – optimaler Fit von Vielfalt am Markt, Produktstruktur, Wertstrom und Ressourcen. In: Ebel, B., Hofer, M.B. (Hrsg.) Automotive Management, S. 189. Springer, Berlin (2014)
21. Eppler, M.J., Seifried, P.M., Röpnack, A.: Improving knowledge intensive processes through an enterprise knowledge medium. In: Proceedings of the 1999 ACM SIGCPR Conference on Computer Personnel Research – SIGCPR'99, S. 222. ACM Press, New York (1999)
22. Grande, M.: 100 Minuten für Konfigurationsmanagement. Vieweg + Teubner, Wiesbaden (2013)
23. Clarkson, P.J., Eckert, C.: Design Process Improvement: A Review of Current Practice, 1. Aufl. Springer, London (2005)
24. Herden, S.: Model-Driven-Configuration-Management. Springer Fachmedien Wiesbaden, Wiesbaden (2013)
25. Lasch, R., Gießmann, M.: Qualitäts- und Komplexitätsmanagement – Parallelitäten und Interaktionen zweier Managementdisziplinen. In: Hünerberg, R., Mann, A. (Hrsg.) Ganzheitliche Unternehmensführung in dynamischen Märkten, S. 93. Gabler, Wiesbaden (2009)
26. Bruhn, M.: Qualitätsmanagement für Dienstleistungen. Springer, Berlin (2016)
27. Geiger, W., Kotte, W.: Handbuch Qualität: Grundlagen und Elemente des Qualitätsmanagements: Systeme, Perspektiven, 5. Aufl. Friedr. Vieweg & Sohn Verlag|GWV Fachverlage GmbH Wiesbaden, Wiesbaden (2008)
28. Jochem, R., Landgraf, K. (Hrsg.): Anforderungsmanagement in der Produktentwicklung: Komplexität reduzieren, Prozesse optimieren, Qualität sichern, 1. Aufl. Symposion Publishing GmbH, Düsseldorf (2011)
29. Töpfer, A.: Lean Six Sigma. Springer, Berlin (2009)
30. Lindemann, U.: Methodische Entwicklung technischer Produkte. Springer, Berlin (2009)
31. Wölfling, C.: Komplexitätsmanagement im Anlagenbau. Carl Hanser Verlag, München (2013)
32. Falck, A.C., Örtengren, R., Rosenqvist, M., Söderberg, R.: Basic complexity criteria and their impact on manual assembly quality in actual production. International Journal of Industrial Ergonomics **58**, 117 (2017)
33. Kluth, A., Jäger, J., Schatz, A., Bauernhansl, T.: Evaluation of complexity management systems – systematical and maturity-based approach. **17**, 224 (2014)
34. Popovics, G., Monostori, L.: An approach to determine simulation model complexity. Procedia CIRP **52**, 257 (2016)
35. Cristóbal, J.S.: Complexity in project management. Procedia Computer Science **121**, 762 (2017)
36. Salado, A., Nilchiani, R.: The concept of problem complexity. Procedia Computer Science **28**, 539 (2014)
37. Zhang, X., Thomson, V.: A knowledge-based measure of product complexity. Computers & Industrial Engineering **115**, 80 (2018)
38. Kim, J.E., Nembhard, D.A., Kim, J.H.: The effects of group size and task complexity on deadline reactivity. International Journal of Industrial Ergonomics **56**, 106 (2016)
39. Vieweg, W.: Management in Komplexität und Unsicherheit: Für agile Manager. Springer, Wiesbaden (2015)
40. Ji, W., Abourizk, S., Zaïane, O., Li, Y.: Complexity analysis approach for prefabricated construction products using uncertain data clustering. Journal of Construction Engineering and Management **144**, 8 (2018)
41. Fast-Berglund, Å., Fässberg, T., Hellman, F., Davidsson, A., et al.: Relations between complexity, quality and cognitive automation in mixed-model assembly. Journal of Manufacturing Systems **32**, 449 (2013)

42. Sánchez-González, L., García, F., Ruiz, F., Mendling, J.: Quality indicators for business process models from a gateway complexity perspective. Information and Software Technology **54**, 1159 (2012)
43. Rennung, F.M., Luminosu, C.T., Draghici, A.: Strategic management – managing the potential complexity-risks in outsourcing. Procedia Economics and Finance **26**, 757 (2015)
44. Hoffmann, C.-A.: Komplexitätsmanagement in der Automobilindustrie. In: Hoffmann, C.-A. (Hrsg.) Methodik zur Steuerung modularer Produktbaukästen, S. 27. Springer Fachmedien Wiesbaden, Wiesbaden (2018)
45. Foley, J.T., Puik, E., Cochran, D.S.: Desirable complexity. Procedia CIRP **53**, 101 (2016)
46. Gorzeń-Mitka, I., Okręglicka, M.: Managing complexity: a discussion of current strategies and approaches. Procedia Economics and Finance **27**, 438 (2015)
47. Döring-Seipel, E., Lantermann, E.D.: Komplexitätsmanagement: Psychologische Erkenntnisse zu einer zentralen Führungsaufgabe. Springer Fachmedien Wiesbaden, Wiesbaden (2015)
48. Kluth, A., Jäger, J., Schatz, A., Bauernhansl, T.: Method for a systematic evaluation of advanced complexity management maturity. Procedia CIRP **19**, 69 (2014)
49. Jäger, J., Kluth, A., Schatz, A., Bauernhansl, T.: Complexity patterns in the advanced complexity management of value networks. Procedia CIRP **17**, 645 (2014)
50. Koppenhagen, F.: Verzahnte Produktentwicklung. Industrie Management **27**, 13 (2011)
51. Lindemann, U., Maurer, M., Braun, T.: Structural Complexity Management: An Approach for the Field of Product Design. Springer, Berlin (2009)
52. Hausner, H.: Standardisierte Organisationen – Leitfaden zur Einführung und kritische Betrachtungen. In: Schoeneberg, K.-P. (Hrsg.) Komplexitätsmanagement in Unternehmen: Herausforderungen im Umgang mit Dynamik, Unsicherheit und Komplexität meistern, S. 369. Springer Gabler, Wiesbaden (2014)
53. Schmid, L.: Entwicklung und Anwendung systemdynamischer Modelle im strategischen Management. In: Schoeneberg, K.-P. (Hrsg.) Komplexitätsmanagement in Unternehmen: Herausforderungen im Umgang mit Dynamik, Unsicherheit und Komplexität meistern, S. 29. Springer Gabler, Wiesbaden (2014)
54. Beisswenger, A.: Anatomie strategischer Entscheidungen. Springer Fachmedien Wiesbaden, Wiesbaden (2016)
55. Dalhöfer, J., Prieß, M.: Führung im Komplexitätsmanagement. ZWF (ZWF Zeitschrift für wirtschaftlichen Fabrikbetrieb) **107**, 87 (2012)
56. Vollmer, L.: Wrong Turn: Warum Führungskräfte in komplexen Situationen versagen. Orell Füssli, Zürich (2014)
57. Reiss, M.: Komplexitätsmanagement als Grundlage wandlungsfähiger Produktionssysteme. Industriemanagement **27**, 77 (2011)
58. Maurer, M.: Complexity Management in Engineering Design – A Primer. Springer, Berlin (2017)
59. Schuh, G., Rudolf, S., Ortlieb, C., Kantelberg, J.: Self-Assessment im Komplexitätsmanagement. ZWF (ZWF Zeitschrift für wirtschaftlichen Fabrikbetrieb) **109**, 209 (2014)
60. Hecker, D., Döbel, I., Rüping, S., Schmitz, V.: Künstliche Intelligenz und die Potenziale des maschinellen Lernens für die Industrie. Wirtsch Inform Manag (Wirtschaftsinformatik & Management) **9**, 26 (2017)
61. Lauer, T.: Hemmnisse des Wandels. In: Lauer, T. (Hrsg.) Change Management, S. 25. Springer, Berlin (2010)
62. Sinha, K., Weck, O.L.: Empirical validation of structural complexity metric and complexity management for engineering systems. Syst. Engin. (Systems Engineering) **19**, 193 (2016)

63. Schoeneberg, K.-P., Pein, J.: Entscheidungsfindung mit Big Data – Einsatz fortschrittlicher Visualisierungsmöglichkeiten zur Komplexitätsbeherrschung betriebswirtschaftlicher Sachverhalte im Unternehmen. In: Schoeneberg, K.-P. (Hrsg.) Komplexitätsmanagement in Unternehmen: Herausforderungen im Umgang mit Dynamik, Unsicherheit und Komplexität meistern, S. 309. Springer Gabler, Wiesbaden (2014)
64. Jochem, R., Herklotz, H., Giebel, M., Geers, D. (Hrsg.): Six Sigma leicht gemacht: Ein Lehrbuch mit Musterprojekt für den Praxiserfolg, 2. Aufl. Symposion, Düsseldorf (2015)
65. Link, P.: Agile Methoden im Produkt-Lifecycle-Prozess – Mit agilen Methoden die Komplexität im Innovationsprozess handhaben. In: Schoeneberg, K.-P. (Hrsg.) Komplexitätsmanagement in Unternehmen: Herausforderungen im Umgang mit Dynamik, Unsicherheit und Komplexität meistern, S. 65. Springer Gabler, Wiesbaden (2014)
66. Sohi, A.J., Hertogh, M., Bosch-Rekveldt, M., Blom, R.: Does lean & agile project management help coping with project complexity? Procedia - Social and Behavioral Sciences **226**, 252 (2016)
67. Peemöller, C., Korf, R., Grube, G., Mankopf, C.: Assistent zur verlässlichen Konfiguration von Roboteranlagen. Industrie Management **27**, 37 (2011)
68. Cao, A., Chintamani, K.K., Pandya, A.K., Ellis, R.D.: NASA TLX: software for assessing subjective mental workload. Behav. Res. Methods **41**, 113 (2009)

Verwendung von Computer Vision in Kombination mit maschinellem Lernen zur Analyse der Oberflächenbeschaffenheit von fein geschliffenen Messerklingen

Lea Hannah Günther(✉), Marcin Hinz, und Stefan Bracke

Bergische Universität Wuppertal, Wuppertal, Deutschland
{lguenther,m.hinz}@uni-wuppertal.de

Zusammenfassung. Im Herstellungsprozess von Messern stehen die Prozessparameter und die Oberflächenbeschaffenheit in einem direkten Zusammenhang. Da die Qualität von fein geschliffenen Oberflächen über Kenngrößen, die die Oberflächenbeschaffenheit beschreiben, ermittelt werden kann, hat die Veränderung eines Parameters eine unmittelbare Auswirkung auf die Qualität des Messers. Durch eine Quantifizierung sowie Optimierung der Einstellungen der Prozessparameter und damit verbundenen Standardisierung kann somit die Qualität des Produktes dauerhaft verbessert werden. Um das zu realisieren, müssen die Oberflächenkenngrößen im Anschluss an den Fertigungsprozess ermittelt werden. Dazu werden meist klassische, produktbezogene Methoden angewandt, die äußerst zeit- und kostenintensiv sind. Damit die Optimierung des Prozesses dennoch durchführbar wird, ist es notwendig, einen neuen, zeit- und kosteneffizienteren Ansatz für die Ermittlung zu entwickeln. Im Rahmen dieser Studie wird die Analyse der Oberflächenbeschaffenheit von fein geschliffenen Messern unter Verwendung der Bildanalyse mit Computer Vision (CV) in Verbindung mit maschinellem Lernen (ML) vorgestellt. Das Analyseverfahren wird innerhalb dieser Studie anhand realer Prozessdaten durchgeführt und einige der gewonnenen Ergebnisse werden im folgenden Beitrag vorgestellt.

Schlüsselwörter: Maschinelles Lernen · Bildanalyse · Oberflächenbeschaffenheit · Computer Vision · Digitale Bildverarbeitung

1 Einleitung

Die Qualität von fein geschliffenen Messeroberflächen steht in einem direkten Zusammenhang mit spezifischen Prozessparametern. Während des Fertigungsprozesses kann unter anderem die Schleifscheibe und der Kühlschmierstoff gewählt, die Vorschubgeschwindigkeit und der Anpressdruck eingestellt und die Produktionszeit beeinflusst werden. Werden diese Parameter bezüglich ihrer Einstellung optimiert und somit standardisierte Bedingungen für den Fertigungsprozess festgelegt, kann die

R. H. Schmitt (Hrsg.), *Datengetriebenes Qualitätsmanagement*, S. 96–113, 2021.
https://doi.org/10.1007/978-3-662-62442-5_6

Qualität der Messer fortwährend gesteigert werden. Um die optimale Kombination für die bestmögliche Qualität zu identifizieren, wird die Oberfläche unter Zuhilfenahme von Kennwerten beurteilt. Dazu gehören beispielsweise die Werte für Farbe und Glanz, die subjektiv, firmenspezifisch und reproduzierbar sind. Konventionelle Messmethoden zur Bestimmung der Oberflächentopografie sind äußerst zeit- und kostenintensiv, was die Prozessoptimierung erschwert. Deshalb ist es erforderlich einen alternativen Ansatz für eine zeit- und kosteneffiziente Beurteilung der Oberflächen zu entwickeln [1].

Die Kennwerte zur Beurteilung der Oberflächenqualität sind eng mit der optischen Wahrnehmung verknüpft, weshalb die Entwicklung eines optischen Verfahrens sinnvoll ist. Innerhalb der vorliegenden Studie wird aus diesem Grund eine Methode zur Analyse der Oberflächenbeschaffenheit von fein geschliffenen Messerklingen entwickelt, die auf einer Kombination von Computer Vision und maschinellem Lernen beruht. Anhand von realen Prozessdaten wird diese gestaltet, umgesetzt, durchgeführt und verifiziert.

Nachfolgend wird zunächst das generelle Vorgehen beschrieben. Dabei wird sowohl auf die Generierung der Daten als auch auf die Bildverarbeitung und die Analysemethoden eingegangen. Während des darauf folgenden Kapitels wird die Methodik des Verfahrens betrachtet und verifiziert. Im Anschluss daran werden einige Analyseergebnisse dargestellt. Diese werden einzeln ausgewertet und miteinander in Beziehung gesetzt. Abschließend wird aus den gewonnenen Erkenntnissen das weitere Vorgehen abgeleitet und ein Ausblick darauf gegeben.

2 Methodik und Vorgehen

Im Rahmen dieser Studie werden die Oberflächen von 492 Messerklingen untersucht. Dabei handelt es sich um Schinkenmesser mit einer Klingenlänge von 21 cm, die aus 1.4116 Messerstahl gefertigt und fein geschliffen sind. Für das verwendete Analyseverfahren werden im ersten Schritt Bilder der Messerklingen, die den zu untersuchenden Datensatz bilden, unter standardisierten Bedingungen aufgenommen. Darüber hinaus werden Referenzdaten zu den abgebildeten Oberflächen mit herkömmlichen Verfahren ermittelt. Im Anschluss daran werden die gewonnenen Daten mit Hilfe von Computer Vision bearbeitet, entscheidende Informationen extrahiert und unter der Verwendung von maschinellem Lernen ausgewertet. Das konkrete Vorgehen wird in dem folgenden Kapitel erläutert.

2.1 Testaufbau und Aufnahme der Bilder

Damit standardisierte Umgebungsbedingungen bei der Aufnahme der Bilder gewährleistet sind, wurde ein Prüfstand konzipiert und gefertigt, in dem die Bilder aufgenommen werden. Auf diese Weise wird eine Vergleichbarkeit der Daten geschaffen und die nachfolgende Datenanalyse nicht durch umweltbedingte Schwankungen beeinflusst. Besonders entscheidend dafür sind konstante Lichtverhältnisse. Deshalb besteht der Prüfstand aus einer geschlossenen Box mit einfarbig weißen Innen-

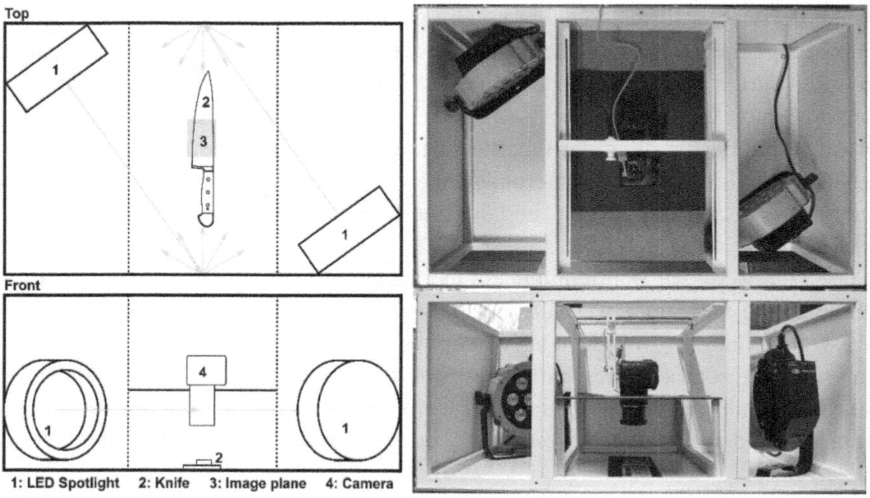

Abb. 1. Vorderansicht und Draufsicht des Testaufbaus [1]

wänden, der in Abb. 1 dargestellt ist. Mit zwei LED Strahlern, die auf die Wände an den Seiten des Aufnahmebereichs gerichtet sind, werden konstante, diffuse Lichtverhältnisse innerhalb des Prüfstandes geschaffen. Dadurch kann einer möglichen Reflexion an der Messeroberfläche vorgebeugt werden. Außerdem wird die charakteristische Oberflächenstruktur der Messer, die durch den Schleifprozess entsteht, durch diese Lichtverhältnisse hervorgehoben [1].

Um auch andersartige Reflexionen zu verhindern, ist eine schwarze Blende über dem Aufnahmebereich in einer Höhe von 15 cm angebracht. So werden zum einen die Kamera mit Ausnahme der Linse und zum anderen die weiße Decke des Prüfstandes abgeschirmt. Damit immer der identische Messerausschnitt aufgenommen wird, werden die unterschiedlichen Messer mit einer aus Polypropylen gedruckten Fixierung an einer fest definierten Stelle fixiert. In Abb. 1 wird dieser Aufbau anhand einer Prinzip-skizze und Fotos veranschaulicht [1].

Aufgenommen werden die Bilder mit einer Olympus E-520 DSLR Kamera, die mit einer Olypmus Zuiko Digital 14–42 mm f 1:3.5–5.6 Linse ausgestattet ist. Dabei wird das RAW Format ORF genutzt, um die Bilder möglichst verlustfrei abzuspeichern. Für die weitere Verarbeitung werden diese in das TIFF-Format konvertiert [1].

2.2 Referenzmessungen

Damit ein Verfahren entwickelt werden kann, bei dem ausschließlich Computer Vision und maschinelles Lernen zur Bestimmung der Oberflächenstruktur verwendet werden, ist es notwendig, dass die Oberflächenkennwerte der Testobjekte bekannt sind. Aus diesem Grund wurden die Oberflächen der Messer bezüglich ihrer Rauheit (Ra, Rq, Rt, Rz), des Glanzes (GU) und der Farbgebung (CIELAB) mit herkömmlichen Messmethoden vermessen [1].

Die Rauheit wird bei klassischen Verfahren ermittelt, indem die Oberfläche mit einem Taster entlang einer Messstrecke abgetastet wird. Über mathematische Gegebenheiten werden aus den erfassten Informationen die Rauheitskennwerte berechnet. Im Rahmen dieser Studie wurden der arithmetische Mittenrauwert Ra, der quadratische Mittenrauwert Rq, die gemittelte Rautiefe Rz und die Rautiefe Rt mit einem PCE-RT11 Messgerät über eine Messstrecke von 6 mm bestimmt. Allgemein wird zur Berechnung der Kennwerte eine Mittellinie durch das Oberflächenprofil, das mit z(x) beschrieben wird, gezogen. Über den Funktionsverlauf von z(x) wird der Abstand zur Mittellinie über die Messstrecke l bestimmt. Der arithmetische und quadratische Mittenrauwert kann unter Verwendung aller gemessenen Einzelwerte kalkuliert werden, wie anhand der Formeln 1 und 2 deutlich wird. Die Rautiefen ergeben sich durch die Addition der maximalen positiven und negativen Abweichung von der Mittellinie, wobei die Messstrecke l für die mittlere Rautiefe in n Abschnitte unterteilt und der maximale Abstand der Teilstrecken gemittelt wird, wie Formel 3 zu entnehmen ist [1–3].

$$\mathrm{Ra} = \frac{1}{\mathrm{l}}\int_{0}^{\mathrm{l}} |\mathrm{z(x)}|\mathrm{dx} \tag{1}$$

$$\mathrm{Rq} = \sqrt{\frac{1}{\mathrm{l}}\int_{0}^{\mathrm{l}} \mathrm{z}^2(\mathrm{x})\mathrm{dx}} \tag{2}$$

$$\mathrm{Rz} = \frac{1}{\mathrm{n}}\sum_{\mathrm{i}=1}^{\mathrm{n}} \mathrm{Rz_i} \tag{3}$$

2.3 Computer Vision

Um die herkömmlichen Kontaktmessungen von Oberflächen zu vereinfachen, wurden im Verlauf der letzten Jahre einige optische Verfahren entwickelt. Eines dieser neuen Verfahren basiert auf der Verwendung von Computer Vision (CV) in Kombination mit maschinellem Lernen (ML). Im Rahmen dieser Studie wird dazu eine weitere Kombination aus extrahierten Merkmalen und ML Algorithmen erprobt. CV beschreibt allgemein die Fähigkeit der Perzeption von Bildmaterial eines Computers auf menschliche, jedoch perfekt optimierte Weise. Die optische Wahrnehmung ist das Ergebnis eines sehr langen Entwicklungsprozesses, der durch die Anwendung geeigneter Bildvorverarbeitungsmethoden für den Computer beschleunigt werden kann. Die Qualität der Ergebnisse bei diesem Vorgehen steht aus diesem Grund in enger Relation zu der Auswahl der Vorverarbeitungsmethoden sowie der Anzahl der verfügbaren Trainingsdaten [4–6].

Vorverarbeitung. Im ersten Schritt werden die Bilder auf den vermessenen Ausschnitt von 2,5 × 2,0 cm zugeschnitten, da die Eigenschaften und somit auch die zu erfassenden Kennwerte über den Verlauf der Oberfläche variieren können. Dabei entstehen Bilder mit einer Breite von 1250 Pixeln und einer Höhe von 550 Pixeln.

Zur weiteren Vorverarbeitung werden verschiedene Filter auf den Bildausschnitt angewandt und die Daten auf diese Weise auf spezifische Informationen reduziert. Grundsätzlich lassen sich die verwendeten Filter in zwei Gruppen einteilen: Tief- und Hochpassfilter. Es werden entsprechend hohe bzw. tiefe Frequenzen aus dem Bild entfernt. Durch dieses Vorgehen wird das Bild auf die für die Analyse entscheidenden Informationen komprimiert. Die Auswahl der Filter und deren Parameteranpassung wurden auf vier verschiedene Kombinationen festgelegt. Wie an dem zugeschnittenen Bildausschnitt in Abb. 2(a) zu erkennen ist, weist die Oberfläche der Messer eine Rillenstruktur auf. Die Vorverarbeitung wird dazu verwendet, diese Rillen eindeutig voneinander zu separieren und deutlich darzustellen. Ein bekannter Hochpassfilter ist der Sobelfilter, der zur Kantendetektion verwendet wird. Im Rahmen dieser Studie wird dieser in x-Richtung mit einer Kernelgröße von fünf auf den zugeschnittenen Bildausschnitt angewandt. Dadurch entsteht das in Abb. 2(b) dargestellte Bild. Im Vergleich zum Original sind deutlicher voneinander abgegrenzte Rillen zu erkennen. Des Weiteren wird das Bild in seinem Kontrast verändert und erneut der Sobelfilter darauf angewandt, was Abb. 2(c) veranschaulicht. Um tiefe Frequenzen zu extrahieren, wird das Bild zunächst mithilfe der diskreten Fourier Transformation in seine Frequenzdarstellung umgewandelt und danach mit einer Tiefpassmaske gefiltert. Weiterhin wird der Median Blur Filter dazu benutzt, störende Pixel aus dem Tieffrequenzbild zu entfernen. Das Ergebnis ist in Abb. 2(d) zu sehen. Damit die Unterschiede bestmöglich zu detektieren sind, wird erneut der Sobelfilter angewandt (Abb. 2(e)). Weiterführende Informationen zu den verwendeten Filtern und deren Parametereinstellungen sind in [1] zu finden [1, 7, 8].

Merkmalsextraktion. Weiterhin wird CV dazu genutzt, entscheidende Merkmale dem Bild zu entnehmen. Da zu erwarten ist, dass wichtige Informationen über die Oberflächenbeschaffenheit über die Rilleninformationen ermittelt werden können, werden die Rillenanzahl und die Rillenbreite entlang der zehn horizontalen Linien, die in Abb. 3 dargestellt sind, bestimmt und anschließend gemittelt.

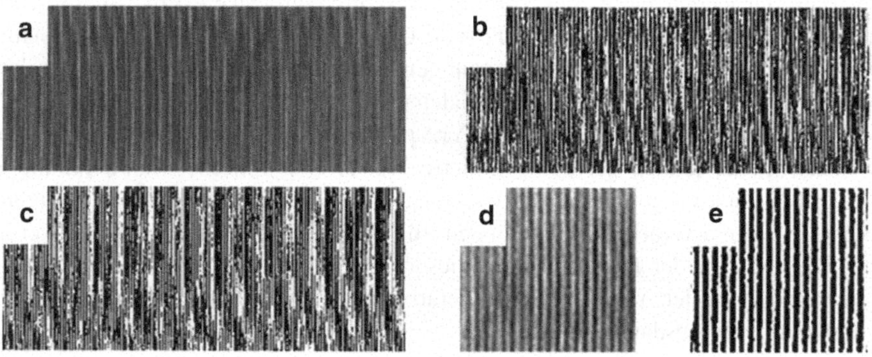

Abb. 2. (**a**) geschnittenes Bild (**b**) Sobelfilter (**c**) Kontrastveränderung und Sobelfilter (**d**) DFT und Median Blur (**e**) DFT, Median Blur und Sobelfilter [1]

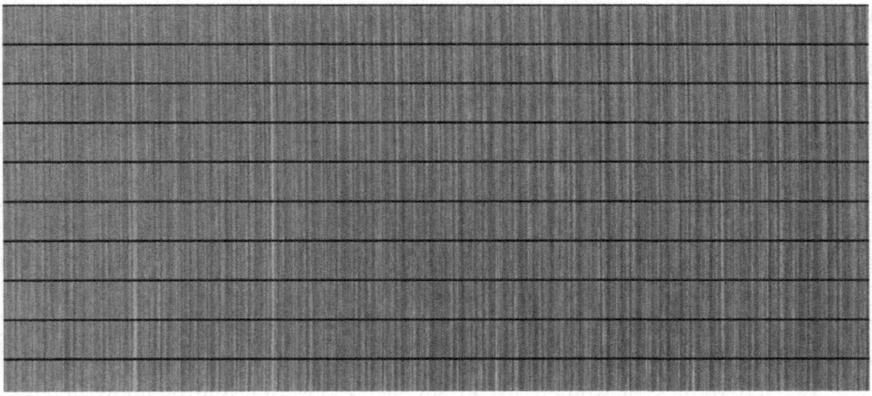

Abb. 3. Zehn horizontale Linien, entlang derer die Merkmalsextraktion durchgeführt wird

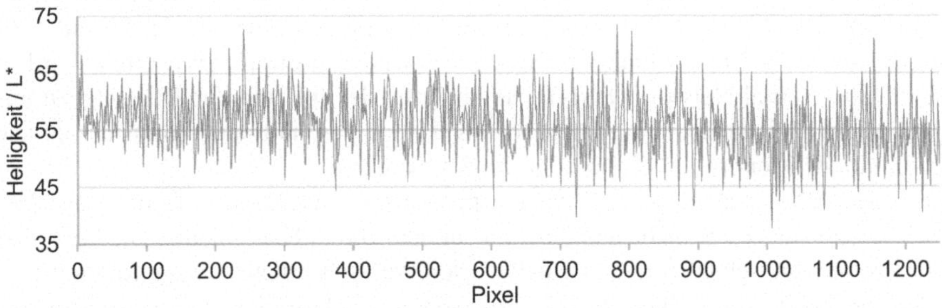

Abb. 4. Horizontaler Helligkeitsverlauf entlang einer Pixellinie

Diese Informationen werden aus den Bildern mit allen in Abb. 2 dargestellten Filterkombinationen entnommen, dabei ist ein deutlicher Unterschied der Anzahl der Rillen in Abhängigkeit der Vorverarbeitung zu beobachten [1].

Aus dem Bildausschnitt ohne weitere Vorverarbeitung wird zudem der Helligkeitsverlauf entlang der horizontalen Linien ermittelt, indem die Helligkeit für jeden Pixel entlang der entsprechenden Linie berechnet wird. Dazu werden die Farbwerte des Bildes in die CIELAB Farbskala umgerechnet und anschließend ausschließlich der L*-Wert, der die Helligkeit angibt, betrachtet. Der Verlauf über die Bildbreite ähnelt, wie Abb. 4 veranschaulicht, einem Rauheitsoberflächenprofil.

Das Licht trifft auf die Höhenunterschiede innerhalb der Messeroberfläche, die das Rauheitsprofil charakterisieren, verschieden auf und beeinflusst so die Helligkeit jedes Pixels des aufgenommenen Bildes. Aus diesem Grund wird im Rahmen dieser Studie der Verlauf der Helligkeit als in Abschn. 2.2 beschriebene z(x) Funktion betrachtet und auf diese Weise werden daraus die Rauheitskennwerte Ra, Rq, Rz und Rt berechnet.

2.4 Maschinelles Lernen

Für die Auswertung der mit Hilfe von CV gewonnenen Informationen werden Algorithmen des maschinellen Lernens eingesetzt. Dabei dienen die mit konventionellen Methoden ermittelten Ra-Kennwerte als Zielvariablen. Die Anzahl der vorhandenen Trainingsdaten ist mit 492 Messern für ML äußerst gering. Aus diesem Grund werden die Zielwerte in Klassen eingeteilt, um eine höhere Genauigkeit zu erreichen. Gemessen wurden Ra-Werte im Bereich von 0,07 µm bis 0,45 µm und es werden Analysen mit drei und vier Zielkategorien durchgeführt. Eine natürliche Grenze ergibt sich durch die als Ausschuss definierten Messer, die bei Ra<0,11 µm liegt. In diese Kategorie fallen 186 Messer. Die obere Grenze ist an die Auftrittsverteilung der gemessenen arithmetischen Mittenrauwert angepasst und auf 0,165 µm festgelegt. Es liegen 60 Messer vor, die in diesem Bereich vermessen wurden. Wenn auf vier Zielwertklassen prognostiziert wird, dann wird die mittlere Kategorie bei 0,135 µm unterteilt. So existieren für die eine Klasse 134 Referenzdaten und für die andere 112. Als Eingangsvariablen werden unterschiedliche Kombinationen aus über 300 verschiedenen, extrahierten Merkmalen, die in 2.3 erläutert sind, genutzt. Eine tabellarische Darstellung dieser ist aufgrund der Größe nicht möglich.

Die Daten werden mit drei verschiedenen Algorithmen ausgewertet, die auf unterschiedlicher Basis Entscheidungen für die Vorhersage treffen. Zum einen wird ein Probabilistic Neural Network (PNN), zum anderen der J48 und der JRip Algorithmus verwendet, wobei die letzten beiden sowohl in der geschnittenen (pruned) als auch ungeschnittenen (unpruned) Form angewendet werden.

Bei dem PNN handelt es sich um ein neuronales, multilayered, feedforward Netz. Dieses besteht aus vier Schichten und beruht auf dem Bayes-Klassifikator. Die Vorhersage der Klassenzugehörigkeit wird auf Grundlage von Wahrscheinlichkeiten getroffen [9].

Auf der Basis von vorhandenen Trainingsdaten wird mit dem J48 Algorithmus ein Entscheidungsbaum erzeugt. Dieser wird für die Vorhersage von Testdaten mit diesem Algorithmus genutzt, um die vorliegenden Daten einer Klasse zuzuordnen [10].

Der JRip Algorithmus arbeitet regelbasiert. Dabei werden die einzelnen Klassen getrennt voneinander betrachtet. Für jede werden schrittweise Regeln entwickelt mit denen eine Falschzuordnung zunehmend reduziert wird, bis alle Elemente dieser Klasse von den vorhandenen Regeln eingeschlossen werden. Auf Grundlage dieser Regeln können daraufhin Vorhersagen für die Klassenzugehörigkeit weiterer Daten getroffen werden [10].

3 Verifizierung

Im nachfolgenden Kapitel wird die Analyse der Helligkeitswerte bezüglich ihrer Bedeutung für die Bewertung der Oberflächentopografien untersucht und auf diese Weise das vorliegende Vorgehen verifiziert.

3.1 Helligkeitsverlauf

In Abschn. 2.3 wurde beschrieben und an Abb. 4 verdeutlicht, dass der Helligkeitsverlauf über das Bild betrachtet einem Rauheitsoberflächenprofil ähnelt und aus diesem Grund daraus die Kennwerte bestimmt und für die weitere Analyse verwendet werden. Zur Verifizierung dieses Vorgehens wird der Unterschied zwischen den Helligkeitskennwerten von Messeroberflächen mit unterschiedlicher Rauheit untersucht. Abb. 5 zeigt die resultierenden Ergebnisse für drei Beispieloberflächen.

Die drei im Vergleich gezeigten Helligkeitsverläufe wurden drei Bildern von Messern mit unterschiedlicher Oberflächenrauheit entnommen. Für Messer 1 wurde ein Ra-Wert von 0,21 µm gemessen. Der arithmetische Mittenrauwert für die Oberfläche von Messer 2 ist 0,09 µm und von Messer 3 0,14 µm. Die Helligkeitswerte der Mittellinien betragen für Messer 1 55,9, für Messer 2 43,2 und für Messer 3 51,4. Somit ist zwischen den Mittellinien der drei Verläufe ein eindeutiger Unterschied erkennbar. Werden die gemessenen Rauheitswerte in aufsteigender Reihenfolge sortiert und mit den Verläufen verglichen, so stimmen die Ordnungen überein. Messer 2 hat den niedrigsten Wert, und die Kurve verläuft innerhalb des Graphen auch im unteren Helligkeitsbereich. Hingegen weist Messer 1 den höchsten Ra-Wert auf und verläuft dazu passend im oberen Helligkeitsbereich. Auffällig ist, dass der mittlere Verlauf aller drei Graphen zu den Bildrändern hin nach oben abweicht. Außerdem nähern sich die Graphen in diesem Bereich aneinander an. In der Bildmitte scheint es hingegen einen konstanten Verlauf mit gleich bleibendem Abstand zu geben.

Aus diesem Vergleich kann geschlossen werden, dass die Berechnung der Kennwerte aus dem Helligkeitsverlauf eine sinnvolle Methode darstellt, um mit Hilfe von CV und ML die Rauheit von Oberflächen zu bestimmen. Da es jedoch Schwankungen zu den Bildrändern hin gibt und die Fotos mit Fokus auf der Messstrecke von ausschließlich 6 mm aufgenommen wurden, ist es sinnvoll nicht den gesamten Bildausschnitt, sondern ausschließlich den mittleren Bereich in die Berechnung einfließen zu lassen. Deshalb werden im Rahmen der nachfolgenden Analyse ausschließlich die Helligkeitswerte der mittleren 625 Pixel des Bildausschnittes für das weitere Vorgehen herangezogen.

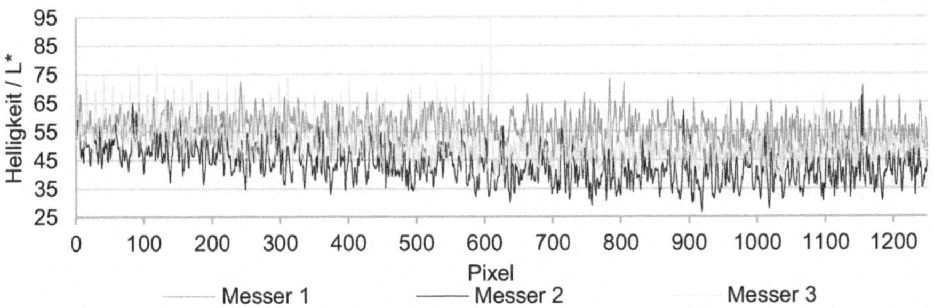

Abb. 5. Der Helligkeitsverlauf entlang einer Pixellinie für drei Messer mit unterschiedlichen Ra-Werten im Vergleich

3.2 Verifizierung der Methodik

Wie bereits beschrieben, wird die Helligkeit entlang der in Abb. 3 dargestellten zehn horizontalen Linien bestimmt. Aus jeder dieser Linien können die Rauheitskennwerte berechnet werden. Um das Verfahren zu verifizieren und das Erreichbarkeitslimit dieser Methodik festzustellen, können die Rauheitswerte einer Linie als Eingabevariablen für die ML Algorithmen benutzt und anstelle der gemessenen, die errechneten Werte einer anderen Linie prognostiziert werden. Darüber hinaus ist es möglich, durch die Verwendung der Daten von mehr als einer Linie den Datensatz künstlich zu erweitern.

Da die sechste Linie von oben ungefähr der tatsächlichen Messstrecke entspricht, steht diese im Zentrum dieser Analyse. Abb. 6 zeigt das Ergebnis dieses Vorgehens. Dabei wird zwischen der Wahl der Trainingsdaten, der vorherzusagenden Daten und den Algorithmen unterschieden. Es wird zum einen von einer Linie auf eine andere geschlossen und zum anderen die Rauheitswerte von drei Linien zur Erweiterung des Datensatzes verwendet.

Werden die Daten ausschließlich einer Linie verwendet so kann bei dem Prognostizieren auf drei Klassen eine Prognosegenauigkeit zwischen 67 % und 77 % erreicht werden. Bei der Prognose auf vier Klassen liegt der Genauigkeitsbereich zwischen ca. 55 % und 66 %. Dabei ist die Wahl der zu prognostizierenden Linie unerheblich. Auffällig ist, dass mit dem J48 Algorithmus die eindeutig höchste Prognosegenauigkeit erreicht werden kann. Wird der Trainingsdatensatz durch den Einbezug zweier weiterer Linien erweitert, so liegt die Genauigkeit für drei Klassen

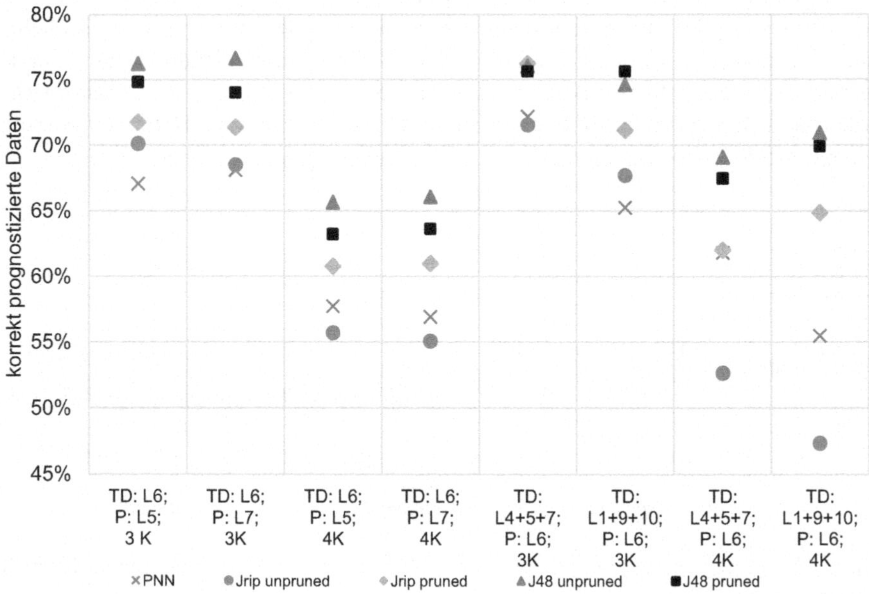

Abb. 6. Vergleich der Algorithmen in Abhängigkeit der verwendeten Trainingsdaten, Anzahl der Klassen und prognostizierten Werte; TD = Trainingsdaten; L = Linie; K = Klasse; P = Prediction/Vorhersage

zwischen 65 % und 77 %, für die auf vier Kategorien im Bereich zwischen 47 % und 72 %. Das Ergebnis von vier Klassen kann somit durch die Trainingsdatenerweiterung eindeutig verbessert werden. Des Weiteren ist ein Unterschied der Ergebnisse bei der Wahl der Linien für einige Algorithmen zu erkennen, jedoch lässt sich daraus kein eindeutiger Zusammenhang ableiten. Auch bei dieser Auswertung werden die bestmöglichen Ergebnisse mit dem J48 Algorithmus erreicht.

Aus dieser Analyse ist zu schließen, dass mit diesem Vorgehen Ergebnisse mit einer Genauigkeit von bis zu ca. 77 % erreicht werden können. Die Wahl der Linie als Eingangsvariable scheint für das Ergebnis beliebig zu sein. Aus diesem Grund werden bei der weiteren Analyse über den Helligkeitsverlauf nur die Rauheitskennwerte benutzt, die aus der sechsten Linie von oben berechnet wurden.

3.3 Eingangs- und Zielvariablen

Ein weiterer interessanter Aspekt dieser Studie ist der Zusammenhang zwischen den Eingangs- und Zielvariablen. Da bei der Analyse des Helligkeitsverlaufes ausschließlich die berechneten Rauheitswerte betrachtet werden, werden diese in Abb. 7 mit den vier Zielklassen verglichen.

Anhand der Abbildung ist ersichtlich, dass keine direkte Relation zwischen dem errechneten arithmetischen Mittenrauwert und den eingeteilten Klassen besteht, also die Eingabewerte und Zielklassen nicht in einem unmittelbaren, bivariaten Zusammenhang zueinander stehen. Dennoch wird deutlich, dass mit Ausnahme zweier Ausreißer sich der Zuordnungsbereich auf der Y-Achse für jede Klasse verschiebt. Das bedeutet, dass zwar keine eindeutige Trennung auf dieser Grundlage

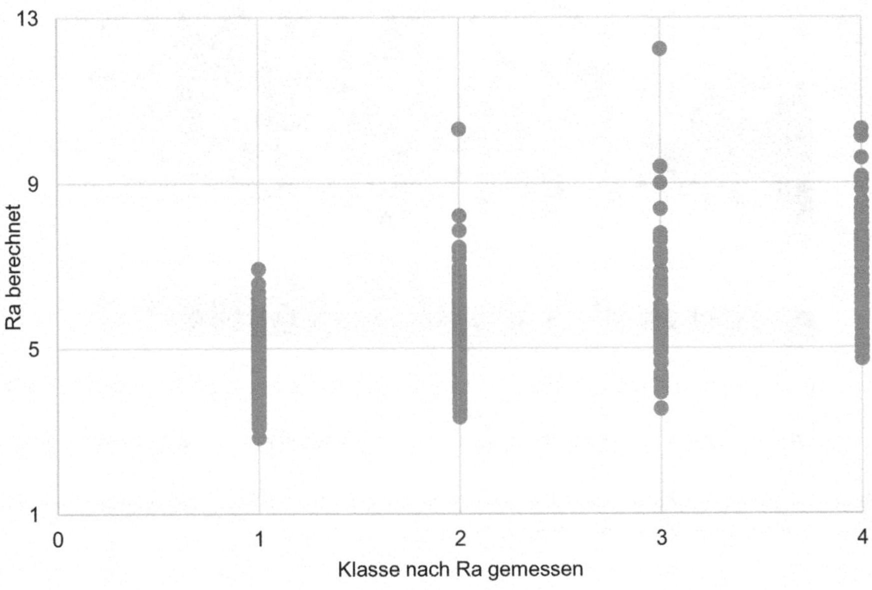

Abb. 7. Gegenüberstellung der berechneten Rauheitswerte mit den eingeteilten Zielklassen

getroffen werden kann, jedoch eine Trennung sowie ein Trend auf dieser Basis generell vorliegt.

Auf Basis des vorgestellten Vergleichs ist zu erkennen, dass die berechneten Ra-Werte nicht den gemessenen entsprechen. Aus diesem Grund werden diese alleine keine ausreichende Datenbasis für eine Prognose mit besonders hoher Genauigkeit liefern. Deshalb werden weitere davon unabhängige Daten benötigt, um die Prognose zu optimieren. Zusätzlich vorhanden sind gewisse Prozessparameter: die gewählte Schleifscheibe, der verwendete Kühlschmierstoff, die benötigte Produktionszeit, die Temperatur und der Durchfluss des Kühlschmierstoffes. Ergänzend werden aus den Bildern, wie in Abschn. 2.3 beschrieben, Rilleninformationen extrahiert. Wird die Linienanzahl, die aus dem zugeschnittenen Bild entnommen werden kann, den berechneten Rauheitswerten gegenübergestellt, so ergibt sich der in Abb. 8 dargestellte Zusammenhang.

Keiner der berechneten Rauheitswerte weist eine signifikante Korrelation mit der aus dem Bild extrahierten Linienanzahl auf. Somit scheinen diese Merkmale und Art der Merkmalsextraktion unabhängige Informationen zu liefern, sodass eine Kombination der Merkmale bei der Auswertung mit ML für sinnvoll erachtet wird.

Demzufolge werden Analysen und Auswertungen bezüglich der einzelnen Merkmale, sowie mit unterschiedlichen Kombinationen dieser durchgeführt. Im Nachfolgenden wird eine Auswahl dieser Ergebnisse präsentiert.

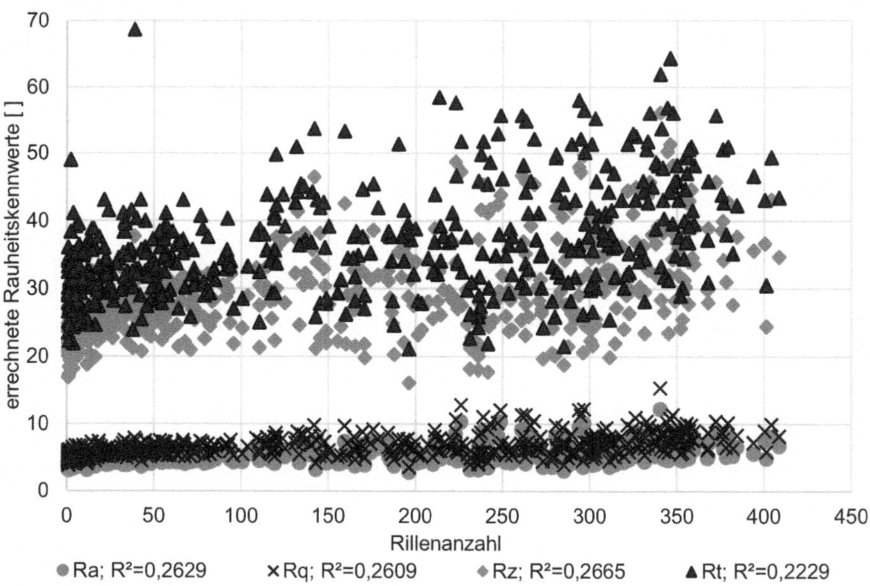

Abb. 8. Vergleich des Zusammenhangs zwischen den errechneten Rauheitskennwerten und der aus dem geschnittenen Bild ermittelten Rillenanzahl

4 Ergebnisse der Vorhersage

Im nachfolgenden Kapitel werden die Ergebnisse der Auswertung mit den ML Algorithmen vorgestellt. Dabei wird zwischen der Wahl der Eingangsparameter differenziert. Der vorhandene Datensatz wird in einen Trainingsdatensatz und in zu prognostizierende Daten aufgeteilt. Aufgrund der geringen Datenmenge werden die zur Prognose ausgewählten Daten nach dem Prinzip der geschichteten Stichprobe ausgewählt.

4.1 Rilleninformationen

Zunächst werden ausschließlich die extrahierten Rilleninformationen als Eingabevariablen verwendet. Es werden sowohl die Ergebnisse einzelner Vorverarbeitungsmethoden, als auch die Kombination dieser betrachtet. Diese Ergebnisse sind ausführlich in [1] beschrieben worden, weshalb im Folgenden ausschließlich eine kurze, beispielhafte Zusammenfassung präsentiert wird, die grundlegend für das weitere Verständnis dieses Beitrages ist.

An Abb. 9 wird das Ergebnis der Analyse von korrekt prognostizierten Daten in Abhängigkeit der Anzahl der Trainingsdaten, der verwendeten Algorithmen und der Anzahl der Klassen der Zielvariablen gezeigt. Im Rahmen dieser Auswertung wurde der PNN nicht verwendet.

Es wird deutlich, dass die Prognose von drei Klassen ein genaueres Ergebnis erzielt. Außerdem ist ein Einfluss durch die Verwendung der Vorverarbeitungen auf die Vorhersage erkennbar. Jedoch ist kein eindeutiger Zusammenhang zwischen der Menge der Trainingsdaten und der Vorhersage zu erkennen und die erreichte Genauigkeit scheint diesbezüglich nicht systematisch zu sein. Des Weiteren ist das Ergebnis der Verwendung der unterschiedlichen Algorithmen J48 und JRip ähnlich. Die maximal erreichte Prognosegenauigkeit liegt für beide bei ungefähr 60 %.

Weitere Analysen mit einer vergleichbaren Auswahl an Eingabevariablen führten zu ähnlichen Ergebnissen. Aus diesem Grund wird darauf geschlossen, dass die Auflösung der Kameralinse und die Anzahl der Trainingsdaten für diese Analyse nicht ausreichend sind. Überdies wurden Analysen mit zusätzlich aufgezeichneten Prozessparametern durchgeführt. Auf diese Weise kann die mit dieser Auswertung maximal erreichte Genauigkeit von ca. 65 % für die Prognose von drei Klassen erzielt werden [1].

4.2 Helligkeitsverlauf

Wie bereits in Abschn. 2.3 vorgestellt, ähnelt der Helligkeitsverlauf einem Rauheitsprofil. Werden die Rauheitskennwerte daraus berechnet und in Kombination mit den Prozessparametern als Eingabevariablen für die ML Algorithmen verwendet, so kann das in Abb. 10 dargestellte Ergebnis erreicht werden. Die Prognosegenauigkeit wird in Abhängigkeit der Trainingsdatenmenge, der Klassenanzahl und verwendeten Algorithmen dargestellt.

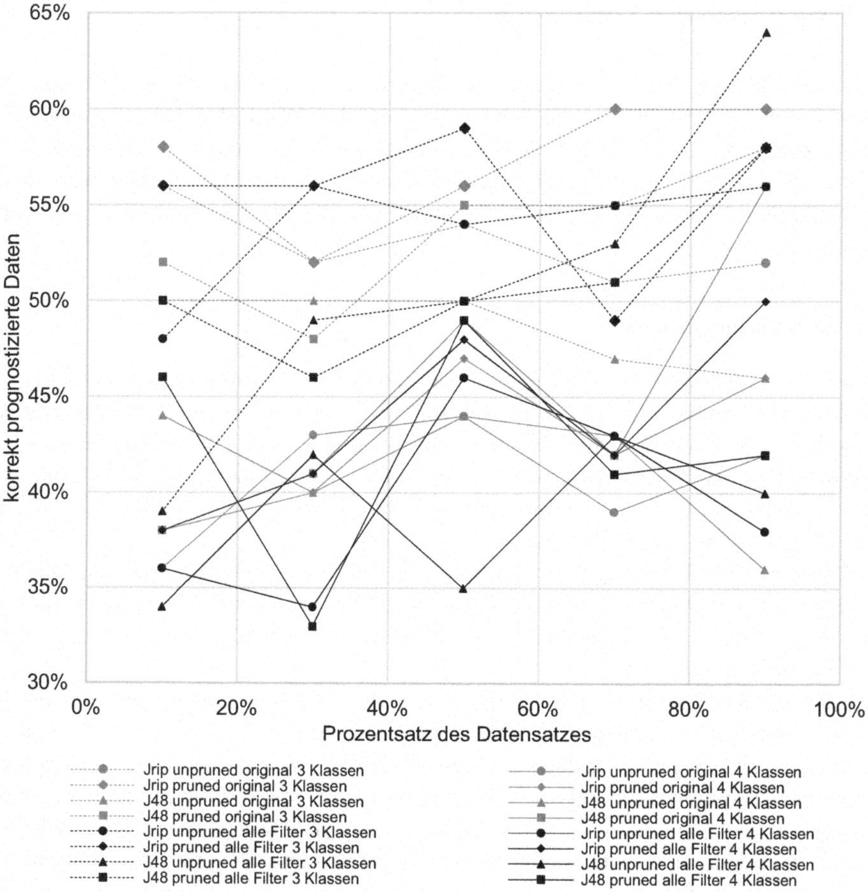

Abb. 9. Korrekt prognostizierte Daten in Abhängigkeit der Anzahl der Trainingsdaten, des verwendeten Algorithmus, Klassenanzahl an Zielvariablen, der verwendeten Vorverarbeitungsmethoden, bei Verwendung der Rilleninformationen als Eingangsvariablen

Ein eindeutiger Unterschied zwischen der Vorhersage von drei bzw. vier Klassen ist ersichtlich. Bei drei Klassen wird eine Genauigkeit von bis zu 80 % erreicht, bei vier Klassen hingegen nur bis zu 72 %. Tendenziell ist für die Genauigkeit mit Zunahme der Trainingsdaten unabhängig des Algorithmus ein positiver Trend zu beobachten. Der teilweise stark abfallende oder ansteigende Wert bei einem Trainingsdatensatz von 99 % kann vernachlässigt werden, da nur fünf zufällig ausgewählte Oberflächen prognostiziert werden und das Ergebnis von dieser Auswahl stark abhängig und mit hoher Wahrscheinlichkeit zufällig ist. Bei der detaillierteren Betrachtung der Genauigkeit der einzelnen Algorithmen kann jedoch eine gewisse Zufälligkeit detektiert werden. An dieser Stelle ist es nicht möglich festzustellen, ob einer der Algorithmen den anderen vorzuziehen ist. Jedoch liefert der PNN unabhängig der Klassenanzahl insgesamt eine geringere Genauigkeit als der JRip und J48 Algorithmus.

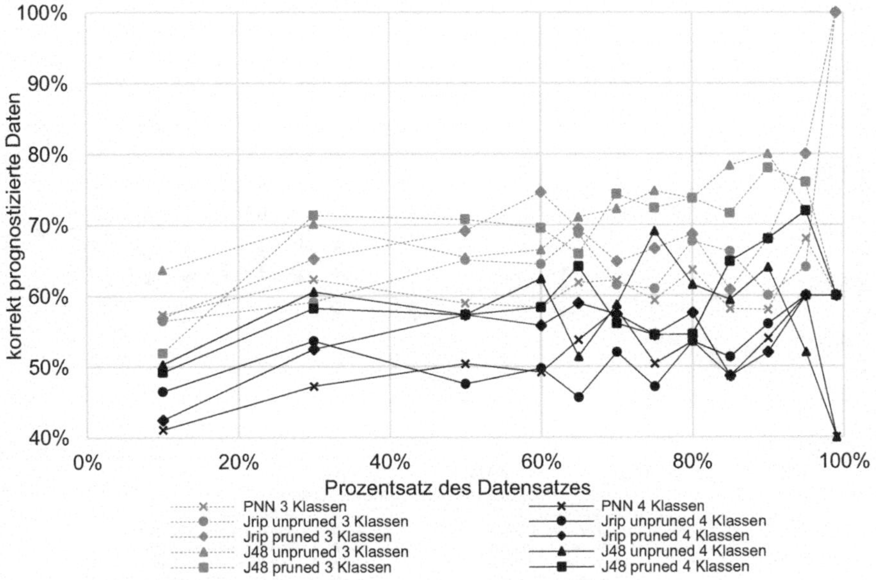

Abb. 10. Korrekt prognostizierte Daten in Abhängigkeit der Anzahl der Trainingsdaten, des verwendeten Algorithmus, Klassenanzahl an Zielvariablen, bei Verwendung der aus dem Helligkeitsverlauf errechneten Rauheitskennwerte und der Prozessparameter als Eingangsvariablen

4.3 Kombination von Rilleninformationen und Helligkeitsverlauf

Werden sowohl die Rilleninformationen als auch die aus den Helligkeitswerten berechneten Kennwerte und Prozessparameter für die Auswertung verwendet, so ergeben sich die in Abb. 11 dargestellten Ergebnisse.

Es wird zwischen der Klassenanzahl, sowie den unterschiedlichen Algorithmen und der Größe des Trainingsdatensatzes unterschieden. Bei der Einteilung der Zielwerte in drei Klassen kann eine Genauigkeit zwischen 70 % und 80 % erreicht werden, bei vier Klassen liegt diese zwischen 60 % und 70 %, sodass ein deutlicher Unterschied zu erkennen ist. Darüber hinaus wird die Genauigkeit mit steigender Trainingsdatenmenge für die Gesamtheit der gewählten Algorithmen tendenziell höher. Werden diese jedoch separat voneinander betrachtet, so korreliert das Ergebnis nicht proportional mit der Trainingsdatenmenge und hängt zufällig von den spezifisch ausgewählten Testdaten ab. Weiterhin ist eine eindeutige Differenzierung der Güte der Algorithmen auf Basis der vorliegenden Daten nicht möglich, da mit allen scheinbar eine ähnliche Genauigkeit erreicht werden kann.

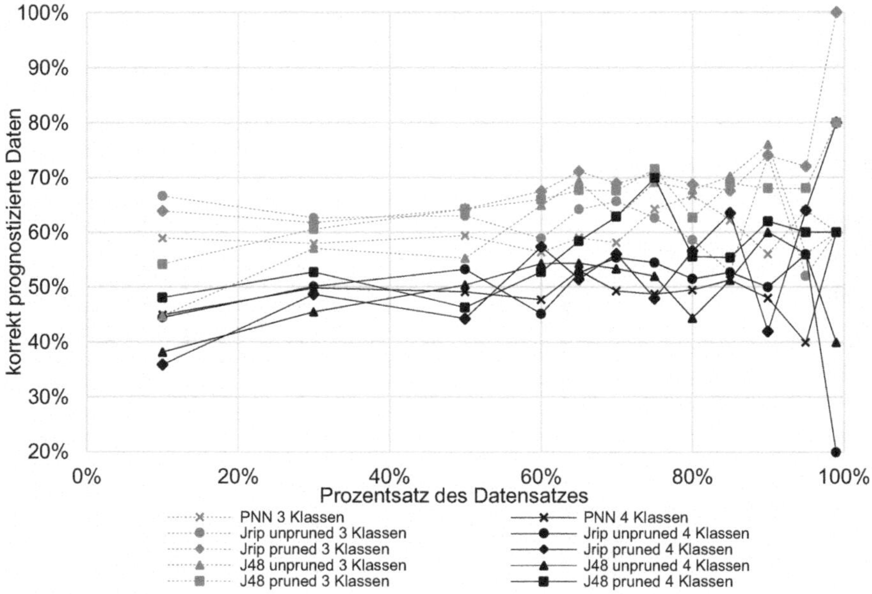

Abb. 11. Korrekt prognostizierte Daten in Abhängigkeit der Anzahl der Trainingsdaten, des verwendeten Algorithmus, Klassenanzahl an Zielvariablen, bei Verwendung der aus dem Helligkeitsverlauf errechneten Rauheitskennwerte, aller vorhandenen Rilleninformationen und Prozessparameter als Eingangsvariablen

5 Auswertung der Ergebnisse

Im Folgenden werden die angewandten Methoden am Beispiel von drei Klassen miteinander verglichen. Zur Veranschaulichung werden die Ergebnisse in Abb. 12 gegenübergestellt.

Werden Rauheitskennwerte aus dem Helligkeitsverlauf der Bilder berechnet und zusammen mit den Prozessparametern als Eingabevariablen für die Analyse verwendet, so lässt sich die bisher höchstmögliche Prognosegenauigkeit erreichen, die bei ca. 80 % liegt. Allein über die Rilleninformationen wird hingegen nur eine deutlich geringere Genauigkeit von knapp 65 % unter Einbezug aller gewählten Vorverarbeitungsmethoden erreicht. Die Kombination der Eingabewerte führt nicht zu einer Steigerung der Qualität der Ergebnisse. Bei keiner der Analysemethoden lässt sich eine eindeutig höhere Genauigkeit durch einen spezifischen der verwendeten Algorithmen erreichen. An den erzielten Ergebnissen wird deutlich, dass ein Training der Algorithmen auf Basis der Eingangsparameter stattfindet und dass die Werte der Prognosegenauigkeit mit der Zunahme der Anzahl an Trainingsdaten gegen keinen größtmöglichen Wert konvergieren. Es wird ersichtlich, dass alle Algorithmen für die Analyse geeignet sind, jedoch die Datenlage nicht ausreichend und zu ungenau ist.

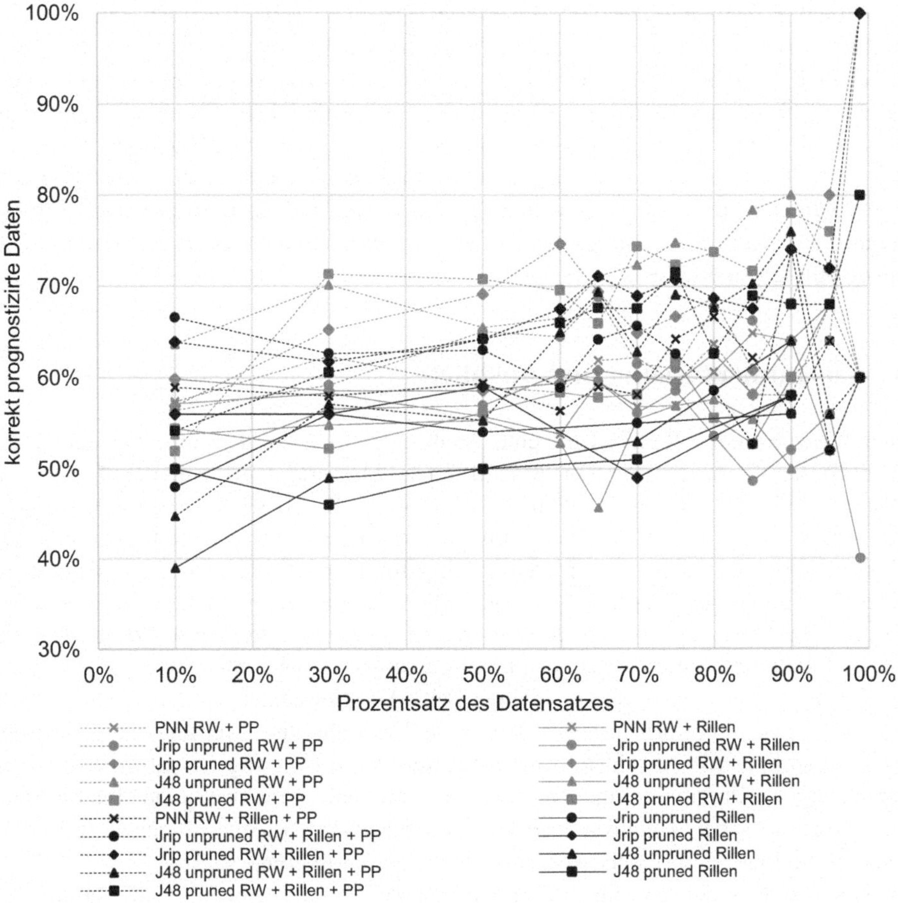

Abb. 12. Korrekt prognostizierte Daten in Abhängigkeit der Anzahl der Trainingsdaten, des verwendeten Algorithmus, Wahl der Eingangsvariablen, bei der Prognose auf drei Zielwertklassen; RW = berechnete Rauheitskennwerte; PP = Prozessparameter; Rillen = Rilleninformationen

Bereits die Ergebnisse aus der Analyse der Rilleninformation, obwohl mit diesen die geringste erreichte Genauigkeit erzielt wurde, lassen auf eine Tendenz zur richtigen Klassifizierung bei der Verwendung dieser Methode schließen. An dieser Stelle werden besonders viele Eingangsvariablen definiert, da pro Bild die Informationen über zehn Linien und deren Mittelwerte aus fünf verschiedenen Filterkombinationen verwendet werden. Das sind über 300 Einzelwerte pro Messer, die von dem Algorithmus zu analysieren sind. Hingegen werden die Helligkeitswerte in nur vier Variablen pro Linie zusammengefasst und für die Analyse werden ausschließlich ein bis drei Linien berücksichtigt, sodass maximal zwölf Variablen pro Messer in den Algorithmus implementiert werden. Da beide Methoden bereits Ergebnisse erzielen, die höher als eine rein zufällige Zuordnung sind, ist zu erwarten, dass durch eine

Kombination der Parameter ein verbessertes Ergebnis erreicht werden kann. Jedoch ist das Verhältnis zwischen der Anzahl verschiedener Eingabeparameter und Testdaten bei einer Kombination aller mit CV ermittelten Merkmale ungefähr 2:3. Dieses Verhältnis erschwert es eindeutige Klassifikationen zu erreichen. Damit wird deutlich, dass die Trainingsmenge für die Algorithmen bei der gewählten Methode gering ist und vergrößert werden sollte, um genauere Ergebnisse zu erzielen. Darüber hinaus sind zwar viele Informationen vorhanden, diese sind jedoch teilweise nicht präzise genug, da es durch die Auflösung der Kameralinse nicht möglich ist, detailliertere Informationen zu erfassen.

6 Zusammenfassung und Ausblick

In der vorliegenden Studie wird eine Analysemethode zur Bestimmung der Oberflächenbeschaffenheit von fein geschliffenen Messerklingen auf der Basis von Computer Vision und maschinellem Lernen vorgestellt. Dabei werden Referenzdaten aus realen Prozessdaten des Messerklingenfertigungsprozesses mit herkömmlichen Messmethoden ermittelt. Zudem werden die Klingenoberflächen in einem Testaufbau unter standardisierten Bedingungen fotografiert. Die aufgenommenen Bilder werden mit CV bearbeitet und anschließend Merkmale extrahiert. Auf diese Weise wird ein Trainingsdatensatz für die Analyse mit maschinellem Lernen entwickelt.

Die Ergebnisse der Analyse mit den ML Algorithmen hängen maßgeblich von der Wahl der Vorverarbeitungsmethoden und extrahierten Merkmale ab. Obwohl die hier vorliegende Anzahl an Trainingsdaten mit 492 gering ist, ist eine Tendenz der richtigen Klassifizierung der Daten zu erkennen. Eine weitgehend fehlerfreie Prognosegenauigkeit konnte jedoch nicht erreicht werden. Aus diesem Grund ist es sinnvoll das hier beschriebene Vorgehen weiter zu optimieren.

Um die Prognosegenauigkeit zu verbessern, ist die erneute Generierung der Trainingsdaten mit höherer Auflösung und somit detaillierteren Informationen geplant. Des Weiteren wird die Verwendbarkeit von anderen Bildausschnitten zur Erweiterung des Trainingsdatensatzes untersucht und ergänzende Vorverarbeitungsmethoden angewandt. Zusätzlich werden die Daten mit weiteren ML Algorithmen wie zum Beispiel einem Convolutional Neural Network (CNN) ausgewertet. Außerdem wird das Vorgehen auf zwei weitere Messertypen angewandt.

Literatur

1. Hinz, M., Radetzky, M., Guenther, L., Fiur, P., Bracke, S.: Machine learning driven image analysis of fine grinded knife blade surface topographies. In: 25th International Conference on Production Research Manufacturing Innovation: Cyber Physical Manufacturing, Elsevier (2019).
2. DIN EN ISO 4287:2010–06: Geometrische Produktspezifikation (GPS) – Oberflächenbeschaffenheit: Tastschnittverfahren – Benennungen, Definitionen und Kenngrößen der Oberflächenbeschaffenheit (ISO 4287:1997 + Cor 1:1998 + Cor 2:2005 + Amd 1:2009); Deutsche Fassung EN ISO 4287:1998 + AC:2008 + A1:2009

3. Bracke, S., Radetzky, M., Born, P.: Multivariate analyses of aperiodic surface topologies within high precision grinding processes. In: CIRP Conference on Intelligent Computation in Manufacturing Engineering (ICME), 18–20 July 2018, Gulf of Naples, Italy (2018)
4. Sun, W., Yao, B., Chen, B., He, Y., Cao, X., Zhou, T., Liu, H.: Noncontact surface roughness estimation using 2D complex wavelet enhanced ResNet for intelligent evaluation of milled metal surface quality. App. Sci. **8**(3), 381 (2018)
5. Koblar, V., Pečar, M., Gantar, K., Tušar, T., Filipič, B.: Determining surface roughness of semifinished products using computer vision and machine learning. Proceedings of the 18th International Multiconference Information Society, IS 2015,Volume A, 51–54 (2015)
6. Szeliski R.: Computer Vision: Algorithms and Applications. Springer, London (2011)
7. Solem J.: Programming Computer Vision with Python: [Tools and Algorithms for Analyzing Images], 1. Aufl. O'Reilly, Beijing (2012)
8. Kekre, H., Gharge, S.: Image segmentation using extended edge operator for mammographic images. Int. J. Comput. Sci. Eng. **2**(4), 1086–1091 (2010)
9. Specht, D.: Probabilistic neural networks. Neural Netw. **3**, 109–118 (1990)
10. Rajput, A., Aharwal, R., Dubey, M., Saxena, S., Raghuvanshi, M.: J48 and JRIP rules for e-governance data. Int. J. Comput. Sci. Secur. (IJCSS), **5**(2), 201–207 (2011)

QVIREA Eine Qualifizierungsinitiative im datengestützten, überbetrieblichen Qualitätsmanagement in Lebensmittelketten

Christian Kenntner[1(✉)], Simone Schmid[1], Mareike Hambitzer[1], Juliane O'Hagan[2], und Brigitte Petersen[1,2]

[1] International FoodNetCenter der Universität Bonn, Bonn, Deutschland
[2] ChainPoint GmbH, Bonn, Deutschland

Zusammenfassung. Trotz der heterogenen Wahrnehmung und Evaluierung des aktuellen Digitalisierungstrends in der Landwirtschaft gewinnen digitale Lösungen aufgrund ihrer Möglichkeiten auch im Qualifizierungsbereich der Branche an Bedeutung. Die gestiegene Akzeptanz führt dazu, dass Entwicklerteams neue Produkte konzipieren, erproben und in der Praxis etablieren. Das International FoodNetCenter der Universität Bonn koordiniert ein genossenschaftlich geprägtes Konsortium, das sich zu der Initiative QVIREA zusammengeschlossen hat. Ziel ist es, ein international harmonisiertes Qualifizierungsangebot für Beteiligte in Produktionsketten von Lebensmitteln tierischen Ursprungs durch neue Virtual- und Mixed-Reality-Tools zu erweitern – vor allem aber den Erwerb von Kompetenzen beim fachgerechten Umgang mit Tieren einfach, sicher und schnell überprüfbar zu machen. Vor diesem Hintergrund werden in einem transdisziplinären Entwicklungsprozess die Smart Products „Digital Academic Career Card" und „Digital Qualification Card" konzipiert und erprobt, um in einem Zeitraum von knapp eineinhalb Jahren Marktreife zu erlangen. Zur Planung und Sicherung der Entwicklungsstufen „Konzeption", „pilotmäßige Erprobung" und „Bewertung aus Kundensicht" kommt die FMEA als präventive Qualitätsmanagementmethode zur Anwendung. Über Quality-gates sollen Entscheidungssituationen herbeigeführt werden, um mögliche Finanzierungsalternativen des Gesamtsystems finden zu können.

Schlüsselwörter: Digitalisierung · Landwirtschaft · Qualifizierung · Internationalisierung · Überprüfbarkeit · Qualitätssicherung

1 Einleitung

Der Sachkundenachweis als eine Form der Personenzertifizierung gewinnt derzeit in der Agrar- und Ernährungswirtschaft eine zunehmende Bedeutung, da sie sowohl gesetzlich als auch von Branchenstandards gefordert sind und im Rahmen eines Lebenslanges-Lernen-Konzeptes immer wieder aufgefrischt werden müssen.

R. H. Schmitt (Hrsg.): *Datengetriebenes Qualitätsmanagement,* S. 114–124, 2021.
https://doi.org/10.1007/978-3-662-62442-5_7

Neben dem Gesetzgeber stellen Marktpartner, wie zum Beispiel der Lebensmitteleinzelhandel mit Branchenstandards zum Nachweis von Sicherheit und Qualität von Lebensmitteln, eine Vielzahl von Anforderungen an die Unternehmen der Zulieferketten. Meist sind sie gleichzeitig produkt-, prozess- und personenbezogen. Letztere gewinnen zunehmend an Bedeutung und werden immer häufiger in die entsprechenden Anforderungskataloge aufgenommen. Dabei handelt es sich in der Regel um gültige Nachweise der Sachkunde oder der Fachkompetenz von Personen mit besonderen Verantwortlichkeiten beim Einsatz und Verkauf von Pflanzenschutzmitteln oder Tierarzneimitteln. Sachkunde- und Qualifikationsnachweise werden von behördlich anerkannten Stellen als Personenzertifikate mit einer zeitlichen Befristung vergeben, sofern davor entsprechende Schulungen und Trainings bei dafür akkreditierten Bildungsanbietern absolviert worden sind. Details zu Abläufen und Anforderungen an Zertifizierung, Rezertifizierung und Akkreditierung sind in unterschiedlichen Verordnungen festgelegt und basieren auf dem EU Lebensmittel-, Umwelt- und Tierschutzrecht.

Für den Bereich „Sachkundenachweis Pflanzenschutzmittel“ sind die geforderten Prozesse bis zum Inkrafttreten der entsprechenden Verordnung 2014 bundesweit einheitlich inhaltlich, technisch und organisatorisch festgelegt und umgesetzt worden. Ein entsprechendes Vorgehen, das datenbasierte Lösungen beinhaltet, fehlt allerdings bis jetzt für den Einsatz von Betäubungsmitteln bei Eingriffen am Tier. Seit der Deutsche Bundesrat Ende September 2019 eine Änderung der Zuständigkeiten und Anforderungen im Bereich der Betäubung von Tieren beschlossen hat, will die Initiative die dadurch verschärfte Nachweislücke bis zum Ende des Jahres 2020 schließen.

Die Initiative QVIREA hat sich daher zum Ziel gesetzt, für diesen Anwendungsbereich technisch-organisatorische Strukturen zu schaffen. Sie will in einem Public–Private-Partnership-Verbund eine digitale Lösung konzipieren, entwickeln und pilotmäßig in einer Produktionskette für Qualitätsfleisch der Premiumstufe testen. Vier Teilziele sollen dabei erfüllt werden:

1. Einrichten eines automatisierten Prozesses der Personenzertifizierung und Beantragung einer „Digital Card“ am konkreten Beispiel „Umsetzung der Ferkelbetäubungssachkundeverordnung“
2. Niedrighalten der Kosten für die zu erstellende Infrastruktur und die Nutzergruppen des Systems
3. Sicherstellen der Qualität aller Qualifizierungsabläufe, Akkreditierungs- und Zertifizierungsprozesse
4. Erzeugen einer hohen Transparenz für die Beteiligten auf Verwaltungsebene und in der Wertschöpfungskette „Fleisch“

2 Kundenanforderungen in Zulieferketten zum Lebensmitteleinzelhandel

Das Qualitätsmerkmal „Tierwohl“ wird heute als Leistung aller an der Wertschöpfungskette Fleisch beteiligten Unternehmen betrachtet [1, 2]. Treten auf einer der Stufen der Kette Verstöße gegen den Tierschutz auf, werden meist auch alle anderen Stufen innerhalb der sehr komplexen Kunden-Lieferanten-Beziehungen davon in Mitleidenschaft gezogen. Gemeinsam sind sie der öffentlichen Kritik ausgesetzt. Es sind inzwischen dringende Handlungsfelder zur Verbesserung des Tierwohls beschrieben und Forschungsinitiativen begonnen worden, um Transformationsprozesse zur Gesunderhaltung und Unversehrtheit von lebensmittelliefernden Tieren sicherzustellen [2]. Tiergesundheit und das Wohlbefinden der Tiere beeinflussen maßgeblich die Qualität des Endprodukts. Nur wenn alle Glieder der Wertschöpfungskette sich hierfür verantwortlich fühlen, gelingt es, ein gerechtes Bezahlungssystem für ein sicheres Lebensmittel von Tieren aus artgerechter Haltung zu entwickeln [3–7].

Für Gesundheit, Wohlbefinden und artgerechtes Verhalten von landwirtschaftlichen Nutztieren reicht es dabei nicht aus, nur den Zeitabschnitt zu betrachten, in dem die Tiere aufgezogen und gemästet wurden. Ihr Transport zwischen den landwirtschaftlichen Betrieben und zum Schlachthof, die Vorbereitung auf die Schlachtung und die Prozesse „Betäuben“ und „Schlachten“ gehören ebenso dazu. Die Wertschätzung all jener, die dafür sorgen, dass Tiere gehalten und Lebensmittel sowie Nebenprodukte in großer Vielfalt angeboten werden, ist zunehmend davon abhängig geworden, wie deutlich der Verbraucher die Verantwortung des Einzelnen dem Tier gegenüber wahrnimmt. In der Öffentlichkeit wird oft nicht klar, dass diese geteilte Verantwortlichkeit nicht nur die Wirtschaftsunternehmen vom tierhaltenden Betrieb bis zum Lebensmitteleinzelhandel einbezieht, sondern auch öffentliche Einrichtungen auf Kreis-, Landes- und Bundesebene wie beispielsweise Veterinärbehörden, oder die Lebensmittelüberwachung. Somit bleibt Tierwohl eine gesamtgesellschaftliche Aufgabe, vom Produzenten bis zum Verbraucher [8] (Abb. 1).

Abb. 1. Anforderungen an Zulieferketten zum Lebensmitteleinzelhandel. Produktanforderungen werden durch Laboranalysen überprüft, prozessbezogene Anforderungen werden in Audits geprüft, personenbezogene Anforderungen sollen über die Digital Qualification Card verifiziert werden

Eine Reihe von Autoren haben in der Vergangenheit darauf hingewiesen, dass eine besondere Herausforderung darin besteht, Tierwohl, Tiergesundheit und Lebensmittelsicherheit im Rahmen überbetrieblicher Qualitätsmanagementaufgaben stärker zu verknüpfen [5, 9–12] [1]. Das Motto: „Gesunde Tiere, gesunde Lebensmittel" nehmen seit einiger Zeit unterschiedliche Dienstleister für die fleischerzeugende Kette auf und entwickeln europaweit entsprechende überbetriebliche Gesundheitsmanagementsysteme weiter [6].

Tierwohl braucht dabei Koordination von überbetrieblichen Prüf- und Qualifizierungs-Maßnahmen. Schütz fasst dabei fünf sektorspezifische Koordinationsaufgaben für Netzwerkkoordinatoren zusammen, die ein effektives überbetriebliches Tierwohlmanagement gewährleisten [13]:

- Koordination des überbetrieblichen Handels mit Nutz- und Schlachttieren.
- Koordination der Disposition und des Transports von Nutz- und Schlachttieren.

- EDV-technische Unterstützung von Bestandsbetreuung und produktionstechnischer Beratung der tierhaltenden Betriebe und Qualifikation von in den Betrieben tätigen Personen.
- Kommunikationsunterstützung und Datenmanagement für die gesamte Wertschöpfungskette und spezielle Qualitätsfleisch-Programme.
- Koordination von Auditierung und Zertifizierung nach Maßgabe von internationalen Branchenstandards.

Die Kompetenz von Managern im überbetrieblichen Qualitätsmanagement spielt in genossenschaftlich geprägten Unternehmen eine besondere Rolle. Oft sind es genossenschaftlich organisierte Ketten, die bereits eine entsprechende Infrastruktur für Serviceleistungen aufgebaut haben, zu denen auch die Qualifikation von Personen gehört, die Anforderungen von Branchenstandards in der Erzeugerstufe umzusetzen haben. Sie sind es auch, die seit 2015 in die „Initiative Tierwohl" als Bündler zur Koordination systematischer Audit- und Monitoringaktivitäten eingebunden sind [1, 14]. Die intrinsische Motivation zur Kooperation versetzt genossenschaftlich organisierte Unternehmen häufig schneller in die Lage gemeinsam Problemlösungen zu finden, wo Staat, Markt und Einzelunternehmen nicht so rasch weiterkommen, da ihnen der Teilhabegedanke der Genossenschaften fehlt. Das nachfolgende Beispiel der gemeinsamen parallelen Konzeption, Entwicklung und Erprobung einer „Digital Qualification Card" und einer „Digital Academic Career Card" setzt deshalb gerade auf diese genossenschaftliche Kompetenz und Wertevorstellung zur Unterstützung einer digitalen Bildungsoffensive für die in der Agrar- und Ernährungswirtschaft Tätigen [2].

3 Forschungs- und Entwicklungsansatz zur Realisierung von Qualification Cards als Smart Products

Im August 2019 hat sich ein interdisziplinäres und genossenschaftlich geprägtes Konsortium zu der Initiative QVIREA zusammengeschlossen. Jeder Partner bringt bereits Hardware-, Software- und Orgwarekomponenten in den Entwicklungsprozess mit spezifischen Teilfunktionen für Smart Products ein. Das gestartete Projekt gliedert sich, wie Abb. 2 verdeutlicht, in vier Phasen:

1. In der Konzeptionsphase wird analysiert und bewertet, welche technischen und organisatorischen Anforderungen von unterschiedlichen Kundengruppen an die beiden Kartentypen gestellt werden. Darüber hinaus wird festgelegt, welche Kompetenzvermittlung und welche Kompetenzüberprüfung mit Unterstützung von Virtual Reality Tools erreicht werden sollen. Zur Konzeptionsphase gehört auch, die Quality Gates festzulegen. Am ersten Quality Gate sollen die Funktionalität und Sicherheit des für jede Karte entwickelten Prototyp geprüft werden. Am zweiten Quality Gate geht es darum zu prüfen, wie effektiv, benutzerfreundlich und fehlerfrei die jeweiligen Karten in ihren Einsatzgebieten im Pilottest abschneiden. Im Fall einer positiven Entscheidung im Validierungsprozess bekommt das Produkt den Status „Freigabe". Eine negative Entscheidung führt zu

einer Überarbeitung, gefolgt von einer neuen Entwicklungsphase (Iteration). Die Validierung findet stets mit Testnutzern in einer realen Anwendungsumgebung statt. Auf diese Wiese lassen sich zuverlässige Informationen über die Nutzer ableiten.

2. In der Entwicklungsphase werden die Teilbausteine „Virtual Reality Trainings- und Prüfungstool", „Learning Management System", „Block Chain" und „Datenbank Plattform zur Zertifikatsverwaltung", sowie „Zentralstelle zur webbasierten Beantragung einer Digital Card" kombiniert.
3. In der Testphase sollen die Zertifikatserstellung und die produktionsbegleitende Überprüfung von Gültigkeiten der Qualifizierungsnachweise bei verantwortlichen Personen unter Praxisbedingungen in drei Bundesländern (Nordrhein-Westfalen, Niedersachsen, Bayern) und in einer Wertschöpfungskette für Schweinefleisch erprobt werden.
4. In der Validierungsphase sollen mithilfe einer Prozess-FMEA mögliche Fehler im technisch-organisatorischen Ablauf frühzeitig erkannt und entsprechend behoben werden, bevor das System dann in der Breite eingeführt wird.

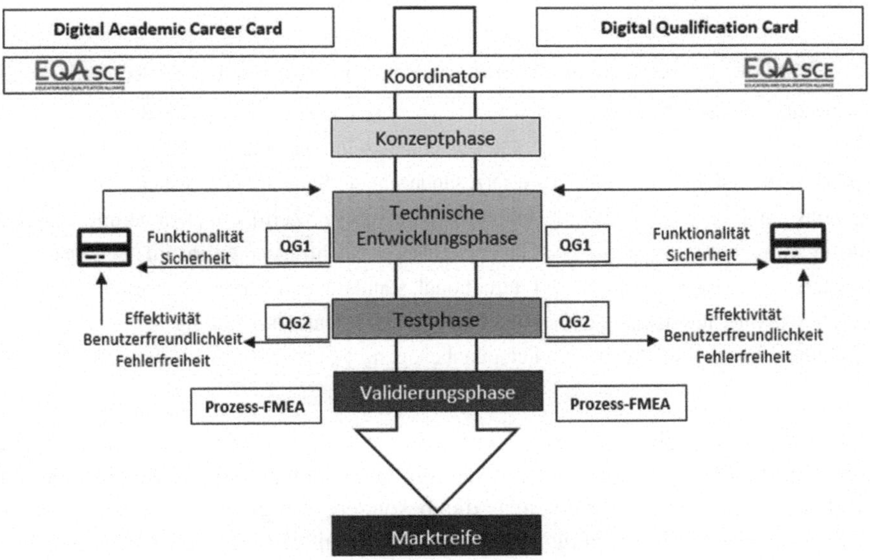

Abb. 2. Entwicklungsprozess der unterschiedlichen Smart Products (QG = Quality Gate)

Das Projektkonsortium besteht aus Forschungseinrichtungen wie dem International FoodNetCenter der Universität Bonn (FNC), dem Fraunhofer Institut für Informationstechnologie (FIT), den Akkreditierungsorganisationen ASIIN GmbH und EQAsce, sowie Wirtschaftspartnern aus dem genossenschaftlichen Bereich wie die GENOAkademie, Genossenschaftsbank, TIGA e.G., EDEKA und REWE, sowie Systementwicklern wie ChainPoint und EITCO.

In der Konzeptionsphase haben die Beteiligten Initiatoren ihre jeweiligen Bausteine vorgestellt und kombiniert. Das Ziel ist die Ausgabe zweier Karten, die sich an unterschiedliche Zielgruppen richten: Zum einen soll die „Digital Qualification Card“ von Landwirten und jenen beantragt werden können, die an den unterschiedlichen Stellen der Lebensmittelproduktionskette spezielle Aufgaben übernehmen und entsprechende Nachweise vorzulegen haben. Die „Digital Academic Career Card“ ist für all jene gedacht, die eine akademische Berufskarriere starten und als Lehrende, Ausbildende an Einrichtungen, Beratende oder als Auditorinnen und Auditoren tätig sind. Durch das Nutzen derselben Technologie für beide Karten wird ein effizientes und kostengünstiges System installiert.

Die beiden digitalen Karten können auch als Smart Products nach der Definition von Schmitt et. al. 2017 bezeichnet werden [16]. Die Eigenschaften von Smart Products werden wie folgt definiert: Es handelt sich um Autonomie, Anpassungsfähigkeit, Reaktionsfähigkeit, Multifunktionalität, Kooperationsfähigkeit, menschliche Interaktionsfähigkeit und das Ausbilden einer Persönlichkeit [17]. Bei den Digital Qualification und Academic Career Cards wird aufgrund des hohen Ausprägungsgrades aller sieben Eigenschaften von zukünftigen Produkten mit einer hohen „Smartness“ ausgegangen (Tab. 1).

Table 1. Die Attribute für Smart Products und die Ausprägung der Merkmale

Attribute für Smart Products	Ausprägung der Merkmale
Autonomie	Viele Bausteine – eine selbst organisierende Einheit
Anpassungsfähigkeit	Gesetzesänderungen, Standards, Vorgaben
Reaktionsfähigkeit	Aktualität gespeicherter Zertifikate, Erinnerungsfunktion
Multifunktionalität	Für Vorweisende, Nachfragende, Einkauf, Bewerbung
Kooperationsfähigkeit	International, standardisiert, jederzeit abrufbar
Menschliche Interaktionsfähigkeit	Hohe Transparenz, Qualitätssicherung
Ausbilden einer Persönlichkeit	Personenbezogen

Die unterschiedlichen Gruppen von künftigen Karteninhabern als Kunden rücken bei der Entwicklung in das Zentrum der digitalen Unterstützung. Bezogen auf die Qualification Card sind es Personen, die besondere Tätigkeiten und Managementaufgaben in den Wertschöpfungsketten für Lebensmittel tierischen Ursprungs übernehmen. Da die Wertschöpfungsketten grenzübergreifend und international sind, muss die Mehrsprachigkeit gewährleistet sein. Dies gilt auch für die andere Gruppe von Karteninhabern: Dies sind Personen mit einem akademischen Hintergrund, die Funktionen als Dozenten und Trainer, Auditoren und Berater für landwirtschaftliche Betriebe wahrnehmen. Für diesen Personenkreis muss die Möglichkeit geschaffen werden, bereits während der akademischen Ausbildung und in der beruflichen Aus- und Weiterbildung Qualifikationsleistungen über die Karte angebunden an eine entsprechende vernetzte, physische Plattform sicher im Sinne eines Lebenslanges-Lernen-Konzeptes verwalten zu lassen.

4 Integration von Komponenten in erste Prototypen

Die Partner der QVIREA Initiative entschlossen sich bei der Entscheidung, welcher Prototyp zuerst entwickelt werden soll, dies nach der Dringlichkeit im Anwendungsbereich zu entscheiden. Fälschungssichere Ausbildungsnachweise derer, die an den entsprechenden Stellen in der Lebensmittelkette Verantwortung übernehmen, werden von Branchenstandards zunehmend gefordert. Der Ablauf vom anerkannten Ausbildungsinhalt über den Qualifizierungsnachweis – vom ersten Test bis zum Auffrischen und Nachweisen – soll digitalisiert werden. Die Herausforderung dabei ist, in einer sehr kurzen Zeit einzelne technisch-organisatorische Lösungsansätze in diesem Bereich zu einem Gesamtkonzept und einem ersten Prototyp bis Ende 2019 zusammenzufügen. Exemplarisch soll der Prototyp zunächst die Umsetzung der Verordnung FerkBetSachkV (Drucksache 335/19, Bundesrat) [15] vom 20.09.2019 erleichtern.

Moderne Technologien, wie Virtual Reality, Mixed Reality oder Augmented Reality sollen im Projekt das Lernen nicht nur dezentral – zum Beispiel zu Hause oder auf dem Hof – ermöglichen, sondern auch die Qualität der Vermittlung und Ausbildung verbessern. Dafür sind auch Produktionsfirmen Teil der Initiative, die in Zusammenarbeit mit den Bildungspartnern der Gruppe die entsprechend benötigten Inhalte digital aufbereiten und modernsten Anforderungen genügend programmieren werden.

Als weiteren technologischen Beitrag sollen die zentrale webbasierte Anmeldestelle eingerichtet und eine Blockchain-Lösung für das Speichern der erworbenen Zertifikate entwickelt werden. Die Blockchain-Technologie ermöglicht ein sicheres, verifizierbares und fälschungssicheres Speichern von Kursen, Trainings, Abschlüssen und Sachkundenachweisen. Die personalisierten Cards als Smart Products sind für alle Beteiligten (Nachfragende, Nachweisende, Bewerbende, etc.) der Schlüssel zu den erforderlichen Daten und hinterlegten Zertifikaten. Eine derartige Technologie bietet auch die Möglichkeit, die gespeicherten Dokumente nach inhaltlichen Anforderungen zu standardisieren und international vergleichbar zu machen. Damit sind besonders im landwirtschaftlichen Bereich, in dem viele Kräfte entlang der gesamten Lebensmittelproduktionskette aus fremden Ländern eingesetzt werden, Überprüfungen von Anforderungen an die jeweiligen Arbeitskräfte schnell und sicher möglich. Automatische Erinnerungen bei auslaufenden Gültigkeiten von Sachkundenachweisen und anderen Qualifizierungen sind einfach programmierbar (Abb. 3).

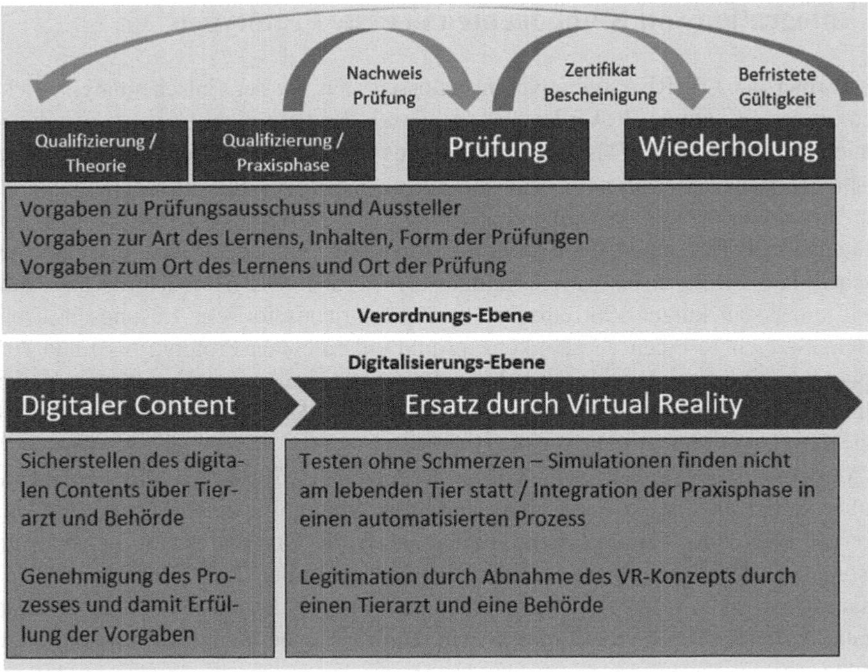

Abb. 3. Transformation geordneter Trainings-, Prüf- und Zertifizierungsvoraussetzungen auf Verordnungsebene in Hardware-, Software- und Orgwarevoraussetzungen auf der Digitalisierungsebene

5 Ausblick

Die Initiative QVIREA und die im Verbundprojekt gewonnenen Daten werden in zweierlei Hinsicht das Qualitätsmanagement verbessern:

- In der Qualifikation von in der Agrar- und Ernährungswirtschaft Tätigen, da Kompetenzvermittlung und -prüfung nach EU-weit harmonisierten Standards akkreditiert und Personenzertifikate fälschungssicher in einer international anerkannten Block Chain Struktur hinterlegt sind.
- In der Lebensmittelkette, da im Rahmen von Audits zur Konformitätsprüfung mit den Branchenstandards QS, IFS, GlobalG.A.P. sowie den Labels auf verpacktem Fleisch im Lebensmitteleinzelhandel auch personenbezogene Anforderungen verlässlich prüfbar werden.

Aufgrund umfangreicher Vorarbeiten der Projektpartner ist Ende des Jahres 2019 mit einem ersten Prototyp zu rechnen, mit dem im Frühjahr 2020 die Testphase beginnen kann. Aufgrund der gesetzlichen Vorgaben und entsprechenden Änderungen der FerkBetSachkV ab dem 1. Januar 2021 will das Konsortium das Projekt QVIREA bis zum Ende des Jahres 2020 soweit optimiert haben, dass das Konzept in der Breite eingeführt und angewandt werden kann. An der bereits im Jahr 2017 begonnenen

Konzeptphase haben sich mehr als 40 Experten aus Wissenschaft, Wirtschaft und Verwaltung beteiligt und sich auf einen inhaltlichen Standard zur Schulung von Personengruppen geeinigt, die einen Sachkundenachweis künftig benötigen. Dabei war die einheitliche Experten-Meinung, aus Tierschutzgründen das Einüben von Eingriffen am lebenden Tier auf ein Minimum zu reduzieren und durch die Entwicklung geeigneter Virtual Reality-Tools die Vermittlung und die Überprüfung von Kompetenzen bei der Anwendung von Betäubungsmitteln zu erreichen.

Danksagung. Wir danken der Landwirtschaftlichen Rentenbank für die Unterstützung der Konzeptphase des Projektes.

Literatur

1. Petersen, B.; Lehnert, S.: Qualitätsmanagement maßgeschneidert für die Agrar- und Ernährungswirtschaft. Hrsg.: International FoodNetCenter, Bonn. ISBN 978-3-9812345-3-4 (2017)
2. Gothe, C., Petersen, B.: Qualitätsmerkmal Tierwohl. Hrsg.: International FoodNetCenter, Bonn. ISBN 978-3-9812345-1 (2018)
3. Schulze-Althoff, G.: Stufenkonzept zum Aufbau überbetrieblicher Informationssysteme für das Qualitäts- und Gesundheitsmanagement in Wertschöpfungsketten der Fleischwirtschaft. Rheinische Friedrich-Wilhelms-Universität Bonn (Dissertation) (2006)
4. Brinkmann, D.: Erhebung über die Eignung der Video-Image-Analyse zur Beurteilung der Schlachtkörperqualität von Jungbullen und Kälbern. Rheinische Friedrich-Wilhelms-Universität Bonn (Dissertation) (2006)
5. Düsseldorf, S.: Concept of key performance indicators controlling consumer oriented quality and herd health management in a Bavarian pork chain. Rheinische Friedrich-Wilhelms-Universität Bonn (Dissertation) (2013)
6. Ellebrecht, S.: Application concept for combined preventive quality management methods in inter-enterprise health management in pork chains. Rheinische Friedrich-Wilhelms-Universität Bonn (Dissertation) (2012)
7. Blaha, T., Hoy, S., Brede, W.: Tiergesundheit Schwein. DLG-Verlags-GmbH, Frankfurt a. M. (2010)
8. Hartmann, M.: Corporate social responsibility in the food sector. Eur. Rev. Agric. Econ. **38**(3), 297–324 (2011)
9. Spiller, A., Schlecht, S., Voss, J.: Zwischen Technikbegeisterung und Widerständen der Außendienstmannschaft: Customer Relationship Management in mittelständischen Viehhandelsorganisationen. In: Petersen, B., Spiller, A., Theuvsen, L. (Hrsg.) Vom Viehvermarkter zum Dienstleistungsprofi. Medienhaus Plump, Rheinbreitbach (2010)
10. Theuvsen, L., Voss, J., Frentrup, M.: Geschäftsmodelle im Viehhandel: Eine Bestandsaufnahme. In: Petersen, B., Spiller, A., Theuvsen, L. (Hrsg.) Vom Viehvermarkter zum Dienstleistungsprofi, S. 45–55. Medienhaus Plump, Rheinbreitbach (2010)
11. Schulze-Geisthövel, S.: System innovation promoting health management in pig production chains. Rheinische Friedrich-Wilhelms-Universität Bonn (Dissertation) (2015)
12. Schmitthausen, R.: Transfer of multidrug-resistant pathogens between humans and animals. Rheinische Friedrich-Wilhelms-Universität Bonn (Dissertation) (2015)
13. Schütz, V.: Modell zur Planung von Dienstleistungen für das überbetriebliche Gesundheitsmanagement in der Fleischwirtschaft. Rheinische Friedrich-Wilhelms-Universität Bonn (Dissertation) (2009)

14. Schütz, V.: Initiative: Eine Frage der Haltung – Neue Wege für mehr Tierwohl. DRV Stellungnahme vom 06.10.2014 (2014)
15. Drucksache 335/19, Bundesrat Link: https://www.bundesrat.de/SharedDocs/drucksachen/2019/0301-0400/335-19.pdf?__blob=publicationFile&v=1. Zugegriffen: 27. Nov. 2019
16. Schmitt, R.H., Voet, H., Altenhof, M., Falk, B.: Neue Ansätze des Qualitätsmanagements in der Entwicklung von Smart Products. In: Heutige und zukünftige Herausforderungen an die Qualitätswissenschaft in Forschung und Praxis, GQW Jahrestagung 2017, Erlangen, S. 3–25 (2017)
17. Rijsdijk, S.A., Hultink, E.J.: How todays consumers perceive tomorrow's smart products. J. Prod. Innov. Manage. **26**(1), 24–42 (2009)

Algorithmus zur automatisierten Abfrage relevanter Informationen aus Kundenreklamationen

Marius Heinrichsmeyer(✉), Nadine Schlüter, und Amirbabak Ansari

Fachgebiet Produktsicherheit und Qualität, Bergische Universität Wuppertal, 42119 Wuppertal, Deutschland
{heinrichsmeyer,schlueter,aansari}@uni-wuppertal.de

Zusammenfassung. Der industrielle Wandel stellt Unternehmen zunehmend vor Herausforderungen. Vor allem das Management umfangreicher Informationen aufgrund komplexer werdender Produkt- und Produktionssysteme ist ein Problem, mit dem sich Unternehmen auseinandersetzen müssen. Dies macht sich insbesondere im Bereich des Reklamationsmanagements bemerkbar. Obwohl es sehr unterschiedliche Ansätze zum Umgang mit Reklamationen gibt, stützen sich viele von ihnen auf manuelle Eingaben und bieten kaum Schnittstellen zu Informationssystemen im Unternehmen. Aus diesem Grund hat die Forschergruppe Produktsicherheit und Qualität im Rahmen des Forschungsprojekts FusLa [Förderkennzeichen: SCHL 2225/1-1] der Deutschen Forschungsgemeinschaft (DFG) einen Algorithmus entwickelt, der eine automatisierte Sondierung relevanter Reklamationsinformationen aus einem Reklamationstext realisieren soll. Validierungen an praktischen Beispielen haben gezeigt, dass der Algorithmus ein großes Potenzial hat, das Management umfangreicher Informationen zu erleichtern. Dieser hat aber auch Schwächen, die in weiteren Forschungsprojekten beseitigt werden müssen. Dieser Artikel stellt den Algorithmus sowie die Ergebnisse der Validierung vor und gibt einen ersten Überblick darüber, wie das Reklamationsmanagement in Zukunft aussehen könnte.

Schlüsselwörter: Algorithmus · Kunde · Reklamation · Informationssondierung

1 Einleitung

1.1 Problemstellung

Deutschland verzeichnete im vergangenen Jahrzehnt, nicht zuletzt im Zusammenhang mit der Globalisierung sowie der Digitalisierung, ein erhebliches Wirtschaftswachstum [1, 2]. Dieses Wachstum hat jedoch auch Nachteile für Unternehmen, darunter unter anderem die Auseinandersetzung mit einer zunehmenden Komplexität von Produkt- aber auch Produktionssystemen, welche unter anderem durch das

R. H. Schmitt (Hrsg.), *Datengetriebenes Qualitätsmanagement,* S. 125–143, 2021.
https://doi.org/10.1007/978-3-662-62442-5_8

Angebot individuellerer Produkte, neuer Funktionen oder unterschiedlicher Designs hervorgerufen wird [3, 4]. Diese kundenspezifischen Wünsche erschweren die Aufrechterhaltung einer gleichbleibend hohen Qualität, da die Anzahl auftretender Fehler aufgrund der Komplexität zunehmen kann [4, 5]. Dies führt zu einer Erhöhung der Reklamationsquote und im schlimmsten Fall zu einem Verlust der Wettbewerbsfähigkeit [6, 7]. Um diesem Problem entgegenzuwirken, ist es wichtig, Produktfehler anhand von Reklamationen zu erkennen und zu bewerten, um so die Wahrscheinlichkeit neuer Fehler durch Anpassung oder Weiterentwicklung von Produkten zu minimieren [5]. Dies gelingt jedoch nur, wenn die relevanten Informationen aus Reklamationen geprüft und weiterverwendet werden. Die Praxis zeigt jedoch, dass Reklamationen selten als Chance genutzt werden. Vor allem die zusätzliche Belastung durch Reklamationen zwingt die Mitarbeiter häufig zu der Entscheidung, ob diese als sinnvolle oder als unnötige Arbeit angesehen werden [6]. Die daraus resultierende schlechte Reputation von Reklamationen führt dazu, dass die Mitarbeiter die Bearbeitung in der Regel als gezwungen und daher auch nur widerstrebend wahrnehmen [6]. All diese Faktoren führen dazu, dass relevante Reklamationsinformationen nicht einheitlich ermittelt und dokumentiert werden können und somit keine Verbesserung der Produkt- aber auch Produktionssysteme erzielt werden kann. Diese Vernachlässigung relevanter Reklamationsinformationen kann schlechtesten Falls das Image einer Organisation mindern und/oder die Kundenabwanderung fördern.

1.2 Lösung

Um dieses Problem zu lösen, arbeitet die Forschergruppe Produktsicherheit und Qualität derzeit im Rahmen des DFG-Forschungsprojekts FusLa [FKZ: FKZ: SCHL 2225/1-1] an einem automatisierten Fehlerursachensuch- und Lösungsalgorithmus. Der Algorithmus soll in der Lage sein, einen Reklamationstext auszulesen, relevante Reklamationsinformationen zu identifizieren und für die Reklamationsbearbeitung nutzbar zu machen. Um solch ein Vorgehen realisieren zu können, wurde für den Algorithmus zunächst ein Filter entwickelt, welcher ihm vorschreibt, welche Informationen aus dem Reklamationstext als relevant klassifiziert werden können. Aufbauend auf diesem Filter wurden dem Algorithmus unterschiedliche Regeln in Form von Vorgehensschleifen zugewiesen. Diese zeigen dem Algorithmus den Umgang mit Reklamationsinformationen auf, indem Sie die Grenzen des Vorgehens definieren. Sowohl der Filter als auch die angesprochenen Regeln wurden auf Grundlage des aktuellen Standes der Wissenschaft und Technik erarbeitet. Untersucht wurden dazu unterschiedliche Ansätze im Umgang mit Reklamationsinformationen aber auch Softwaresysteme, welche derzeitig in der Industrie Anwendung finden.

1.3 Herangehensweise

Um den aktuellen Entwicklungsfortschritt des Algorithmus darzustellen, werden in diesem Artikel zunächst die Anforderungen beschrieben, die auf der Grundlage des aktuellen Standes der Technik für die Informationssondierung definiert werden müssen (Abschn. 2). Entsprechend diesen Anforderungen wird die Herleitung eines theoretischen Konzepts für die automatisierte Informationssondierung des Algorithmus vorgestellt (Abschn. 3), an einem praktischen Beispiel im Bereich der Präzisions-Zerspanung sowie Kaltumformung getestet (Abschn. 4) und schließlich im Ergebnis kritisch hinterfragt (Abschn. 5).

2 Stand der Wissenschaft und Technik

Zur Darstellung bereits existierender Ansätze in der Wissenschaft und Industrie wurde eine umfassende Literaturrecherche und eine Bewertung aktueller Softwaresysteme bezüglich der Sondierungsmöglichkeiten von relevanten Informationen aus Reklamationen durchgeführt. Dies ist unabdingbar, um herausstellen zu können welche Potenziale und Schwachstellen aktuelle Ansätze bieten und wie diese Erkenntnisse in den Algorithmus einfließen können. Um die Ergebnisse der Analyse und Bewertung transparent zu machen, werden zunächst die Ansätze aus wissenschaftlicher und darauffolgend die aus industrieller Sicht diskutiert.

2.1 Wissenschaft

In der Wissenschaft haben sich bereits einige Ansätze mit der Sondierung relevanter Reklamationsinformationen auseinandergesetzt. Beginnend mit dem Projekt IREKS [8] wird ein Verfahren vorgestellt, das Beschwerdeinformationen in die fünf Kategorien „Ursprung“, „Beschreibung“, „Auswirkung“, „Ursachen“ und „Lösung“ unterteilt. Diese Informationen werden über den sogenannten Prozess der „Datenorganisation“ gesammelt und strukturiert. In diesem Fall werden die Reklamationsinformationen des Kunden in tabellarischer Form erfasst und ausgewertet, um ein erstes Fehlerbild zu erstellen. Dieser Vorgang erfolgt jedoch immer manuell und nicht automatisch (Anforderung A). Weiterführend ist an dieser Stelle der Ansatz von [9] aufzulisten. Diese versuchten bereits 2015 durch den Einsatz von Text-Mining Beschwerdeinformationen auszuwerten. Der Fokus dieses Ansatzes lag dabei vor allem auf der Ableitung neuer Kundenanforderungen durch das gezielte Eingruppieren erkannter Anforderungen. Dieser Ansatz zeigt durchaus, dass es möglich ist, Beschwerdeinformationen nutzenbringend zu sondieren, jedoch ist die Aussagekraft des Ansatzes sehr stark an die Anzahl der zur Verfügung stehenden Beschwerdeinformationen geknüpft. Ebenso werden die Informationen auch nicht zur nachfolgenden Abwicklung der Reklamation, sondern eher zur Schaffung neuer Produktinnovationen genutzt. Zu den bereits genannten Ansätzen, arbeiteten auch [10] mit Ansätzen des Text- und Data-Minings. Ziel war ebenfalls die Auswertung von Beschwerdeinformationen durch das vorherige Strukturieren. Im Fokus stand bei dieser Forschung jedoch die Herausstellung von Ähnlichkeiten zwischen den Beschwerdeinformationen unterschiedlicher Reklamationen. Ausgewertet wurden dazu insgesamt 841 Dokumente. Ob jedoch alle relevanten Reklamationsinformationen dafür aus dem Reklamationstext extrahiert und zum Vergleich herangezogen werden, bleibt kritisch zu hinterfragen (Anforderung B). Auch in diesem Fall bietet der Einsatz von Text- und Data-Mining dennoch große Potenziale im Hinblick auf die Vorbereitung, bspw. das Strukturieren oder Eingruppieren von Informationen. Ebenfalls zu nennen, ist das IGF-Projekt MeSys [11], welches eine automatisierte Bewertung der Qualität von Beschwerdeinformationen in 8D-Berichten vorsieht. Bei diesem Verfahren werden die Informationen mithilfe eines Text Mining-Algorithmus untersucht, um die Qualität des 8D-Berichts anhand verschiedener Parameter zu messen. Da der Schwerpunkt in erster Linie auf der Bewertung der Qualität und nicht auf der Verwendung der Informationen für die Bearbeitung der Beschwerde liegt, deckt dieser Ansatz den vorgesehenen Forschungsbereich nicht ab. Im Zusammenhang mit dem DFG-Projekt „Entwicklung eines empirisch fundierten Entwurfsmodells zur effektiven und effizienten Analyse, Bearbeitung und Nutzung von Kundenreklamationen" [Projektnummer 182065375] ist das Erfassungsmodell des Entwurfsmodells nach [12] von besonderer Bedeutung. Der Fokus liegt dabei auch auf der Ermittlung und Analyse von Reklamationsinformationen zur Verwendung in der Produktentwicklung. Schließlich gibt es noch das Projekt „LeaF" zu nennen. Dieses laufende Projekt konzentriert sich auf das Learning Failure Management, mit welchem Fehlerinformationen konsistent erfasst und strukturiert werden sollen. Da sich dieses Projekt jedoch erst in der Anfangsphase befindet, kann lediglich eine Auflistung und folglich noch keine Bewertung von diesem Projekt vorgenommen werden.

2.2 Industrie

Neben den vorgestellten Ansätzen aus der Wissenschaft haben sich auch Ansätze aus der Industrie etabliert, welche verwendet werden, um relevante Reklamationsinformationen aus Reklamationstexten herauszufiltern. Aus diesem Grund wurden insgesamt 13 verschiedene Softwaresysteme auf ihre Möglichkeit der automatisierten Informationssondierung untersucht und bewertet. Aufgrund der Rücksichtnahme der Anonymität der Softwareentwickler wurden die Namen der Softwareentwickler und der Softwaresysteme bewusst weggelassen. Trotzdem sind die Ergebnisse der Bewertung nachfolgend dargestellt. Die Untersuchung ergab, dass alle untersuchten Softwaresysteme bereits die Möglichkeit besitzen, relevante Reklamationsinformationen aus einer Reklamation transparent und strukturiert zu extrahieren (Anforderung C). Es erfolgt dabei immer eine manuelle Eingabe durch den Benutzer und keine automatische Abfrage relevanter Informationen. Diese Eingabe beginnt mit der Erfassung der sogenannten Master-Informationen, zu denen unter anderem die Kontaktinformationen wie Name und Anschrift sowie die Organisationsinformationen einschließlich der zuständigen Organisationseinheit zählen. Darüber hinaus werden Informationen zur Wiederholung der Reklamation sowie verschiedene Datumsangaben, darunter das Fälligkeitsdatum oder Eingangsdatum erfasst. Darauf folgt die Prüfung der Produkt- und Organisationsinformationen. Hierzu zählen unter anderem der Produktname, die Produktnummer oder beispielsweise die Bezeichnung. Anschließend sind die Informationen aller anfallenden Kosten sowie deren Gesamtsumme zu erfassen, bevor Informationen zum tatsächlichen Ausfall herausgefiltert werden. Die Softwaresysteme müssen daher mit sehr vielen gesammelten

Informationen umgehen und diese dokumentieren können (Anforderung D). Das zugreifen auf bereits vorliegende unternehmensspezifische Informationssysteme erfolgt hierbei jedoch nicht, sodass ein eine doppelte Pflege resultiert (Anforderung E).

2.3 Erkenntnisse aus Wissenschaft und Industrie

Wie der Stand der Technik zeigt, gibt es viele Ansätze für den Umgang mit Reklamationen, die jedoch häufig nicht in der Lage sind, den enormen Informationsfluss zu bewältigen. Der Grund dafür ist, dass diese Konzepte in der Regel auf einer manuellen Bearbeitung und einer quantitativ-subjektiven Bewertung beruhen. Dies erfordert hohe Kapazitäten und einen enormen personellen und/oder finanziellen Aufwand, der insbesondere in Zeiten des industriellen Wandels vermieden werden sollte. Dies führt dazu, dass das Potenzial von Reklamationsinformationen teilweise ungenutzt bleibt. Um dem entgegenzuwirken, sollte ein Algorithmus entwickelt werden, der die Handhabung erleichtert. Es ist jedoch notwendig, einen neuen Algorithmus zu entwickeln, der auf den bisherigen Forschungsergebnissen basiert. Dies wird erreicht, indem die Vor- und Nachteile der Ansätze des Standes der Technik ausgenutzt werden, um Anforderungen an den Algorithmus zu definieren. Nachfolgend werden Anforderungen für den Vorgang der Informationssondierung aufgelistet:

1. Die Erfassung und Strukturierung von Informationen muss automatisch und nicht manuell erfolgen.
2. Die Informationssondierung muss in der Lage sein, alle für die Bearbeitung der Reklamation relevanten Informationen aus dem Reklamationstext herauszufiltern.
3. Der Algorithmus muss komplexe und sehr umfangreiche Informationsflüsse für den Benutzer überschaubar und transparent machen.
4. Die geprüften Informationen müssen für die spätere Bearbeitung der Reklamation aufbereitet und dokumentiert sein.
5. Der Algorithmus muss auf Informationssysteme zugreifen können, um eine doppelte Pflege der Informationen zu vermeiden.

Um die Anforderung zu realisieren, wird das folgende theoretische Konzept für eine Informationssondierung eines neuen Algorithmus vorgeschlagen.

3 Informationssondierung für relevante Reklamationsinformationen

Das theoretische Konzept, welches in Abb. 1 exemplarisch veranschaulicht wird, untergliedert sich in das Einfügen des Reklamationstextes, die eigentliche Informationssondierung mittels Filter und entsprechenden Schleifen sowie der letztendlichen Aufbereitung sondierter Reklamationsinformationen.

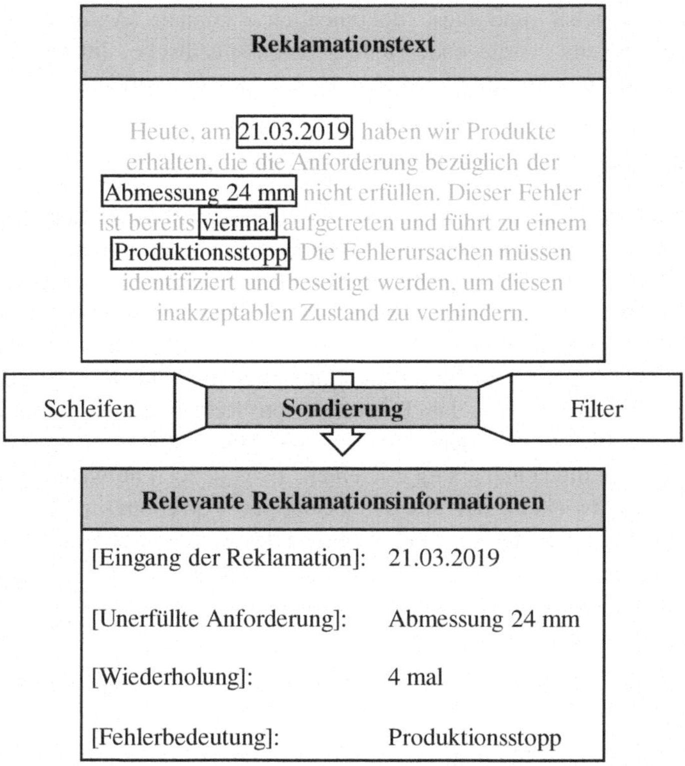

Abb. 1. Prinzipdarstellung der Informationssondierung des Algorithmus

Um festlegen zu können, wie der Algorithmus die Informationssondierung durchzuführen hat, wurden zunächst eine Filterstruktur als auch unterschiedliche Schleifen der Sondierung für den Algorithmus definiert.

3.1 Filter

Die Filterstruktur des Algorithmus bildet die Basis für die automatisierte Informationssondierung. Diese teilt dem Algorithmus mit, welche Informationen relevant sind und welche weniger relevant sind. Um eine geeignete und vor allem umfassende Filterstruktur aufbauen zu können, wurde diese auf Basis des vorgestellten Standes der Technik entwickelt. Das heißt es wurde überprüft, welche Informationen die analysierten Softwaresysteme sowie die beschriebenen Ansätze als relevant deklarieren. Darauffolgend wurden die Informationen gefiltert, welche für eine nachfolgende Priorisierung sowie Fehlerursachensuche in der Produktion und Lösungsfindung hilfreich sein könnten. Ausgearbeitet wurden dabei sechs Hauptkategorien, die unterschiedliche Informationen enthalten. Diese Kategorien und die vom Algorithmus angeforderten Informationen sind nachstehend aufgeführt (Abb. 2).

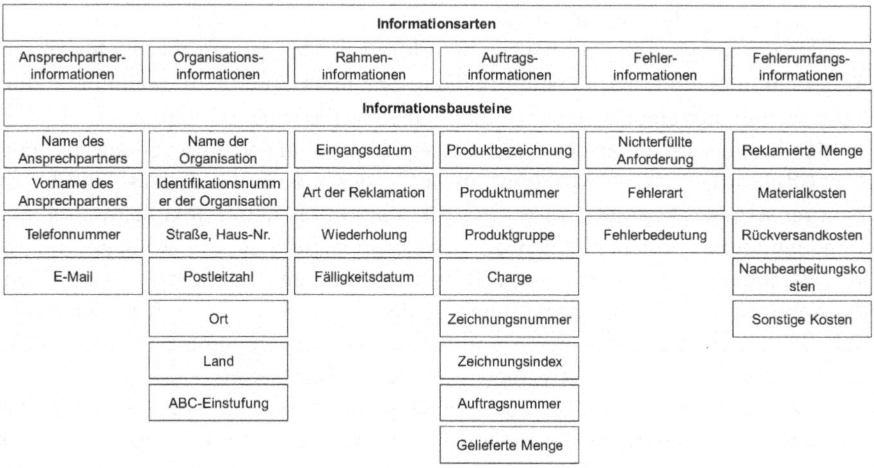

Abb. 2. Filterstruktur der Informationssondierung des Algorithmus [13]

Natürlich ist diese Filterstruktur keine Innovation, da viele Softwaresysteme bereits eine individuelle Filterstruktur bereitstellen. Diese ist jedoch wesentlich, um dem Algorithmus vorzugeben, welche Informationen er aus dem Reklamationstext lesen soll. Der innovative Teil des vorgeschlagenen Algorithmus ist das automatisierte Prüfen von Informationen. Um dies zu realisieren, wurde der Algorithmus so konzipiert, dass Teilstrings (Teilzeichenfolgen) des Reklamationstextes mit den Inhalten der Informationssysteme der Organisation abgeglichen werden. Es wurden sieben verschiedene Schleifen entwickelt, um sicherzustellen, dass die Prüfergebnisse des Algorithmus konsistent sind.

3.2 Schleifen

Die Schleifen zeigen dem Algorithmus, welchen Pfad er durchlaufen muss, um ein standardisiertes und einheitliches Ergebnis zu erzielen. Insgesamt wurden sieben Schleifen speziell für die Informationssondierung bestimmt. Da eine Auflistung des gesamten Codes an dieser Stelle nicht sinnvoll wäre, wird ausdrücklich darauf verzichtet. Die Prozedur der Informationssondierung wird jedoch nachfolgend erläutert.

1. **Identifizierung der Auftragsnummer.** Die erste Schleife hilft dabei, eine Auftragsnummer im Reklamationstext zu identifizieren. Hierzu wurde eine Schnittstelle zum Auftragssystem einer Organisation geschaffen, die es ermöglicht, auf alle Auftragsnummern zuzugreifen und diese mit dem Reklamationstext zu vergleichen. Wenn der Algorithmus eine Auftragsnummer erkennt, prüft er diese Nummer und alle zugehörigen Informationen, wie z. B. den Produktnamen oder die Bezeichnung, für die Bearbeitung der Reklamation. Aufgrund dessen, dass der Algorithmus lediglich die Auftragsnummern des Auftragssystems heranzieht, wird vermieden, dass der Algorithmus fälschlicherweise eine andere Nummer als Auftragsnummer identifiziert. Um alle relevanten Informationen über den Kunden

zu erhalten, der die Reklamation ausgelöst hat, wird auch eine Schnittstelle zum Kundensystem erstellt. Infolgedessen prüft der Algorithmus beispielsweise die Kundennummer oder den Kundennamen. Da nicht jeder Reklamationstext eine Auftragsnummer enthält, reicht es nicht aus, nur die erste Schleife zu durchlaufen. Infolgedessen wird die zweite Schleife ausgelöst, wenn die Auftragsnummer fehlt.

2. **Identifizierung der Kundennummer, des Kundennamens und der Kundenstraße.** Normalerweise enthält ein Reklamationstext entweder eine Kundennummer, einen Kundennamen oder die Adresse des Kunden, mit der alle Kundeninformationen überprüft werden können. Aus diesem Grund wird die Schnittstelle zum Kundensystem aus der ersten Schleife auch in der zweiten Schleife verwendet. Wenn der Algorithmus eine Kundennummer, einen Kundennamen oder die Adresse des Kunden in einer Teilzeichenfolge erkennt, vergleicht er diese mit den Informationen aus dem Kundensystem. Analog zur ersten Schleife werden alle zugehörigen Informationen geprüft. Um zu verhindern, dass der Algorithmus doppelte Teilzeichenfolgen mehrmals prüft, werden die Teilzeichenfolgen nicht nur mit den Informationen aus dem Kundensystem, sondern auch mit den bereits sondierten Informationen verglichen. Duplikate werden dadurch erkannt und verhindert.
3. **Identifizierung der Charge.** Nach Ablauf der zwei vorangegangenen Schleifen wird die dritte Schleife eingeleitet, welche die Charge der Lieferung abfragt. Die Charge einer Lieferung ist auch in Bezug auf die weiteren Auftragsinformationen oder die Informationen über den Kunden sehr aussagekräftig. Da die dritte Schleife den beiden zuvor erläuterten Schleifen ähnlich ist, wird auf eine detaillierte Beschreibung bewusst verzichtet.
4. **Identifizierung des Fehlers (nichterfüllte Anforderung).** Die vierte Schleife ist wahrscheinlich der relevanteste Aspekt der gesamten Informationssondierung. Diese Schleife wurde entwickelt um den tatsächlichen Grund für die Reklamation, nämlich die nichterfüllte Anforderung, aus dem Reklamationstext zu sondieren. Anforderungen werden in diesem Fall als „Erfordernis oder Erwartung, das oder die festgelegt, üblicherweise vorausgesetzt oder verpflichtend ist" [14, pp. 39] definiert/verstanden. Um die vierte Schleife umzusetzen, vergleicht der Algorithmus die Informationen aus dem Reklamationstext mit den Informationen aus den Pflichtenheften der Organisation. Da dieser Vergleich sehr umfangreich ist, verwendet der Algorithmus die zuvor untersuchten Informationen bezüglich des Produktnamens oder der Produktnummer. Da jedes Pflichtenheft produktspezifisch ist, kann sich der Algorithmus mithilfe der Produktinformationen bei der Abfrage einschränken. Dies stellt auch sicher, dass keine Anforderungen geprüft werden, die von einem anderen Produkt als dem reklamierten stammen. Da nicht jeder Reklamationstext Informationen zur nichterfüllten Anforderung enthält, bietet der Algorithmus in diesem Fall die Möglichkeit, eine Anforderung im Pflichtenheft des Produkts auszuwählen. Der Benutzer kann dann manuell die entsprechende Anforderung auswählen und mit der nächsten Schleife fortfahren.
5. **Identifikation der Fehlerart und Fehlerbedeutung.** Die fünfte Schleife wird verwendet, um eine Fehlerart und eine Fehlerbedeutung abzuleiten. Da sowohl die Fehlerart als auch die Fehlerbedeutung in direktem Zusammenhang mit der nichterfüllten Anforderung stehen, musste die Möglichkeit geschaffen werden, dass

der Algorithmus diese Referenz herstellen kann. Dies wurde erreicht, indem verschiedene Fehlerarten sowie Fehlerbedeutungen definiert und in einer Matrix den Anforderungen, wie beispielhaft in Tab. 1 aufgezeigt, zugeordnet wurden. Mit der Angabe von „0 = keine Beziehung" und „1 = Beziehung" erkennt der Algorithmus, welche Bedeutung der Fehler hat und welcher Fehlerart dieser zugeordnet werden soll. Durchaus ist es möglich eine Sentiment Analyse zur Erfassung des Meinungs- und Stimmungsbildes des Kunden durchzuführen, um daraus die Fehlerbedeutung abzuleiten. Diese vorgeschlagene Vorgehensweise ermöglicht jedoch vor allem eine einheitliche und weniger meinungs- und stimmungsabhängige Bewertung hinsichtlich der Art und Bedeutung des Fehlers.

Tab. 1. Beispielmatrix für Anforderungen und Fehlerarten

Fehlerarten	Anforderungen		
	Ø15 ±0,1 mm	Rostfrei	Blaue Container
Maß	**1**	0	0
Montage	0	0	0
Beschaffenheit	0	**1**	0
Lieferung	0	0	**1**
Beschädigung	0	0	0
Verpackung	0	0	**1**
Dokument	0	0	0

6. **Identifizierung von Fehlerkosten.** Die sechste Schleife des Algorithmus dient zur Erfassung der angefallenen Reklamationskosten. Es werden vier Arten unterschieden, darunter Materialkosten, Rückversandkosten, Nacharbeitskosten und sonstige Kosten. Um diese Kosten aus dem Reklamationstext ablesen zu können, wurde der Algorithmus so programmiert, dass Beträge in „€" erkannt werden. Auch eine Prüfung der Kosten in „$" ist möglich, wurde hier aber nicht berücksichtigt. Obwohl der Algorithmus Beträge aus dem Reklamationstext erkennt und prüfen kann, weiß er aktuell nicht, um welche spezifischen Kosten es sich handelt. Zur Vermeidung von Verwechslungen, muss der Benutzer die Art der Reklamationskosten manuell über eine Dropdown-Liste auswählen, sodass der Algorithmus bspw. die Materialkosten nicht mit den Nacharbeitskosten vertauscht.
7. **Erkennung des Fälligkeitsdatums.** Mit der siebten Schleife ermittelt der Algorithmus das Fälligkeitsdatum. Dazu prüft er zunächst ob eine vertragliche Bearbeitungsfrist mit dem Kunden vorliegt. Ist dies nicht der Fall untersucht er den Reklamationstext anhand vorgefertigter Strings hinsichtlich einer zeitlichen Vorgabe. Kann auch diese nicht sondiert werden, hat der Anwender das Fälligkeitsdatum nachzutragen.

4 Validierung des theoretischen Konzepts

Basierend auf dem vorgestellten Filter, den sieben Schleifen und dem daraus resultierenden ersten Konzept des Algorithmus wurde im nächsten Schritt eine Validierung anhand eines Praxisbeispiels durchgeführt. Hierzu wurde ein Reklamationstext eines Unternehmens im Bereich der Präzisions-Zerspanung und Kaltumformung herangezogen und in den Algorithmus eingefügt. Ziel war an dieser Stelle in erster Linie zu untersuchen, ob der Algorithmus sinnvolle Ergebnisse liefert und die angedachten Schleifen auch anwendbar sind. Dabei wurden aktuell noch bestehende Schwachstellen in der Programmierung der Informationssondierung fokussiert. Das Potential des Algorithmus im Hinblick auf Einsparungen relevanter Ressourcen (bspw. Kosten oder Zeit) wurde bis dato noch nicht betrachtet. Eine Langzeitstudie oder die Auswertung zahlreicher Reklamationen erfolgte bis zum jetzigen Zeitpunkt noch nicht. Dies soll jedoch im weiteren Verlauf des Projektes realisiert und der Mehrwert des Algorithmus quantifiziert werden. Aufgrund der Wahrung der Anonymität des Unternehmens, werden im nachfolgenden alle unternehmensspezifischen Informationen unkenntlich gemacht.

Um darüber hinaus nicht jegliche Schnittstellen zu den, im Unternehmen verfügbaren Informationssystemen, ausarbeiten zu müssen, wurde sich bewusst dafür entschieden, die Informationssysteme über Tabellen nachzubilden. Das Prinzip der Informationssondierung bleibt jedoch das Gleiche.

Das folgende Kapitel zeigt die Ergebnisse der durchgeführten Validierung.

4.1 Vorstellung des Algorithmus

Zur Validierung des Algorithmus wurde das in Kap. 3 dargestellte Konzept der Informationssondierung mithilfe von Visual Basic für Applikationen (VBA) programmiert. An dieser Stelle ist zu erwähnen, dass neben VBA auch andere Systeme zur Programmierung hätten verwendet werden können wie bspw. Python oder C++. Die Entscheidung fiel auf VBA, da hiermit die Schnittstellen zu anderen Informationssystemen in den Unternehmen stark vereinfacht werden. Der Fokus im Projekt liegt in der Entwicklung und Prüfung der Methodik und nicht in der Entwicklung eines fertigen Produktes. Daher zeigte sich die Programmierung in VBA als die praktikabelste Lösung für diesen expliziten Anwendungsfall. Insgesamt wurden vier verschiedene Benutzeroberflächen entwickelt, welche die automatisierte Sondierung relevanter Reklamationsinformationen ermöglichen sollen. Um die Sondierung überhaupt möglich machen zu können, wurde die erste Oberfläche so gestaltet, dass der Anwender des Algorithmus lediglich den Reklamationstext dort per Drag-and-Drop, wie in Abb. 3 exemplarisch dargestellt, einfügen muss.

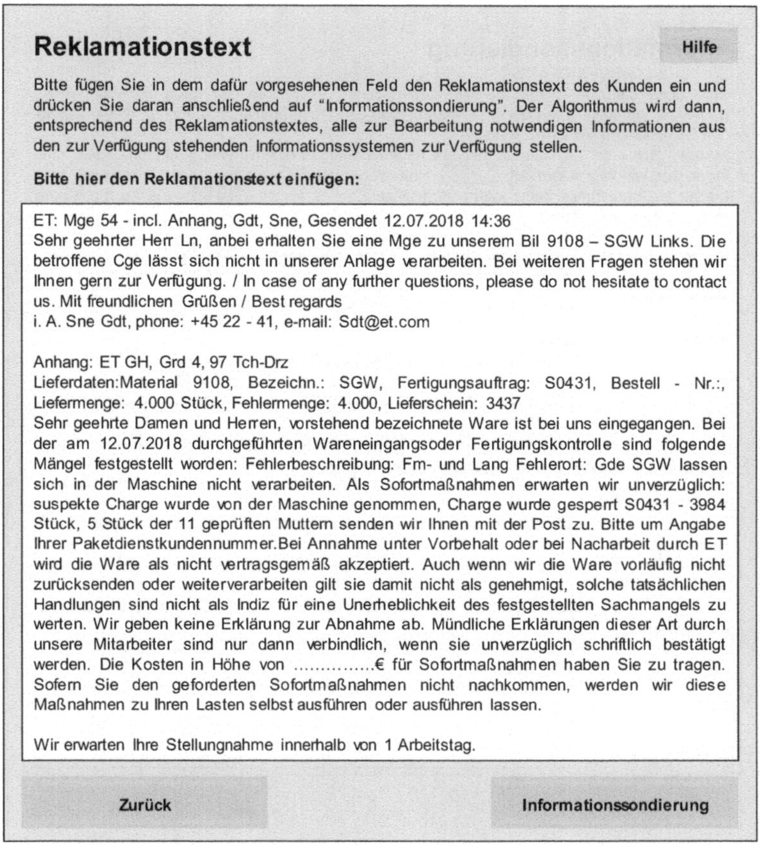

Reklamationstext

Hilfe

Bitte fügen Sie in dem dafür vorgesehenen Feld den Reklamationstext des Kunden ein und drücken Sie daran anschließend auf "Informationssondierung". Der Algorithmus wird dann, entsprechend des Reklamationstextes, alle zur Bearbeitung notwendigen Informationen aus den zur Verfügung stehenden Informationssystemen zur Verfügung stellen.

Bitte hier den Reklamationstext einfügen:

ET: Mge 54 - incl. Anhang, Gdt, Sne, Gesendet 12.07.2018 14:36
Sehr geehrter Herr Ln, anbei erhalten Sie eine Mge zu unserem Bil 9108 – SGW Links. Die betroffene Cge lässt sich nicht in unserer Anlage verarbeiten. Bei weiteren Fragen stehen wir Ihnen gern zur Verfügung. / In case of any further questions, please do not hesitate to contact us. Mit freundlichen Grüßen / Best regards
i. A. Sne Gdt, phone: +45 22 - 41, e-mail: Sdt@et.com

Anhang: ET GH, Grd 4, 97 Tch-Drz
Lieferdaten:Material 9108, Bezeichn.: SGW, Fertigungsauftrag: S0431, Bestell - Nr.:, Liefermenge: 4.000 Stück, Fehlermenge: 4.000, Lieferschein: 3437
Sehr geehrte Damen und Herren, vorstehend bezeichnete Ware ist bei uns eingegangen. Bei der am 12.07.2018 durchgeführten Wareneingangsoder Fertigungskontrolle sind folgende Mängel festgestellt worden: Fehlerbeschreibung: Fm- und Lang Fehlerort: Gde SGW lassen sich in der Maschine nicht verarbeiten. Als Sofortmaßnahmen erwarten wir unverzüglich: suspekte Charge wurde von der Maschine genommen, Charge wurde gesperrt S0431 - 3984 Stück, 5 Stück der 11 geprüften Muttern senden wir Ihnen mit der Post zu. Bitte um Angabe Ihrer Paketdienstkundennummer.Bei Annahme unter Vorbehalt oder bei Nacharbeit durch ET wird die Ware als nicht vertragsgemäß akzeptiert. Auch wenn wir die Ware vorläufig nicht zurücksenden oder weiterverarbeiten gilt sie damit nicht als genehmigt, solche tatsächlichen Handlungen sind nicht als Indiz für eine Unerheblichkeit des festgestellten Sachmangels zu werten. Wir geben keine Erklärung zur Abnahme ab. Mündliche Erklärungen dieser Art durch unsere Mitarbeiter sind nur dann verbindlich, wenn sie unverzüglich schriftlich bestätigt werden. Die Kosten in Höhe von ....€ für Sofortmaßnahmen haben Sie zu tragen. Sofern Sie den geforderten Sofortmaßnahmen nicht nachkommen, werden wir diese Maßnahmen zu Ihren Lasten selbst ausführen oder ausführen lassen.

Wir erwarten Ihre Stellungnahme innerhalb von 1 Arbeitstag.

Zurück

Informationssondierung

Abb. 3. Oberfläche Reklamationstext

In der Regel erhalten Unternehmen Reklamationen in digitaler Form. Eine Übertragung der Informationen in das Feld sollte daher kein zusätzlicher Aufwand sein. Wenn die Beschwerde jedoch in Form eines Briefes vorliegt, kann der Algorithmus derzeit beispielsweise keinen Scan des Briefes lesen. Dies sollte jedoch in weiteren Forschungsprojekten umgesetzt werden.

Im Anschluss daran initiiert er den Durchlauf des Algorithmus. Das bedeutet, dass der Algorithmus den Reklamationstext in eine Vielzahl von Teilstrings unterteilt und diese Teilstrings mit den Informationen aus den zur Verfügung stehenden Informationssystemen (in diesem Fall dem Kundensystem) abgleicht. Hat der Algorithmus eine Übereinstimmung gefunden, so sondiert dieser gemäß den Schleifen aus Abschn. 3.2 zunächst alle im Informationssystem vorhandenen Kundeninformationen. So wird bereits nach wenigen Sekunden die entsprechende reklamierende Organisation erfasst und der Reklamation ein Ansprechpartner innerhalb dieser Organisation zugewiesen.

Zur transparenten Darstellung des Ergebnisses des ersten Vorgangs, wurde dieses auf Grundlage des Reklamationstextes aus der Industrie in Abb. 4 veranschaulicht.

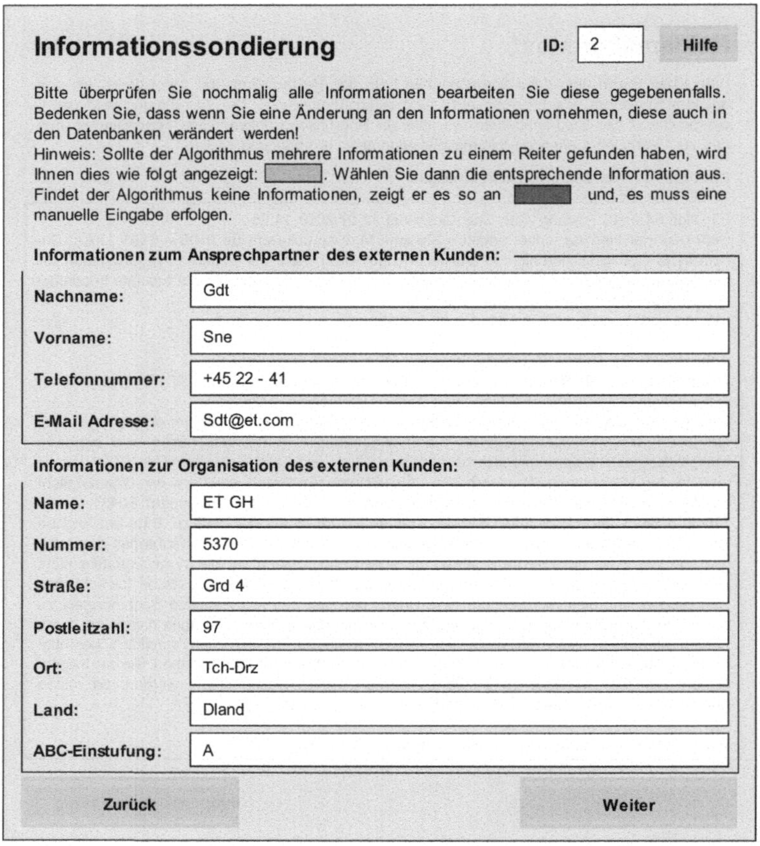

Abb. 4. Oberfläche Informationssondierung I

Aus Abb. 4 ist ersichtlich, dass der Algorithmus bei diesem Durchlauf unterschiedliche Informationen aus dem Reklamationstext erkennen konnte. So erfasste dieser bspw. den Nachnamen eines Ansprechpartners für die Reklamation und fügte daraufhin alle weiteren Informationen, wie bspw. die E-Mail-Adresse oder die Telefonnummer hinzu. Weiterführend konnte der Algorithmus auch eine Organisation ausmachen, welche die Reklamation initiiert hatte. In diesem Fall erkannte der Algorithmus explizit den Namen und die Postleitzahl, wodurch dieser eine Einschränkung aller infrage kommenden Unternehmen realisieren konnte.

Dennoch galt es an diesem Punkt der Validierung kritisch zu hinterfragen, welche Auswirkung die Qualität von Reklamationstexten auf die entsprechende Informationssondierung hat. Aufgrund der Tatsache, dass der Algorithmus einen Abgleich unterschiedlicher Informationen ausführt, zeigte sich, dass dieser vor allem bei Reklamationstexten minderer Qualität auf Schwierigkeiten stößt. Ähnlich einem Mitarbeiter im Reklamationsmanagement, welcher womöglich bei fehlenden Informationen in seiner Arbeit eingeschränkt ist und den entsprechenden Ansprechpartner telefonisch kontaktieren muss, zeigte der Algorithmus, dass dieser bei fehlenden Übereinstimmungen keine Sondierung durchführen kann. Demnach veranschaulichte sich bereits an dieser Stelle, dass es einer gewissen Vorgabe für das Format und die Qualität von Reklamationstexten bedarf, ohne diese eine Automatisierung des Sondierungsvorgangs erschwert umzusetzen ist. Durchaus ist auch die Umsetzung einer normierten Eingabemaske möglich. Dennoch würde dies den Aufwand einer manuellen Eingabe/Auswahl auf den Kunden verschieben und dadurch womöglich Unzufriedenheit des Kunden resultieren. Analog zum ersten Schritt der Informationssondierung, wurde der zur Verfügung stehende Reklamationstext auch dazu genutzt, eine Sondierung von Rahmen- und Auftragsinformationen zu vollziehen. Das Ergebnis wird in Abb. 5 zusammenfassend dargestellt.

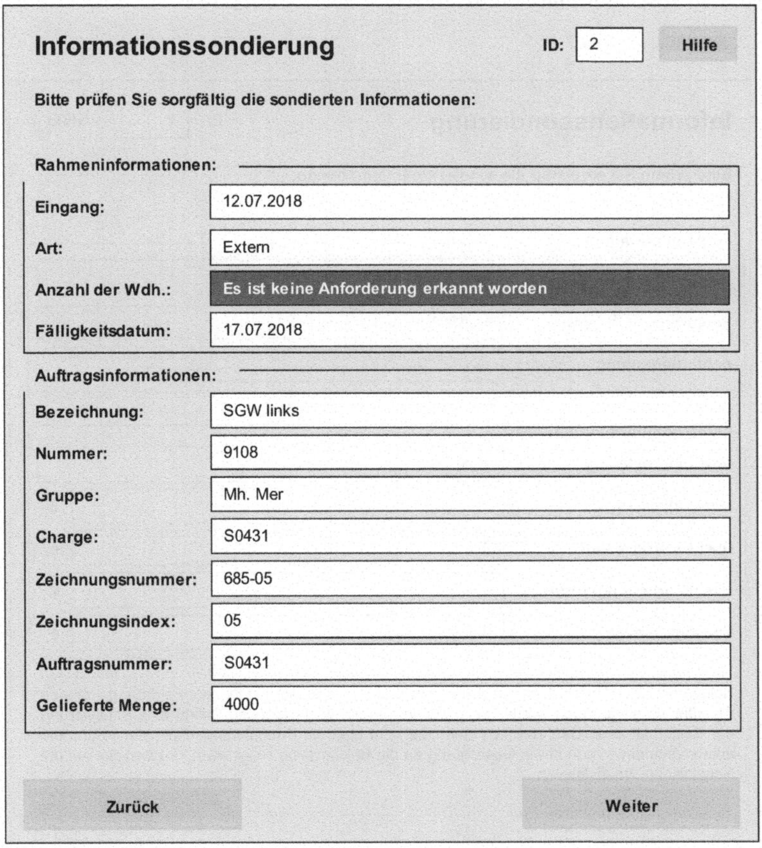

Abb. 5. Oberfläche Informationssondierung II

Es ist ersichtlich, dass der Algorithmus durchaus in der Lage war, das aktuelle Eingangsdatum der Reklamation zu erfassen. Durch das Heranziehen der organisationsspezifischen Forderung des Kunden hinsichtlich einer Bearbeitungsfrist von insgesamt fünf Tagen, konnte der Algorithmus darüber hinaus das entsprechende Fälligkeitsdatum ableiten. Weiterführend zeigte sich, dass der Algorithmus das reklamierte Produktsystem ermitteln konnte. Dies gelang durch eine Schnittstelle zum Produktportfoliosystem und Auftragssystem, in welche alle gefertigten Produktsysteme des Unternehmens gelistet waren.

Dennoch zeigte auch dieser Validierungsschritt, welchen enormen Einfluss die Qualität des Reklamationstextes auf die Ergebnisse des Algorithmus hat. So wäre bspw. ohne eine Angabe zur Produktbezeichnung oder zur Auftragsnummer selbst, keine Informationssondierung möglich gewesen, sodass die Aussage bestärkt werden kann, dass eine Standardisierung oder gar Normierung von Reklamationstexten zwingend notwendig wird.

Im letzten Schritt der Validierung, wurden die Potenziale des Algorithmus im Hinblick auf dessen Möglichkeit zur Sondierung von Fehler- und Fehlerumfangsinformationen, wie exemplarisch in Abb. 6 verdeutlicht, getestet.

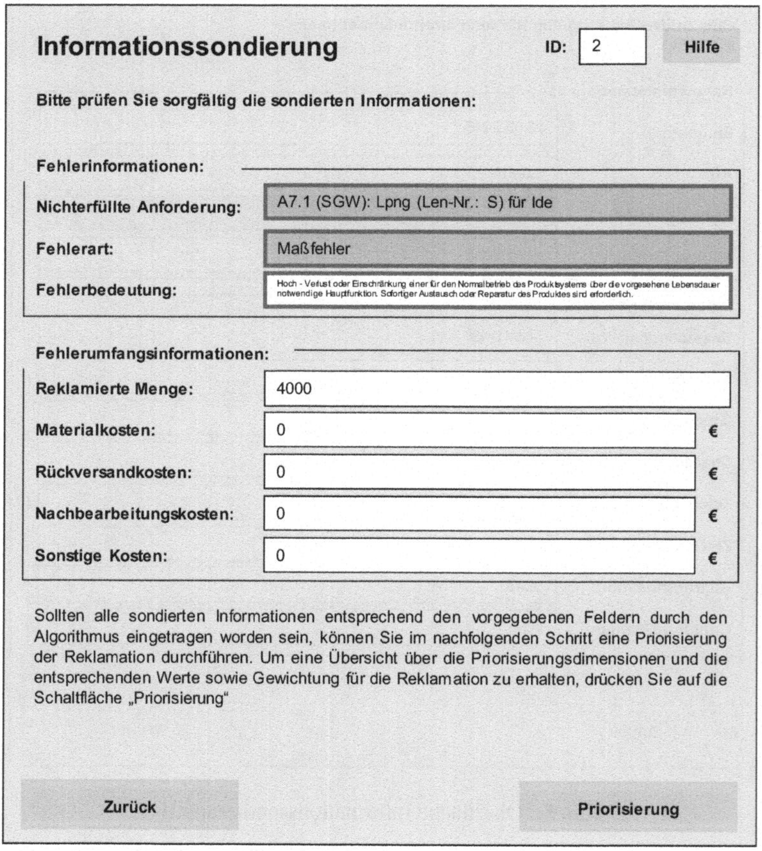

Abb. 6. Oberfläche Informationssondierung III

In diesem Schritt kristallisierten sich einige Probleme heraus. Beginnend mit den Fehlerinformationen zeigte der Algorithmus, dass dieser zwar die Anforderungen des zuvor erfassten Produktsystems auflisten kann, jedoch enorme Probleme damit hat, die exakte nichterfüllte Anforderung zu sondieren. Hintergrund dessen ist erneut, dass innerhalb des Reklamationstextes keine einheitlichen Angaben gemacht werden. So geben Organisationen sehr unterschiedliche Informationen im Hinblick auf den erkannten Fehler. Sinnvoll wäre es, wenn eine einheitliche Beschreibung erfolgen würde, wie sie bspw. in einem Pflichtenheft oder einer technischen Zeichnung vereinbart worden ist. Doch ohne eine solche Festlegung, ist es bislang lediglich möglich, dem Anwender des Algorithmus die entsprechenden Anforderungen des Produktsystems als Auswahlmöglichkeit zur Verfügung zu stellen. Dies erzeugt jedoch nicht den gewünschten Mehrwert durch die zu erzielende Automatisierung der Informationssondierung. Eine weitere Problematik ist die Erfassung von Fehlerumfangsinformationen, darunter bspw. Kosten.

Die Validierung zeigte sehr deutlich, dass vor allem die Erfassung von Kosten (bspw. Material, Rückversand oder Nachbearbeitung) kaum realisierbar ist, sofern diese nicht durch die reklamierende Organisation angegeben werden. Zwar verfügt der Algorithmus über die Möglichkeit Währungsangaben zu erkennen und bei einer Angabe von Kosten, diese auch zu sondieren, jedoch bleibt eine Sondierung bei fehlender Angabe aus. Demnach gilt es zu hinterfragen, wie sinnvoll eine Sondierung von Kostenangaben tatsächlich ist. In Rücksprache mit dem zur Validierung zu Verfügung stehenden Unternehmen, wurde festgehalten, dass eine Angabe von Kosten zu selten und vor allem im Hinblick auf die gesamte Reklamationsbearbeitung variabel ist, als dass eine Automatisierung zielführend wäre.

4.2 Ergebnisse der Validierung

Die Validierung des Algorithmus am Beispiel des Unternehmens hat gezeigt, dass der Algorithmus durchaus das Potential hat, relevante Informationen aus dem Reklamationstext zu sondieren. Innerhalb weniger Sekunden erhält der Benutzer einen Überblick über alle Informationen, die zur Bearbeitung der Reklamation erforderlich sind. Durch die Nachbildung der Informationssysteme und dadurch künstlich erschaffene Schnittstellen zu diesen Systemen wird eine solide und vor allem einheitliche Informationsbasis geschaffen, welche es ermöglicht, den Algorithmus auch von unerfahrenen oder neuen Mitarbeitern in einem Unternehmen anwenden zu lassen. Darüber hinaus ist ein teilobjektiver Umgang mit Reklamationen gewährleistet und der subjektive Einfluss des Nutzers minimiert.

Die Validierung zeigt jedoch auch, dass der Algorithmus noch einige Schwachstellen aufweist. Das erste Problem fokussiert den Einfluss der Qualität des Reklamationstextes auf die Ergebnisse des Algorithmus. Anhand der Validierungsergebnisse konnte herausgestellt werden, dass der Algorithmus nur dann nutzenbringend sein kann, wenn gewisse Vorgaben für Reklamationstexte eingehalten werden. Wird der Reklamationstext jedoch vollständig ohne Vorgaben und geeignetem Inhalt erstellt, so ist auch der Mehrwert einer solchen automatisierten Informationssondierung beeinflusst. Es bedarf demnach einer Standardisierung oder gar Normierung von Reklamationstexten, welche die Vorgaben im besten Fall vorschreibt. Weiterführend stellte die Validierung das Problem hinsichtlich der Erfassung von Fehler- und Fehlerumfangsinformationen heraus. Dabei zeigte sich, dass der Algorithmus zwar alle Anforderungen eines Produktsystems als Auswahlmöglichkeit zur Verfügung stellen kann, eine eindeutige Zuordnung des entsprechenden Fehlers erfolgt jedoch nicht. Dies ist unter anderem durch die nicht einheitliche Darstellung von Anforderungen, wie sie bspw. im Pflichtenheft oder einer technischen Zeichnung vereinbart worden sind, zu begründen. Neben den erfassten Problemfeldern wies der Algorithmus auch Schwierigkeiten bei der Sondierung von Kosten auf. Dies resultierte aus der fehlenden Angabe der Kosten durch das reklamierende Unternehmen.

Zur transparenteren Darstellung der Ergebnisse werden noch einmal zusammenfassend als Vor- und Nachteile dargestellt:

Vorteile des Algorithmus

- Der Algorithmus arbeitet automatisch. Es spart Ressourcen, indem die manuelle Eingabe verhindert wird.
- Der Algorithmus bietet einen Abgleich mit vorhandenen Informationssystemen im Unternehmen und vermeidet so die doppelte/falsche Dokumentationen.
- Der Algorithmus ermöglicht eine teilobjektive Beurteilung der Reklamationen.
- Die Anwendung des Algorithmus ist intuitiv und leicht zu erlernen.
- Der Algorithmus basiert auf VBA und eignet sich daher für Unternehmen, die mit MS-Office-Anwendungen arbeiten.

Nachteile des Algorithmus

- Es fehlt einer Standardisierung bzw. Normierung von Reklamationstexten, um das vollständige Potential des Algorithmus, explizit der Informationssondierung ausschöpfen zu können.
- Es fehlt einer einheitlichen Angabe bzw. Darstellung von Anforderungen in einem Reklamationstext. Sinnvoll wäre die Angabe, wie diese im Pflichtenheft oder der technischen Zeichnung wiederzufinden ist.
- Der Algorithmus erkennt zwar Angaben zu Kosten, diese werden jedoch meist nicht von reklamierenden Unternehmen innerhalb des Reklamationstextes angegeben, sodass der Nutzen der Sondierung kritisch zu hinterfragen ist.

Anhand dieser Validierungsergebnisse kann im letzten Schritt eine Bewertung des Algorithmus mit den erarbeiteten Anforderungen durchgeführt werden. Diese Bewertung zeigt auf, welche Anforderungen der Algorithmus noch nicht erfüllt hat und wie weitere Forschungsprojekte an den Anforderungen ausgerichtet werden müssen.

4.3 Bewertung der Anforderungen

Der Informationstest-Algorithmus wird anhand des Erfüllungsgrades der in Abschnitt II.C. genannten Anforderungen gemessen. Alle Anforderungen, die im Forschungsfortschritt erhoben wurden, gelten als verbindlich. Das Bewertungsschema besteht aus drei verschiedenen Symbolen. Wenn eine Anforderung vollständig erfüllt ist, wird das Symbol „•“ verwendet. Eine teilweise erfüllte Anforderung ist mit „◑“ gekennzeichnet und wenn eine Anforderung nicht erfüllt werden kann, ist diese mit „○“ gekennzeichnet. Die Auswertung basiert auf den Erkenntnissen aus der Validierung des Algorithmus am Beispiel einer Reklamation eines Staubsaugerroboters. Die Ergebnisse der Bewertung sind in Tab. 2 zusammengefasst.

Tab. 2. Bewertungsmatrix der Anforderungen

AF	Bew.	Anforderungen und Begründungen
A	•	Die Erfassung und Strukturierung von Informationen muss automatisch und nicht manuell erfolgen
		Bei der Validierung wurde nachgewiesen, dass der Algorithmus automatisch ausgeführt werden kann. Durch die Prüfung relevanter Informationen und deren Übertragung auf bestimmte Oberflächen wird eine einheitliche Struktur gewährleistet
B	◑	Die Informationssondierung muss in der Lage sein, alle für die Bearbeitung der Reklamation relevanten Informationen aus dem Reklamationstext herauszufiltern
		Ähnlich wie bei der vorherigen Anforderung bietet der Algorithmus bereits die Möglichkeit, relevante Informationen aus dem Reklamationstext in seiner aktuellen und frühen Version zu extrahieren, diese sind jedoch immer noch nicht vollständig
C	◑	Der Algorithmus muss komplexe und sehr umfangreiche Informationsflüsse für den Benutzer überschaubar und transparent machen
		Der Algorithmus kann zwar eine große Menge komplexer Informationen verarbeiten. Die Validierung hat gezeigt, dass dies nicht praktikabel genug ist, insbesondere bei der Prüfung von Kosten oder Angaben zu nichterfüllten Anforderungen. Demnach kann an dieser Stelle noch nicht davon gesprochen werden, dass der Algorithmus alle Informationsflüsse für den Benutzer überschaubar und transparent macht
D	•	Die geprüften Informationen müssen für die spätere Bearbeitung der Reklamation aufbereitet und dokumentiert sein
		Die Informationen, die aus der Sondierung erzeugt werden, bilden eine solide Grundlage für z. B. Priorisierung oder Fehlerbehebung
E	•	Der Algorithmus muss auf Informationssysteme zugreifen können, um eine doppelte Pflege der Informationen zu vermeiden
		Der Algorithmus verfügt über Schnittstellen zum Auftrags- oder Kundensystem sowie zu Pflichtenheften oder zum Produktportfolio eines Unternehmens

In Bezug auf die Anforderungen ist ersichtlich, dass einige Anforderungen vollständig und andere nur teilweise erfüllt werden konnten. Dies sollte sich in der Schlussfolgerung widerspiegeln und im Ausblick kompensiert werden.

5 Fazit und Ausblick

Die Ausarbeitung hat gezeigt, dass es in Zeiten des industriellen Wandels immer notwendiger wird, umfangreiche Informationsflüsse zu steuern und damit die Wettbewerbsfähigkeit zu erhalten/und zu verbessern. Insbesondere die Erkundung von Informationen ist von entscheidender Bedeutung. Viele Ansätze und Softwaresysteme, wie sie nach dem Stand der Technik bekannt sind, enthalten jedoch weiterhin manuelle Informationsuntersuchungen, um sich explizit mit Reklamationsinformationen zu befassen. Der in diesem Artikel vorgeschlagene Algorithmus bietet eine alternative Lösung zu den vorhandenen Ansätzen und Softwaresystemen. Erst durch das Einfügen des Reklamationstextes und die anschließende Bestätigung per Knopfdruck gleicht der Algorithmus den Reklamationstext mit bestehenden Informationssystemen im gesamten Unternehmen ab. Dadurch wird eine Informationsbasis generiert, die für die Bearbeitung von Reklamationen unverzichtbar ist. Die Sondierung einiger Informationen, wie z. B. Kosten oder Anforderungen, ist derzeit jedoch schwierig. Es bleibt auch unklar, wie erfolgreich der Algorithmus ist, wenn Informationssysteme unvollständig sind. Diese Fälle wurden zu diesem Zeitpunkt noch nicht berücksichtigt, müssen aber bei den weiteren Untersuchungen berücksichtigt werden. Es ist auch unklar, wie die untersuchten Informationen weiterverarbeitet werden. Um sich auf weitere Forschungsprojekte zu konzentrieren, wurden aus der Validierung folgende Forschungsfragen abgeleitet:

1. Wie kann eine Standardisierung oder gar Normierung von Reklamationstexten aussehen, um das vollständige Potential der Informationssondierung zu nutzen.
2. Wie wirken sich unvollständige und fehlerhafte Informationssysteme des Unternehmens auf die Informationsüberprüfung des Algorithmus aus?
3. Wie können die untersuchten Informationen weiterverarbeitet werden (z. B. eine Priorisierung)?
4. Wie gehe ich mit Reklamationen um, die in einer digitalen Version nicht verfügbar sind?
5. Wie lassen sich aktuelle Probleme im Hinblick auf die Sondierung von Angaben zu Kosten oder Anforderungen lösen?

All diese Fragen sollen in naher Zukunft im Rahmen des DFG-Projekts beantwortet werden.

Anerkennung. Die Autoren danken der Deutschen Forschungsgemeinschaft (DFG) für die Unterstützung des FusLa-Projekts [FKZ: SCHL 2225/1-1] und des ReMaiN-Projekts [FKZ: WI 1234/28-1]

Literatur

1. Bleicher, J., Stanley, H.: Digitization as a catalyst for business model innovation a three-step approach to facilitating economic success. J. Bus. Manage. **12**, 62–71 (2017)
2. Nederveen Pieterse, J.: Globalization and Culture, 3. Aufl. Wiley, Lanham (2015)

3. Grimm, K.: Software technology in an automotive company – major challenges. In: Proceedings, 25th International Conference on Software Engineering, S. 498–503. IEEE ICSE, Los Alamitos, CA, 2003
4. Khare, A., Stewart, B., Schatz, R.: Phantom Ex Machina. Springer, Switzerland (2017)
5. Phabmixay, C.S., Rodríguez-Escudero, A.I., Rodríguez-Pinto, J.: Organizational antecedents to designing a comprehensive complaint management system. J. Manage. Organ. 9:1–26 (2018)
6. Cook, S.: Complaint Management Excellence. Kogan Page, London (2012)
7. Salvendy, G., Karwowski, W.: Introduction to Service Engineering. Wiley, Hoboken (2010)
8. Linder, A., Schmitt, S., Schmitt, R.: Technical complaint management from a quality perspective. Total Qual. Manage. Bus. Excellence **7–8**, 865–875 (2014)
9. Stoica, E.A., Özyirmidokuz, E.K.: Mining customer feedback documents. Int. J. Knowl. Eng.-IACSIT **1**, 68–71 (2015)
10. Joung, J., Jung, K., Ko, S., Kim, K.: Customer complaints analysis using text mining and outcome-driven innovation method for market-oriented product development. Sustainability **1**, 40 (2019)
11. Marchenko, M., Ullmann, G., Behrens, B.-A., Overmeyer, L.: Exzellentes Reklamationsmanagement. ZWF Z. wirtschaftlichen Fabrikbetrieb **12**, 1102–1107 (2010)
12. Hellebrandt, T., Heine, I., Schmitt, R.H.: Knowledge management framework for complaint knowledge transfer to product development. Procedia Manuf. **21**, 173–180 (2018)
13. Heinrichsmeyer, M., Schlüter, N., Dransfeld, H., Kösling, F.: Validation of a failure cause searching and solution finding algorithm for failures in production. Int. J. Adv. Softw. **12**, 3–4 (2019)
14. ISO9000: Quality management systems – Fundamentals and vocabulary (ISO 9000:2015); German and English version EN ISO 9000:2015, Beuth publishing DIN (2015)

Veränderung von Kundenanforderungen in der Automobilindustrie – Analyse von Experteninterviews

Julia Braun[1(✉)], Stephanie Künnemann[1], Beatrice Rich[2], Magdalena Mißler-Behr[1], und Ralf Woll[2]

[1] Lehrstuhl Planung, Innovation und Gründung, Brandenburgische Technische Universität Cottbus-Senftenberg, Platz der Deutschen Einheit 1, 03046 Cottbus, Deutschland
{julia.braun,magdalena.missler-behr}@b-tu.de
[2] Lehrstuhl Qualitätsmanagement, Brandenburgische Technische Universität Cottbus-Senftenberg, Platz der Deutschen Einheit 1, 03046 Cottbus, Deutschland

Zusammenfassung. Sich verkürzende Produktlebenszyklen stellen Unternehmen vor große Herausforderungen. Durch den steigenden Wettbewerbsdruck und die zunehmende Vernetzung müssen Unternehmen in kurzer Zeit neue Innovationen generieren, um auf dem Absatzmarkt attraktiv zu bleiben. Die sich ändernde Dynamik von Kundenanforderungen stellt dabei einen schwer einzuschätzenden Einflussfaktor dar. Vor allem in der Automobilindustrie kann eine Verkürzung der Produktlebenszyklen beobachtet werden. Um individuelle Unternehmensziele, wie bspw. geringe Entwicklungskosten, niedrige Produktionskosten und hohe Qualitätsstandards einzuhalten, ist die gezielte Suche nach Optionen und Wegen zur Beherrschung von Variantenvielfalt und der Modellwechsel unerlässlich. Hierbei ist auch die Kenntnis über die Veränderung der Kundenanforderungen im zeitlichen Verlauf von Vorteil. Aus diesem Grund werden diese anhand der Automobilindustrie genauer untersucht. In der vorliegenden Arbeit werden Expertinnen und Experten befragt, um aktuelle Kundenanforderungen zu identifiziert und die Veränderung deren Bedeutung im Zeitverlauf zu bewerten. Hierzu wird das Kano-Modell herangezogen und eine Zuordnung zu unterschiedlichen Zeitpunkten vorgenommen. Die Auswertung der Untersuchung lässt erste Rückschlüsse bezüglich der Auswirkungen der sich ändernden Kundeanforderungen auf die Dauer der Produktlebenszyklen in der Automobilindustrie zu.

Schlüsselwörter: Kundenanforderungen · Produktlebenszyklus · Kano-Modell · Automobilbranche · Dynamik

R. H. Schmitt (Hrsg.), *Datengetriebenes Qualitätsmanagement,* S. 144–161, 2021.
https://doi.org/10.1007/978-3-662-62442-5_9

1 Einleitung

„In der Automobilindustrie haben sich seit Anfang dieses Jahrzehnts dramatische Veränderungen vollzogen. Die Automobilhersteller haben die Zahl ihrer angebotenen Modelle vervielfacht […]. Es ist sicher keine Übertreibung, wenn man feststellt, dass sich einige Automobilhersteller in einer Situation befinden, welche die Züge eines nackten Überlebenskampfes trägt.“ [1].

Dieses Zitat aus dem Ende des letzten Jahrzehnts beschreibt die nach wie vor prekäre Lage, in der sich die Automobilindustrie befindet. Die verstärkte Vernetzung der Kundschaft durch schnelle, kostengünstige und jederzeit verfügbare Kommunikations- und Informationstechnologien im Zusammenspiel mit den Effekten der Globalisierung wirken sich auf verschiedene Bereiche des unternehmerischen Handelns aus. Bei der Produktentwicklung lassen sich beispielsweise zunehmend verkürzte Produktlebenszyklen feststellen. Dies ist unter anderem auf die hohe Änderungsrate der Kundenanforderungen, bedingt durch die eben beschriebenen aktuellen Phänomene, zurückzuführen. Um dieser Herausforderung begegnen zu können, ist es im Rahmen des Qualitätsmanagements von substanzieller Bedeutung Kundenanforderungen zu analysieren und ihre Auswirkungen auf die Produktlebenszyklen zu verstehen. Auf diese Weise wird eine Wissensbasis geschaffen, die entsprechende Rückschlüsse für das strategische Management zulässt, um somit auch die zukünftige Wettbewerbsfähigkeit eines Unternehmens zu unterstützen [2].

2 Vorbetrachtungen

2.1 Der Produktlebenszyklus

Lebenszyklen finden vielfältig Anwendung in unterschiedlichen wissenschaftlichen Disziplinen. In den Wirtschaftswissenschaften findet das Konzept Anwendung in Form von Technologielebenszyklen, Lebenszyklen von Organisationen, Branchenlebenszyklen sowie Produktlebenszyklen [3–5]. Ein bekanntes Lebenszykluskonzept ist das Produktlebenszykluskonzept. Kadam und Apte definieren den Produktlebenszyklus wie folgt: „Product life cycle is defined as the time period over which a product is designed, developed, brought to market and then eventually removed from market.“ [6].

Das erste und bekannteste Konzept des Produktlebenszyklus wurde 1965 von Theodore Levitt entwickelt und stellt eines der Grundkonzepte der Betriebswirtschaftslehre dar. Es handelt sich um ein generisches und dynamisches Modell und ist unter dem Namen Levitt-Modell bekannt. Das in den sechziger Jahren entwickelte Grundmodell ist an biologische Prozesse angelehnt und beinhaltet die Annahme, dass jedes Produkt eine bestimmte Lebensdauer besitzt. Diese Lebensdauer wird in vier Phasen unterteilt, die als Einführung, Wachstum, Reife und Rückgang bezeichnet werden. Die einzelnen Phasen werden chronologisch nacheinander erreicht, so wie in Abb. 1 dargestellt [6, 7].

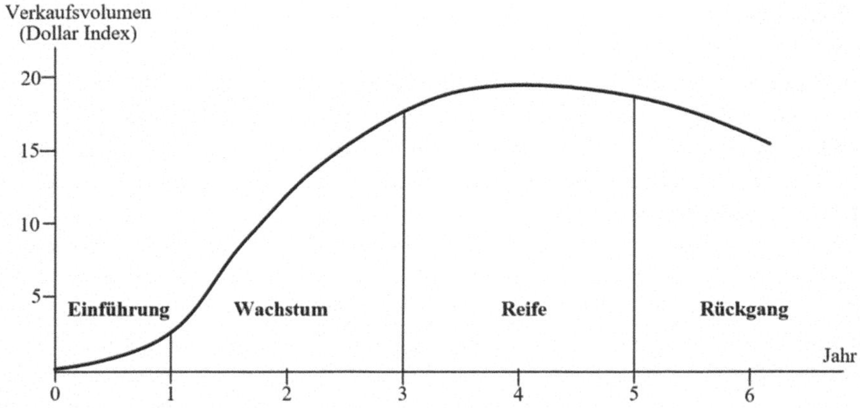

Abb. 1. Phasen des Produktlebenszyklus nach Levitt [39]

Neben dem bereits genannten Produktlebenszyklusmodell existieren Erweiterungen und Abwandlungen. Beispielhaft seien hier die Modelle von Berenson (1967), Cox (1967), Cunningham (1969), Brockhoff (1974), Meffert (1974), Mason (1976), Hofstätter und Gerth (1977) und Scholz (1987) genannt. Abgewandelte Modelle variieren in der Anzahl der Phasen und deren Bezeichnungen, wohingegen erweiterte Modelle neue Sachverhalte und Bereiche einschließen [7].

Hofstätter führt ein abgewandeltes Produktlebenszyklusmodell ein, welches aus fünf aufeinanderfolgenden Phasen besteht. Zwischen der Reife- und der Rückgang-Phase setzt er die Phase der Sättigung, welche in seinem Konzept den Höhepunkt der Kurve darstellt [8]. Im erweiterten Produktlebenszyklus findet zusätzlich der Entstehungszyklus, also die Forschungs- und Entwicklungsaktivität, vor der Markteinführung des Produktes, Beachtung.

2.2 Abweichungen vom idealtypischen Verlauf des Produktlebenszyklus

Der eben beschriebene Verlauf des Produktlebenszyklus weicht in der unternehmerischen Praxis, je nach Produkt-, Branchen- und Markteigenschaften, ab. Durch Innovationen oder Marketing ergeben sich Überlagerungen, die in einem verlängerten Produktlebenszyklus resultieren [9, 10].

In der Industrie ist zu beobachten, dass sich die Produktlebenszyklen der einzelnen Produktgestaltungen verkürzen [9]. In der wissenschaftlichen Literatur wurde bereits begonnen dieses Phänomen zu untersuchen. Die große Mehrheit der wissenschaftlichen Studien zu verkürzten Produktlebenszyklen bestätigt deren Existenz.

Die Ursachen für die Verkürzung sind vielfältig. Cao und Folan geben an, dass sich Unternehmen im Vergleich zu den 1950er Jahren stärker vernetzen und eine interorganisationale Infrastruktur bilden [4]. Gründe für die Verkürzung der Lebenszyklen sehen Kadam und Apte in einer Steigerung des Wettbewerbs um eine begrenzte Anzahl von Kundinnen und Kunden, in kürzeren Zeiten für die Produktentwicklung und in der Steigerung der Produktvielfalt aufgrund von steigenden Kundenanforderungen [6]. Dies hat enorme Auswirkungen auf die Unternehmen, die

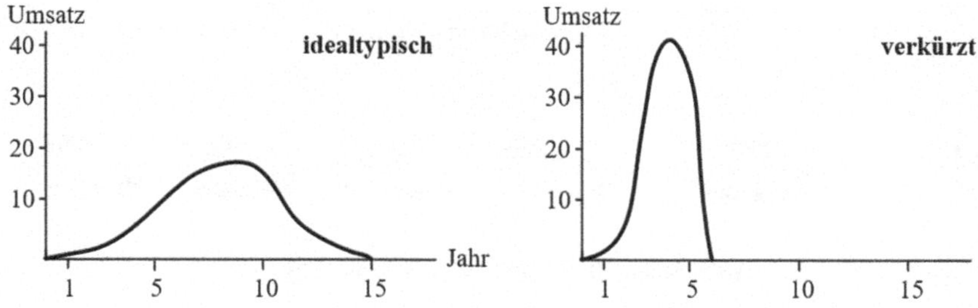

Abb. 2. Vergleich idealtypischer und verkürzter Produktlebenszyklus [40]

in kurzer Zeit neue Innovationen generieren um durch neue Innovationen weiteren Absatz zu generieren (siehe Abb. 2).

In der wissenschaftlichen Literatur werden verschiedene Methoden diskutiert, die eine Vorhersage ermöglichen könnten. Die Untersuchungen von Kadam und Apte zeigen jedoch, dass eine Vorhersage durch die genannten Modelle nicht möglich ist [6].

2.3 Kritik am Produktlebenskonzept

Das Lebenszykluskonzept nach Levitt wird sowohl in der wissenschaftlichen Fachliteratur als auch in der unternehmerischen Praxis akzeptiert [7, 11]. Ein Vorteil des Modells liegt in der vielfältigen Anwendbarkeit. Zusätzlich ist die Abbildung der Dynamik der Produktentwicklung positiv hervorzuheben [11].

Ein Nachteil, der sich trotz der Vielfalt an Anwendungsmöglichkeiten ergibt, stellt die Nichtanwendbarkeit für einzelne Produkte dar [10, 11]. Uhe bringt zum Ausdruck, dass eine eindeutige Zuordnung in die einzelnen Phasen nur schwer möglich ist, da andere Effekte, wie beispielsweise die Konjunktur und das Verhalten der Konkurrenz, zu Überlagerungen führen. Darüber hinaus kritisiert Uhe, dass eine Vorhersage für die Lebensdauer eines bestimmten Produktes nicht möglich ist. Ebenso merkt er an, dass Umwelteinflüsse, die sowohl zeitraumbezogen oder zeitpunktbezogen einwirken, keine Berücksichtigung finden [6, 12].

In diesem Zusammenhang sei nochmals auf die sich ändernde Dynamik von Kundenforderungen hingewiesen. Sie stellen einen schwer einschätzbaren Einflussfaktor dar und wirken sich somit in hohem Maße auf die Prognosesicherheit aus [6].

2.4 Auswirkungen verkürzter Lebenszyklen auf die Automobilbranche

Die Automobilindustrie stellt einen Industriezweig dar, der in besonderem Maß von der Verkürzung der Produktlebenszyklen betroffen ist. Als Grund hierfür ist zum Beispiel die gestiegene Variantenvielfalt, die das Resultat aus einer gestiegenen Marktkomplexität, Globalisierung und gesteigerten Kundenanforderungen ist, zu nennen [13, 14].

Am Beispiel der VW Golfserie sind verkürzte Lebenszyklen deutlich zu erkennen, dies veranschaulicht Abb. 3. Die Lebenszyklen haben sich seit der Einführung des Golf I im Jahr 1974 im Vergleich zur Einführung des Golf V von neun auf fünf Jahre reduziert [15].

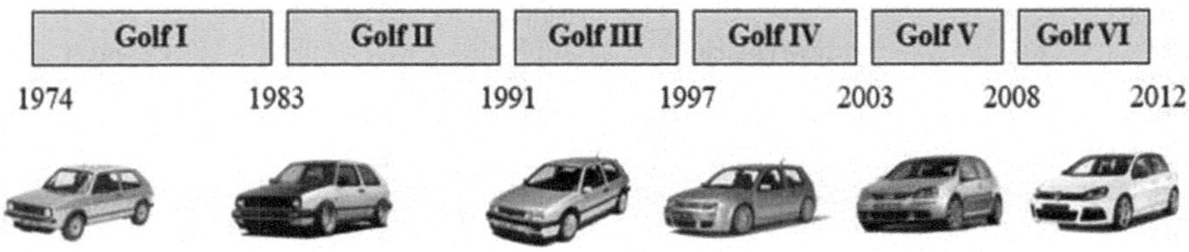

Abb. 3. Lebenszyklen des VW Golf [15]

Daraus resultiert ein erhöhter Druck auf die Automobilhersteller [16]. Um individuelle Unternehmensziele, wie beispielsweise geringe Entwicklungskosten oder Entwicklungszeiten, niedrige Produktkosten oder hohe Qualitätsstandards, einzuhalten, die für den Unternehmenserfolg mitverantwortlich sind, ist die gezielte Suche nach Optionen und Wegen zur Beherrschung von Variantenvielfalt und Modellwechselraten unerlässlich. Hierbei ist auch die Kenntnis über die Veränderung der Kundenanforderungen im zeitlichen Verlauf von Vorteil [16].

2.5 Eingrenzungen

Es wird eine Eingrenzung auf die Hersteller von Personenkraftwagen vorgenommen, welche im Folgenden als Automobilhersteller bezeichnet werden. Die DIN-Norm 70010 definiert Personenkraftwagen als Kraftwagen, die nach ihrer […] „Bauart und Einrichtung hauptsächlich zum Transport von Personen, deren Gepäck und/oder von Gütern bestimmt ist und maximal neun Sitzplätze hat." [17].

3 Methodischer Ansatz

Das Ziel der Untersuchung ist es, Aussagen über die zeitliche Veränderung von Kundenanforderungen in der Automobilindustrie zu treffen und Rückschlüsse über den Zusammenhang mit verkürzten Produktlebenszyklen zu ermöglichen. Für die Untersuchung von Kundenanforderungen bieten sich verschiedene Methoden an. Die vorliegende Untersuchung orientiert sich an dem von Schmidt-Gallas beschriebenen Methodenkanon [18].

Die Identifizierung der Kundenanforderungen erfolgt mittels zweier Erhebungsmethoden. Hierdurch wird das Ziel verfolgt eine möglichst umfassende und objektive Sammlung der Anforderungen zu erhalten. Zunächst wird eine Literaturrecherche der aktuellen Fachliteratur sowie der Veröffentlichungen unterschiedlicher Automobilhersteller durchgeführt. Die dort benannten Kundenanforderungen werden anschließend durch Expertenbefragungen bestätigt und erweitert. Der methodische Ansatz wird durch Abb. 4 verdeutlicht.

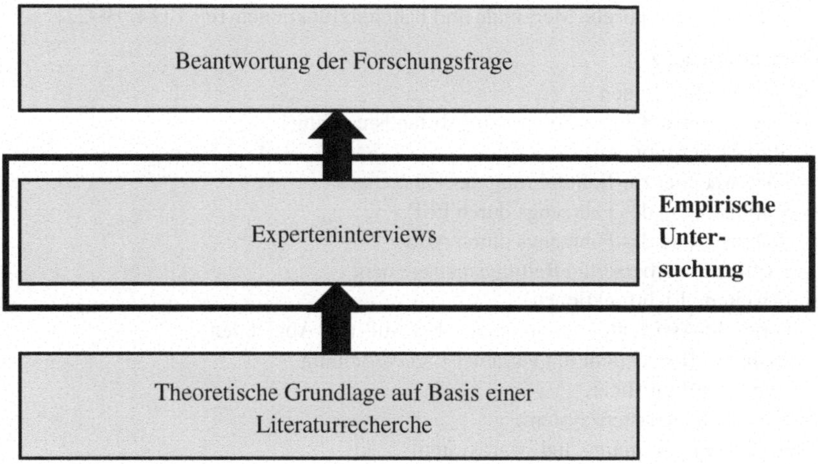

Abb. 4. Aufbau einer empirischen Untersuchung

Eine ausführliche Literaturrecherche innerhalb neun wirtschaftswissenschaftlicher Datenbanken (Business Source Premier (via EBSCOhost), EconBiz, Emerald Insight/Emerald Fulltext Archive Database, OLC Wirtschaftswissenschaften – Online Contents, ScienceDirect, TEMA Technik und Management, Web of Science Core Collection und WISO) lieferte 282 Artikel, innerhalb des relevanten Themenkreises. Die Analyse dieser hat ergeben, dass aktuell keine Aussage bezüglich der Kundenanforderungen und deren Veränderlichkeit im zeitlichen Verlauf getroffen werden können. Konkrete Untersuchungen, Analysen oder entsprechende Veröffentlichungen sind nicht vorhanden. Dennoch werden Trends aufgezeigt, die eine Veränderung vermuten lassen. Diese sind laut der wissenschaftlichen Fachliteratur in verschiedenen Merkmalen und Fahrzeugfunktionen von Automobilen zu erwarten. Sie sind zusammenfassend in Tab. 1 und 2 dargestellt.

Tab. 1. Technische Merkmale und Fahrzeugfunktionen Teil 1 [14, 19–22]

1	**Fahrerassistenz**
1.1	Sicherheitsfunktionen – ACC Adaptive Cruise Control zur Abstandsregelung – Start-Stop Automatik – Lane Keeping zur Bahnführung des Fahrzeuges – Stabilisierung des Fahrzeugs durch ESP – Stabilisierung des Fahrzeugs durch ABS – e-call zum verbesserten Rettungsmanagement – Erweiterte Lichtfunktionen – Fernlicht-Assistenten für automatisches Auf- und Abblenden – adaptives Kurvenlicht mit variabler Lichtverteilung – adaptives Bremslicht – Nachtsicht-Assistenzsysteme – Müdigkeitserkennung und -warnsystem – Totwinkel-Assistenten – Spurhalte-Assistenten – Head-Up-Displays – Kreuzungsassistent Kommunikation zwischen Verkehrsteilnehmern zur Unfallvermeidung auf Kreuzungen – Car-to-X Nachrichten zur Warnung vor Stauenden, Unfallstellen, Baustellen oder örtlichen Gefahren von Fahrzeug zu Fahrzeug
1.2	Komfortfunktionen – Navigationsgeräte – Konnektivität – Business und Unterhaltungspakete – Einparkassistenz – benutzerabhängige Internetdienste – Internet im Auto für Verkehrsmeldungen – Click & Go Navigationssysteme
1.3	Verbesserung Verkehrseffizienz – verbesserte Ausnutzung der Straßenkapazität durch intelligente Navigation – Vermeidung und Abbau von Staus
1.4	Verbesserung der Umwelteinwirkungen – Stop&Go – Verminderung des Kraftstoffverbrauchs – Verringerung des Verkehrslärms – Rückgewinnung der Bremsenergie

Tab. 2. Technische Merkmale und Fahrzeugfunktionen Teil 2 [14, 19–23]

2	**Fahrwerktechnik**
2.1	Integrierte Fahrdynamikregelung – Blockierverhinderung beim Bremsen durch ABS – Antriebsschlupfregler ASR – Abstandsregler ACC – automatisch schaltende Vierrad-Antriebssysteme – Fahrstabilität durch ESP – Überlagerungslenkungen durch AFS – Vierradlenkungen wie AHK – bedarfsgerechten Antriebskraftverteilungen durch Torque Vectoring
2.2	Aktive Fahrwerkkomponenten – variable Luftfedern
2.3	Seitenwind-Stabilisierung
2.4	Materialeinsatz – Leichtbauweise
3	**Antriebstechnik & Elektronik**
3.1	Hybrid- und Elektroantriebe
3.2	Speichertechnologien
3.3	Getriebetechnologien
3.4	Mechatronische Systeme
4	**Karosserietechnik**
4.1	Multi-Material-Bauweisen
4.2	Space-Frame-Strukturen (bildet die tragende Struktur eines Fahrzeuges)
4.3	Passive Sicherheitssysteme für den Fall, dass ein Unfall unvermeidbar ist
4.4	Innenraumkonzepte – Mitnahmemöglichkeit der Assistenzelektronik durch Click and Go

Die in Tab. 1 und 2 genannten Merkmale werden in vier verschiedene Kategorien eingeordnet, um eine übersichtlichere Darstellung zu erhalten. Die in der Literatur beschriebenen Merkmale umfassen den Bereich der Fahrerassistenz, der Fahrwerkstechnik, der Antriebstechnik und Elektronik sowie der Karosserietechnik. Die ermittelten Merkmale geben einen ersten Überblick bezüglich möglicher automobilspezifischer Kundenanforderungen.

Die Experteninterviews werden auf Grundlage der umfangreichen theoretischen Betrachtungen aufgebaut. Ziel ist hierbei die Veränderungen der Kundenanforderungen in der Automobilindustrie anhand von ausgewählten Experten und Expertinnen der Automobilbranche näher zu betrachten. Um die zeitliche Veränderung der Kundenanforderungen festzustellen und somit einen Zusammenhang zu den verkürzten Produktlebenszyklen herstellen zu können, ist es notwendig, mehr als einen zeitlichen Bezugspunkt zu definieren. Für die vorliegende Arbeit ist hierbei die Definition von zwei Zeitpunkten ausreichend, um die Veränderungen innerhalb dieser Zeit zu ermitteln. Wie bereits erläutert, ist in der Mehrzahl wissenschaftlicher Publikationen eine Verkürzung der Produktlebenszyklen in der Automobilindustrie zu finden. Hier wird von einer Verkürzung auf vier bis fünf Jahre ausgegangen. Aus diesem Grund wird ebendiese Zeitspanne als Basis für die Untersuchung festgelegt. Somit werden als zeitliche Bezugspunkte die Jahre 2018 und 2013 bestimmt.

Da die zeitliche Veränderung im Fokus der Untersuchung steht, ist eine Expertenbefragung angelehnt an die Kano-Methode zweckmäßig. Der Japaner Noriaki Kano entwickelte in den 1970er Jahren ein Modell, das den Zusammenhang zwischen dem Erfüllungsgrad der Kundenanforderung und der daraus resultierenden Zufriedenheit der Kundin oder des Kunden aufzeigt [24]. Aus seinem Modell entwickelte er in den 1990er Jahren eine Methode zur Identifikation und Klassifikationen von Qualitätsattributen bezogen auf die Kundenzufriedenheit. In seinem Modell berücksichtigte er sowohl die objektive Qualität, also die Konformität der Produktanforderungen, als auch die subjektive Qualität, die Zufriedenheit der Kundin oder des Kunden [25]. Kano unterscheidet Merkmale in Basis-, Leistungs- und Begeisterungsanforderungen sowie fragwürdige, irrelevante und entgegengesetzte Anforderungen [26].

Eine Kano-Befragung bietet die Möglichkeit die Veränderung von Kundenanforderungen im zeitlichen Verlauf abzubilden. Es ist hervorzuheben, dass das Modell bewusst nur einen Status quo abbildet und nicht den Anspruch auf dauerhafte Gültigkeit erhebt. Vielmehr wird in der Fachliteratur betont, dass eine Verschiebung der Kategorien im Zeitverlauf stattfindet [27]. Abb. 5 stellt diese zeitliche Veränderung der Anforderungskategorien dar. Gründe für diese Entwicklung im Zeitverlauf sind durch Imitation und Gewöhnungseffekte gegeben [28].

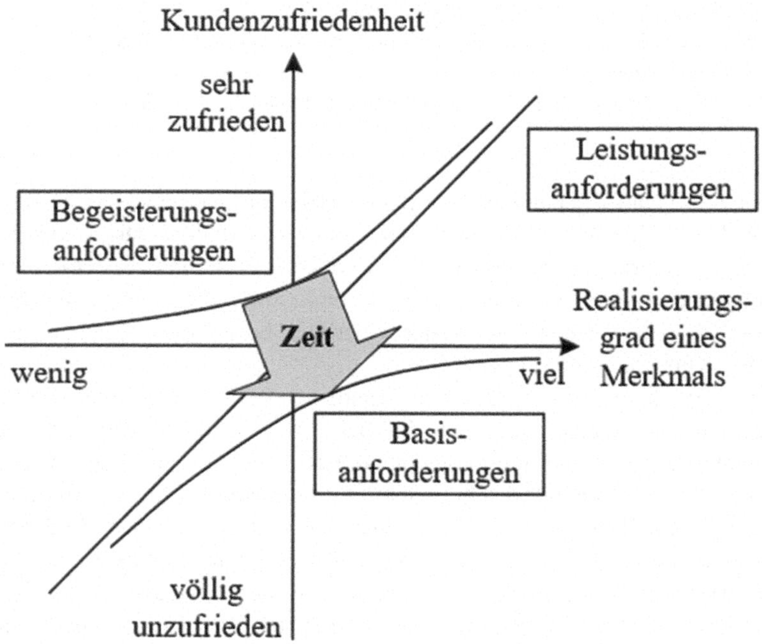

Abb. 5. Die zeitliche Entwicklung der Anforderungskategorien nach Kano [27]

Experteninterviews stellen ein verbreitetes und methodologisch ausgearbeitetes Instrument zur Erhebung von qualitativen Daten dar. Sie sind definiert über die Auswahl von fachlich kompetenten Personen, die zur Befragung herangezogen werden. Über diese geeigneten Personen ist es möglich, zeiteffizient ein erfahrungsgestütztes Experten-Wissen zu generieren [29]. In der wissenschaftlichen Literatur finden verschiedene Formen der Expertenbefragung Anwendung. Hierbei wird beispielsweise unterschieden in systematisierende und theoriegenerierende Experteninterviews. Da die Systematisierung und der Erkenntnisgewinn im Vordergrund der Betrachtungen stehen und die Experten als Ratgeber und Vermittler von Erfahrungswissen fungieren, wird die Form der systematisierenden Experteninterviews gewählt. Diese bietet, im Gegensatz zu theoriegenerierenden Experteninterviews, die Möglichkeit, neue Merkmale aufzudecken und zu systematisieren. Bei theoriegenerierenden Experteninterviews liegt das Augenmerk in der Erarbeitung von Konzepten und Konstrukten [30].

Es wurden telefonische Experteninterviews durchgeführt, da diese im Vergleich zu einer schriftlichen Expertenbefragung den Vorteil bieten, einzelne Sachverhalte zu erläutern und in einen direkten Austausch mit den zu interviewenden Personen zu treten. Dies ist insbesondere dann von Vorteil, falls eine Frage nicht verstanden wurde oder es bei komplexen Themengebieten einer kurzen Einführung oder Erklärung der Befragten bedarf. Letzteres trifft auf diese Befragung zu. Zum Beispiel werden die Begrifflichkeiten der Basis-, Leistungs- und Begeisterungsanforderungen den Befragten kurz erläutert, damit eine Einteilung in die unterschiedlichen Kategorien ohne Missverständnisse und fehlerhafte Aussagen getroffen werden kann. Somit ist es möglich die Expertenbefragung so auszurichten, dass eine hochwertige Datengrundlage resultiert, die als Basis für die weitere Erhebung fungiert. Diese wird wiederum zur Beantwortung der Forschungsfrage herangezogen. Gegenüber standardisierten Fragen ergibt sich bei der hier verwendeten offenen Befragung der Vorteil der Aufnahme zusätzlicher Aspekte in der weiteren Untersuchung. Der Leitfaden für die Befragung folgt dem Prinzip, soviel zu standardisieren und vorzugeben wie notwendig und den Befragten so viel Freiraum zu geben wie möglich. Der strukturierte Aufbau des Leitfadens, der für die telefonische Befragung genutzt wurde, stellt die Vergleichbarkeit der unterschiedlichen Expertenbefragungen sicher. Ebenso wurden die Expertenbefragungen von derselben untersuchenden Person durchgeführt, wodurch die Vergleichbarkeit der Ergebnisse aus der Befragung zusätzlich erhöht wird.

Die Vorbereitung eines Experteninterviews ist in drei Phasen zu gliedern. In der ersten Phase wird sichergestellt, dass die befragten Personen mit der inhaltlichen Thematik der Befragung vertraut sind. In der zweiten Phase wird die zu untersuchende Fragestellung formuliert und von anderen, nicht zu betrachtenden, abgegrenzt. Die letzte Phase umfasst das Wissen um das methodische Vorgehen des Experteninterviews und die Umsetzung der in Phase zwei aufgeworfenen Fragestellung in Form von Fragen in einem Interviewleitfaden [31]. Nach diesen drei Phasen wurde das Experteninterview aufgebaut. Im Rahmen des zweiten Teils wurden zwei Fragen, einmal bezogen auf die aktuelle Situation und einmal auf die Situation von vor fünf Jahren, in Bezug auf technische Features im eigenen Unternehmen und auf dem gesamten Automobilmarkt gestellt. Diese sind als offene Fragen formuliert und dadurch frei von den Expertinnen und Experten zu beantworten. Der dritte Teil umfasst die Erklärung der unterschiedlichen Anforderungsarten sowie die Abfrage nach Kundenanforderungen und deren Zuordnung zu den unterschiedlichen Anforderungsarten. Dieser Bereich bildet somit den Schwerpunkt des Experteninterviews. Auch hier wird zeitlich differenziert nach Kundenanforderungen in der aktuellen Situation und Kundenanforderungen, die vor fünf Jahren bestanden. Im letzten Teil des Experteninterviews wurde den Experten Raum gegeben für abschließende Bemerkungen und weitere Anmerkungen zur Thematik. Der Interviewleitfaden wurde den Befragten vor dem Interview bereits in elektronischer Form zugesendet. Somit wurden eine Auseinandersetzung und Vorbereitung durch die Expertinnen und Experten im Vorfeld der Befragung ermöglicht.

Eine weitere wichtige Komponente der Vorbereitung eines Experteninterviews stellt die Auswahl der Expertinnen und Experten dar. Als solche(r) wird eine Person bezeichnet, die sich durch eine „[…] institutionalisierte Kompetenz zur Konstruktion von Wirklichkeit […]“ auszeichnet [29]. Przyborski und Wohlrab-Sahr bezeichnen Experten als Personen, „[…] die über ein spezifisches Rollenwissen verfügen, solches zugeschrieben bekommen und eine darauf basierende besondere Kompetenz für sich selbst in Anspruch nehmen.“ [32]. Die befragte Person besitzt demnach in dem zu beforschenden Themengebiet eine besondere Kompetenz, die sie von einem Laien unterscheidet, zum Beispiel durch Fachwissen oder besondere Einblicke in die Praxis. Sie ist eine Person, die das jeweilige Forschungsinteresse von einer bestimmten Perspektive aus unterstützen kann. Eine besondere Herausforderung stellt somit das Auffinden einer geeigneten Expertin oder eines Experten dar [29].

Für die vorliegende Untersuchung wurden fünf Expertinnen oder Experten ausgewählt, da sie die Eigenschaften der oben beschriebenen Anforderungen an Expertinnen oder Experten besitzen. Bei der Auswahl der Expertinnen und Experten wurde auf eine Durchmischung verschiedener Biografien und fachlicher Hintergründe Wert gelegt. Ziel dessen ist, eine große Bandbreite an Erfahrungen und somit Antwortmöglichkeiten zu generieren. Die Auswahl erfolgt durch eine intensive Akquise. Hierzu wurden 58 Expertinnen oder Experten aus dem Automobilsektor (BMW, Daimler, Mercedes Benz, Porsche, VW) angefragt. Bei diesen handelt es sich um Personen, die entweder mediale Bekanntheit im Bereich der Automobilindustrie erlangten, Präsenz in wissenschaftlichen Veröffentlichungen dieses Themenbereiches zeigten oder langjährige Branchenerfahrung besitzen. Von diesen Anfragen wurden 16 bestätigt, sodass hieraus eine Auswahl, der für die Befragung am geeignetsten fünf Experten vorgenommen wird. Diese Auswahl basierte auf verschiedenen Kriterien, die in Tab. 3 dargestellt sind.

Tab. 3. Kriterien für die Auswahl der Expertinnen und Experten

Expertin/ Experte	Tätigkeitsbereich	Branchen- zugehörigkeit (>5 Jahre)	Verfügbarkeit
1	Leiter_in Qualitätssicherung OEM	Ja	Nein
2	Projektmanager_in OEM	Ja	Ja
3	Professur LS Automobilwirtschaft	Ja	Nein
4	Mitarbeiter_in Qualitätsmanagement OEM	Nein	Ja
5	Filialleiter_in Autohaus	Ja	Ja
6	Manager_in Zuliefererindustrie	Ja	Ja
7	Entwicklungsingenieur_in OEM	Nein	Ja
8	Leiter_in Qualitätsmanagement OEM	Ja	Ja
9	Filialleiter_in Autohaus	Ja	Ja
10	Vorstand Automobilclub	Ja	Nein
11	Entwicklungsingenieur_in OEM	Ja	Nein
12	Akademische_r Mitarbeiter_in LS Automobilwirtschaft	Ja	Ja
13	Manager_in Zuliefererindustrie	Ja	Ja
14	Leiterin_in Kundenreklamationen OEM	Nein	Nein
15	Entwicklungsingenieur_in OEM	Nein	Ja
16	Manager_in Bereich Forschung und Entwicklung OEM	Ja	Nein

Entscheidend für die Güte einer Expertin oder eines Experten ist der Grad der fachlichen Kompetenz. Die angefragten Expertinnen und Experten weisen einen hohen Grad an fachlicher Kompetenz auf. Neben der fachlichen Kompetenz nimmt die Branchenzugehörigkeit und die Verfügbarkeit zum Zeitraum des Experteninterviews einen besonderen Stellenwert ein. Expertinnen und Experten, die keine lange Branchenzugehörigkeit aufweisen, welche einen Zeitraum von mehr als fünf Jahren umfasst, sind grau hinterlegt und finden keine Berücksichtigung in der durchgeführten Expertenbefragung. Es wird davon ausgegangen, dass diese keine realitätsnahe Aussage über die Branchensituation von vor fünf Jahren treffen können. Ebenso sind jene Expertinnen und Experten, die zum Zeitraum des Experteninterviews nicht verfügbar sind, grau hinterlegt und finden keine Berücksichtigung.

Aus Tab. 3 verbleiben sieben relevante Expertinnen und Experten, aus denen jene ausgewählt wurden, die einen sehr hohen Grad an Fachkompetenz aufweisen. Die fünf hieraus resultierenden Expertinnen und Experten wurden telefonisch interviewt und sind in Tab. 4 zu finden. Da die Namen der befragten Personen auf eigenen Wunsch nicht genannt werden dürfen, werden sie in der vorliegenden Arbeit anonymisiert.

Tab. 4. Ausgewählte Expertinnen und Experten

Expertin/Experte	Tätigkeitsbereich
1	Projektmanager_in OEM
2	Filialleiter_in Autohaus
3	Manager_in Automobilzuliefererindustrie
4	Akademische_r Mitarbeiter_in LS Automobilwirtschaft
5	Manager_in Automobilzuliefererindustrie

Die Durchführung der Experteninterviews wird, wie bereits beschrieben, telefonisch mithilfe eines zuvor festgelegten Leitfadens durchgeführt. An den Gesprächen sind die interviewte Person sowie das Untersuchungsteam, bestehend aus einer aktiven Interviewerin und einer Protokollantin, beteiligt. Die Gespräche werden durch die Protokollantin stichwortartig im Leitfaden vermerkt. Für die spätere Auswertung liefern diese Protokolle die Grundlage.

4 Datenauswertung und Ergebnisse

Zur Auswertung der im Rahmen der Experteninterviews erhobenen Daten wird eine Datenaufbereitung vorgenommen. Hierzu werden die erhobenen Daten notiert und im Anschluss strukturiert nach [33, 34]. Um dies zu erreichen, werden die Daten der geführten Experteninterviews transkribiert, verdichtet und in den Gesprächsleitfaden eingetragen. Wobei das Ziel der Transkription „[…] das flüchtige Gesprächsverhalten für wissenschaftliche Analysen auf dem Papier dauerhaft verfügbar zu machen" darstellt [35].

Inwiefern Experteninterviews vollständig transkribiert werden sollten und welche Transkriptionsregeln dabei anzuwenden sind, wird in der wissenschaftlichen Literatur kontrovers diskutiert [36, 37]. Auf eine vollständige Transkription der gesamten Experteninterviews wird verzichtet, da Zusatzinformationen, wie nicht verbale Äußerungen keinen Mehrwert zur Beantwortung der Forschungsfrage liefern. Im Rahmen der Transkription wird eine Standardorthografie verwendet, die sich an den Normen der geschriebenen Sprache orientiert [34].

Die Auswertung der transkribierten Experteninterviews erfolgte analytisch. Das bedeutet, dass innerhalb jedes Befragungsbogens geprüft wurde, ob eine zeitliche Verschiebung der genannten Merkmale stattfindet. Abb. 6 zeigt dies exemplarisch für die erste Expertenbefragung. Die Auswertung der restlichen Experteninterviews erfolgte analog zur beschriebenen Vorgehensweise. Merkmale, bei denen eine Verschiebung von Leistungs- zu Basisanforderung oder von Begeisterungs- zu Leistungsanforderung zu erkennen ist, sind gekennzeichnet.

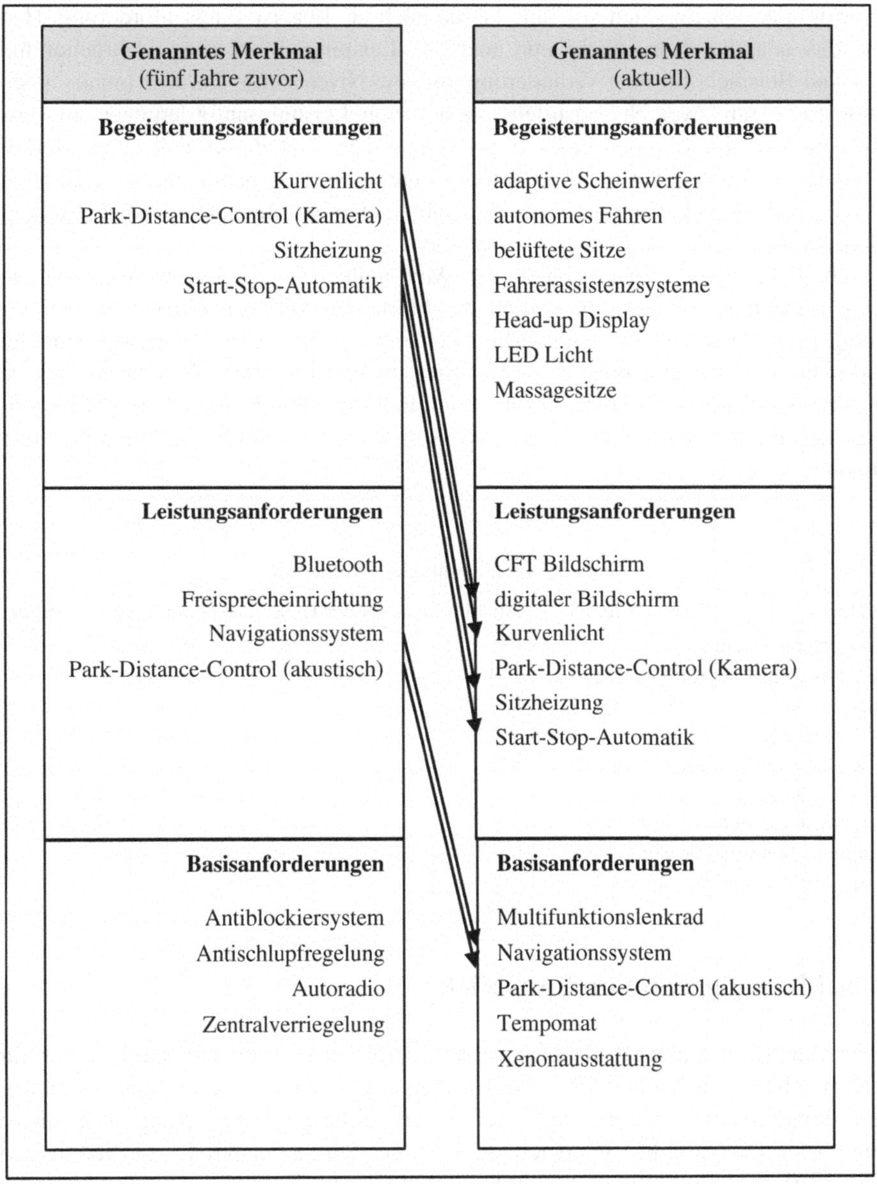

Abb. 6. Genannte Merkmale des ersten Experteninterviews und deren Entwicklung

Abb. 6 zeigt, dass sechs der genannten Merkmale einer zeitlichen Veränderung unterliegen. Ein Beispiel hierfür bildet das Vorhandensein eines im Fahrzeug integrierten Navigationssystems. Aktuell wird dieses Merkmal als Basisanforderung eingeschätzt, wobei dieses vor fünf Jahren als Begeisterungsanforderung galt. Eine ähnliche Transformation findet zum Beispiel beim adaptiven Kurvenlicht statt. Dieses galt für die

Expertin oder den Experten vor fünf Jahren noch als Begeisterungsanforderung. Heute wird das adaptive Kurvenlicht nur noch als Leistungsanforderung wahrgenommen. Dies sind Beispiele für eine Veränderung um eine Niveaustufe. Darüber hinaus ist eine Veränderung um zwei Niveaustufen möglich von Leistungsanforderungen zu Basisanforderungen. Im Rahmen eines Experteninterviews trat dieser Fall beim Merkmal des adaptiven Kurvenlichtes auf. Es erfolgte eine rasche Anpassung an die Technologie, sodass innerhalb eines Zeitraums von fünf Jahren eine Verschiebung von Begeisterungsanforderungen zu Basisanforderungen resultiert.

Tab. 5 fasst die Verschiebung der Merkmale aller geführten Experteninterviews zusammen. Dargestellt werden die Merkmale, die von einer oder mehreren interviewten Personen als veränderlich genannt werden. Grau hinterlegt sind jene Merkmale, die von drei oder mehr Expertinnen und Experten als Veränderung eingeschätzt werden. Es wird eine Anzahl von mindestens drei Expertinnen und Experten festgelegt, da davon auszugehen ist, dass es sich hierbei um eine signifikante Anzahl handelt.

Tab. 5. Verschiebung der Merkmale

Verschiebung Merkmal (aktuell)	Absolute Anzahl der Experten- nennungen	Summe
Navigationssystem	I I I	3
Park-Distance-Control Akustisch	I I I I	4
Kurvenlicht	I I I	3
Sitzheizung	I	1
Park-Distance-Control Kamera	I I I I	4
Freisprechanlage	I	1
Automatik Getriebe (acht Gang)	I	1
Bluetooth Schnittstelle	I I I	3
Start-Stop Automatik	I I I	3

5 Schlussfolgerung und Ausblick

Da Merkmale, die aktuell als Begeisterungsanforderung genannt werden, vor fünf Jahren noch nicht bekannt oder verbaut waren, ergibt sich bei diesen Merkmalen noch keine Möglichkeit der Beobachtbarkeit einer zeitlichen Veränderung. Aus diesem Grund ist eine Anschlussuntersuchung in fünf Jahren bezüglich zur Veränderung dieser Merkmale, zur Validierung der Ergebnisse, sinnvoll.

Mit der durchgeführten Untersuchung konnte gezeigt werden, dass laut Expertenmeinung eine zeitliche Veränderung der Kundenanforderungen in Bezug auf sechs verschiedene Merkmale existiert. Dies lässt auf einen Zusammenhang zwischen der zeitlichen Veränderung von Kundenanforderungen und den verkürzten Produktlebenszyklen schließen.

Beim Experteninterview handelt es sich um ein gängiges Instrument zur Erhebung von qualitativen Daten [29]. Dennoch sind die Ergebnisse, die hieraus resultieren kritisch zu hinterfragen. Die Annahme, dass eine Expertin oder ein Experte objektive Aussagen trifft, ist nicht in jedem Fall zutreffend. Ebenso wie Nicht-Experten sind sie persönlichen und subjektiven sowie der aktuellen oder vergangenen Situation geschuldeten Einfärbungen unterlegen. Daher sind Expertenbefragungen nicht zwangsläufig als objektiv anzusehen und bedürfen einer Reflexion [38].

Es ist anzumerken, dass die Auswahl der Experten zwar gewissenhaft durchgeführt wurde, bei lediglich fünf Expertinnen oder Experten führen jedoch abweichende Angaben einer Expertin oder eines Experten bereits zu erheblichen Veränderungen, bezogen auf die Gesamtheit. Für die zukünftige Forschung ist daher eine Erweiterung der durchgeführten empirischen Untersuchung um eine quantitative Betrachtung, wie in Abb. 7 dargestellt, ratsam. Auf die Weise könnten durch die Experteninterviews erhaltenen Merkmale durch potenzielle Kundinnen und Kunden mittels einer Online-Befragung bestätigt werden.

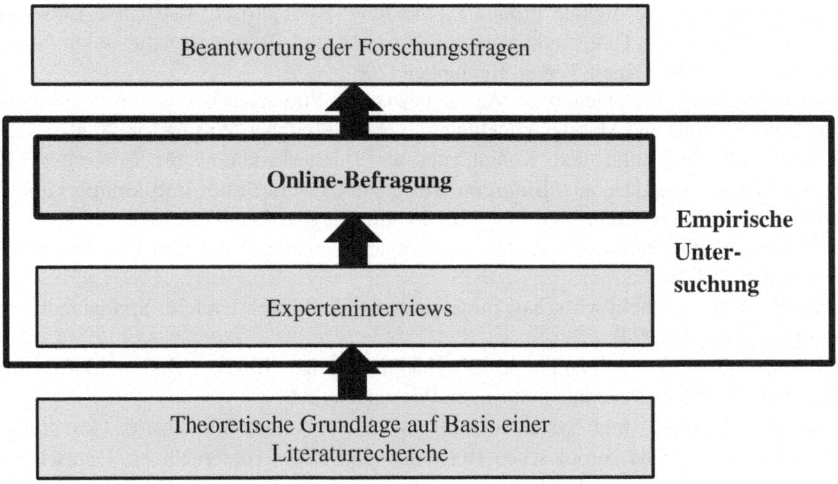

Abb. 7. Aufbau zukünftiger Untersuchungen

Literatur

1. Diez, W.: Automobil-Marketing. Navigationssystem für neue Absatzstrategien. mi-Wirtschaftsbuch, München (2009)
2. Arndt, H.: Supply Chain Management, Optimierung logistischer Prozesse. Gabler, Wiesbaden (2008)
3. Prenz, N.: Lebenszykluskonzept in der Automobilindustrie, Berlin: Dissertation (2001)
4. Cao, H., Folan, P.: Product live cycle: the evolution of a paradigm and literature review from 1950–2009. Prod. Plan. Control **23**(8), 641–662 (2012)
5. Fischer, M.: Produktlebenszyklus und Wettbewerbsdynamik: Grundlagen Für Die ökonomische Bewertung Von Markteintrittsstrategien. Deutscher Universitätsverlag, Wiesbaden (2001)
6. Kadam, S., Apte, D.: A survey on short life cycle time series forecasting. Int. J. Appl. Innov. Eng. Manage. **4**(5), 445–449 (2015)

7. Walluschnig, M.: Produktlebenszyklus und Bestandsmanagement in der Halbleiterindustrie. Eine Analyse spezifischer Halbleiterprodukte: Prouktlebenszyklus und Bestandsmanagement. Diplomica Verlag, Hamburg (2013)
8. Hofstätter, H., Gerth, E.: Die Erfassung der langfristigen Absatzmöglichkeiten mit Hilde des Lebenszyklus eines Produktes. Physica-Verlag, Würzburg (1977)
9. Schäfer, T.: Marktorientierte Produktentwicklung und optimierte Time-to-Market durch den Einsatz eines Produkt Information Management Systems (PIM) im Gerätebau, Duisburg-Essen (2006)
10. Zingel, H.: Produktlebenszyklus und strategisches Marketing. Phasenbezogene Konzepte und Methoden des Produktmanagements
11. Höft, U.: Lebenszykluskonzepte. Grundlage für das strategische Marketing- und Technologiemanagement. Schmidt, Berlin (1992)
12. Uhe, G.: Operatives Marketing. Gezielter Einsatz des Amrketing-Instrumentariums. Cornelsen, Berlin (2002)
13. Tecklenburg, G.: Die digitale Produktentwicklung: parametrisch assoziative Entwicklung von Baugruppen der Fahrzeugkarrosserie. Visionen und Erfahrungen für zukünftige Entwicklungsprozesse. Expert-Verlag, Renningen (2008)
14. Wallentowitz, M., Freialdenhoven, A., Olchewski, I.: Strategien in der Automobilindustrie. Technologietrends und Marktenwticklungen. Vieweg+Teubner, Wiesbaden (2008)
15. Schulze, M.: Volatilität und Komplexität als Herausforderung für Controller (2012) https://www.haufe.de/controlling/con-trollerpraxis/volatilitaet-und-komplexitaet-als-herausforderung-fuer-controller_112_116186.html. Zugegriffen: Feb. 2019
16. Cornet, A.: Plattformkonzepte in der Automobilentwicklung. Deutscher Universitätsverlag, Wiesbaden (2002)
17. Diez, W.: Die Automobilwirtschaft im gesamtwirtschaftlichen Umfeld. Springerautomotive Media, München (1994)
18. Schmidt-Gallas, D.: Strategische Produktgestaltung. Ansatz zur marktorientierten Gestaltung profitabler Produkte. Springer, Wiesbaden (2003)
19. Wolters, H.: Modul- und Systembeschaffung in der Automobilindustrie. Gestaltung der Kooperation zwischen europäischen Hersteller- und Zulieferunternehmen. Deutscher Universitätsverlag, Wiesbaden (1995)
20. Reichhuber, A.: Grundlagen und Herausforderungen der Automobilindustrie. Strategie und Struktur in der Automobilindustrie: Strategsiche und organisatorische Programme zur Handhabung automobilwirtschaftlicher Herausforderungen, S. 15–64. Gabler, Wiesbaden (2010)
21. Katzenbach, A., Steiert, H.P.: Engineerung-IT in der Automobilindustrie – Wege in die Zukunft. Informatik-Spektrum **34**(1), 7–19 (2011)
22. Roth, S.: Die Automobilindustrie im dynamischen Wettbewerb. In: Roth, S. (Hrsg.) Innovationsfähigkeit im dynamischen Wettbewerb. Strategien erfolgreicher Automobilzulieferunternehmen, S. 11–81. Springer Gabler, Wiesbaden (2012)
23. Schönmayr, D.: Industrielles Recycling automotiver Kunststoffe – wie entwickelt sich der Polymerwerkstoffkreislauf in der Automobilsindustrie? Österreichische Wasser- und Abfallswirtschaft **69**(11–12), 470–475 (2017)
24. Müller, E.: Qualitätsmanagement für Unternehmen und Führungskräfte. Springer, Berlin (2014)
25. Hölzing, J.: Die Kano-Theorie der Kundenzufriedenheitsmessung. Eine theoretische und emprische Überprüfung. Gabler, Wiesbaden (2008)
26. Kano, N.: Attractive quality and must-be quality. Hinshitsu **14**, 39–48 (1984)
27. Gerth, N.: IT-Marketing. Produkte anders denken – denn nicht ist, wie es scheint. Springer, Berlin (2015)

28. Joiner, B., Reynard, S., Ando, Y.: Tourth Generation Management: The New Business Consciousness. MyGraw Hill Professional, New York (1994)
29. Meuser, M., Nagel, U.: Das Experteninterview – konzeptionelle Grundlagen und methodische Anlage. In: Pickel, G., Lauth, H., Jahn, D. (Hrsg.) Methoden der vergleichenden Politik- und Sozialwissenschaft: Neue Entwicklungen und Anwendungen, S. 465–479. VS Verlag, Wiesbaden (2009)
30. Helfferich, C.: Leitenfaden- und Experteninterviews. In: Bauer, N., Blasius, J. (Hrsg.) Handbuch Methoden der empirischen Sozialforschung, S. 559–574. Springer Fachmedien, Wiesbaden (2014)
31. Mieg, H., Näf, M.: Experteninterviews in den Umwelt- und Planungswissenschaften. Eine Einführung und Anleitung. Pabst Science Publ., Lengerich (2006)
32. Przyborski, A., Wohlrab-Sahr, M.: Qualitative Sozialforschung. Ein Arbeitsbuch. Oldenbourg, München (2008)
33. Schnell, E., Hill, P., Esser, E.: Methoden der empirischen Sozialforschung. Oldenbourg, München (2011)
34. Flick, U.: Gütekriterien qualitativer Sozialforschung. In: Handbuch Methoden der empirischen Sozialforschung, S. 411–423. Springer Fachmedien, Wiesbaden (2014)
35. Flick, U., Kardorff, E., Steinke, I.: Qualitative Forschung. Ein Handbuch. Rowohlt Taschenbuch Verlag, Reinbek bei Hamburg (2017)
36. Gläser, J., Laudel, G.: Experteninterviews und qualitative Inhaltsanalyse als Instrumente rekonstruierender Untersuchungen. VS Verlag, Wiesbaden (2010)
37. Kruse, J., Schmieder, C.: Qualitative Interviewforschung. Ein integrativer Ansatz. Beltz Juventa, Weinheim (2014)
38. Bogner, A., Littig, B., Menz, W.: Das Experteninterview. VS Verlag, Wiesbaden (2002)
39. Levitt, T.: Exploit the product life cycle. Harv. Bus. Rev. **11**, 78–91 (1965)
40. Easingwood, C.J.: Product recycle patterns for new industrial products. R&D Manag. **18**(1), 23–32 (1988)

Qualitätsorientierte Produktionstheorie zur Ableitung von Anlaufstrategien

Quoc Hao Ngo(✉), Sebastian Schmitt, und Robert H. Schmitt

Werkzeugmaschinenlabor WZL der RWTH Aachen, Aachen, Deutschland
{q.ngo,r.schmitt}@wzl.rwth-aachen.de

Zusammenfassung. Die Instabilität in Systemen und Prozessen ist charakteristisch für Produktionsanläufe. Durch sie lassen sich Produktionsbedingungen nicht reproduzieren, sodass die Qualitätsziele aufgrund stochastisch auftretender Verluste verfehlt werden. Das Ziel des Beitrags ist die Sicherstellung der Produktionsleistung eines anlaufenden Montagesystems durch eine qualitätsorientierte Planung der Anlaufstrategie. Unter Anwendung eines systemdynamischen Modells, welches Teil der qualitätsorientierten Produktionstheorie darstellt, werden Anlaufstrategien unter den spezifischen Rahmenbedingungen des Montagesystems simuliert. Durch die Simulation können Anlaufszenarien generiert werden, die das Anlaufverhalten zu verschiedenen Zeitpunkten quantifiziert beschreiben. Zur Identifizierung eines optimalen Anlaufszenarios wird das systemdynamische Modell funktionalisiert und in ein nichtlineares Optimierungsproblem überführt. Anschließend wird das Optimierungsproblem mit genetischen Algorithmen funktional verknüpft, was die Annäherung eines Anlaufszenarios ermöglicht, das mit Bezug zu den zu erreichenden Anlaufzielen die beste Alternative darstellt. Ausgehend von diesem Szenario wird eine geeignete Anlaufstrategie abgeleitet. Zudem wird im Beitrag ein Verfahren vorgestellt, das zur Operationalisierung der Anlaufstrategie angewendet werden kann. In diesem Schritt wird die Anlaufstrategie in quantifizierte Steuerungsfaktoren heruntergebrochen, die vom Anlaufmanagement in der industriellen Praxis umgesetzt werden können.

Schlüsselwörter: Produktionsanlauf · Qualitätsmanagement · System Dynamics

1 Einleitung

Der Trend hin zu kundenindividuellen Produkten und die steigende Nachfrage nach Innovationen führt in der Industrie zu einer Notwendigkeit hochfrequenter Produktionsanläufe. Der Zeitfaktor spielt dabei eine wichtige Rolle, da zügige Anläufe nicht nur zu Kostenersparnissen führen, sondern auch frühe Verkaufsstarttermine ermöglichen, die Wettbewerbsvorteile bringen. Aber auch die Kundenorientierung ist von zunehmender Bedeutung und muss im Anlaufprozess berücksichtigt werden. Eine termingerechte Lieferung kann den Kunden nur zufriedenstellen, wenn die korrekte Realisierung der Kundenansprüche und der After-Sales Services bzgl. Reklamationen

R. H. Schmitt (Hrsg.): *Datengetriebenes Qualitätsmanagement,* S. 162–180, 2021.
https://doi.org/10.1007/978-3-662-62442-5_10

gewährleistet werden. Insofern erweitert sich das Anlaufmanagement um den Aspekt der Qualitätsorientierung, deren Integration in dynamische Anlaufmodelle und Simulationen notwendig ist.

1.1 Einordnung des Produktionsanlaufs

Ausgehend von einer Produktidee bis zur Serienproduktion werden verschiedene Phasen durchlaufen. Die Phase der Entwicklung bezieht sich auf die Konstruktion und Realisierung des herzustellenden Produktes und reicht bis hin zur Fertigung von Prototypen. Hier sollen technische Anforderungen und eine wirtschaftliche Realisierbarkeit in der späteren Serienproduktion berücksichtigt werden. Hieran schließt im weiteren Verlauf der Produktionsanlauf an, der mit dem Übergang in die Serienproduktion endet [1] (Abb. 1).

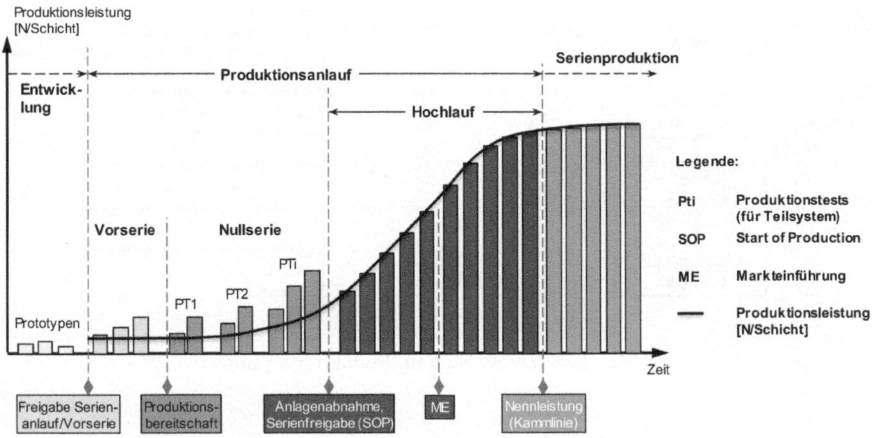

Abb. 1. Der Produktionsanlauf im Phasenmodell

Das vorliegende Forschungsvorhaben bezieht sich auf den Produktionsanlauf, der den Zeitraum zwischen abgeschlossener Produktentwicklung und dem Erreichen einer stabilen Normalproduktivität abbildet, die den Serienbetrieb bei maximaler Kapazitätsauslastung und Qualität beschreibt [2]. Während des Produktionsanlaufs findet die Überführung einer eingangs als Prototyp realisierten Produktidee in die Serienproduktion statt [3]. Hierbei sind die angestrebten Prozesszeiten sowie Qualitätsziele einzuhalten. Der Produktionsanlauf lässt sich in drei Abschnitte einteilen: Vorserie, Nullserie und Hochlauf.

Während die Vorserie zur Produktion größerer Prototypenzahlen unter Verwendung vorläufiger Werkzeugprototypen zur Schulung der Mitarbeiter und zur Verbesserung des Produktes dient, wird in der Nullserie bereits unter Serienbedingungen produziert. Nach erfolgreicher Umsetzung von Vor- und Nullserie erfolgt die Freigabe zum Produktionshochlauf, der bei Erreichen einer stabilen Normalproduktivität endet [4].

Aufgaben des Anlaufmanagements sind die Steuerung, Durchführung und Organisation des anlaufenden Produktionssystems, wobei vor- und nachgelagerte Prozessschritte miteinzubeziehen sind [5]. Ein Produktionssystem ist ein leistungsfähiges Subsystem des ökonomischen Gesamtsystems, welches leistungserbringende, ökonomische Teilsysteme umfasst. Das Produktionssystem als Teilsystem bildet selbst ein gegliedertes Ganzes mit einer charakteristischen, inneren Struktur. Demnach lassen sich abhängig von der Betrachtungsebene sowohl eine gesamte Fabrik, als auch einzelne Produktionslinien respektive einzelne Maschinen als Produktionssysteme auffassen (Abb. 2).

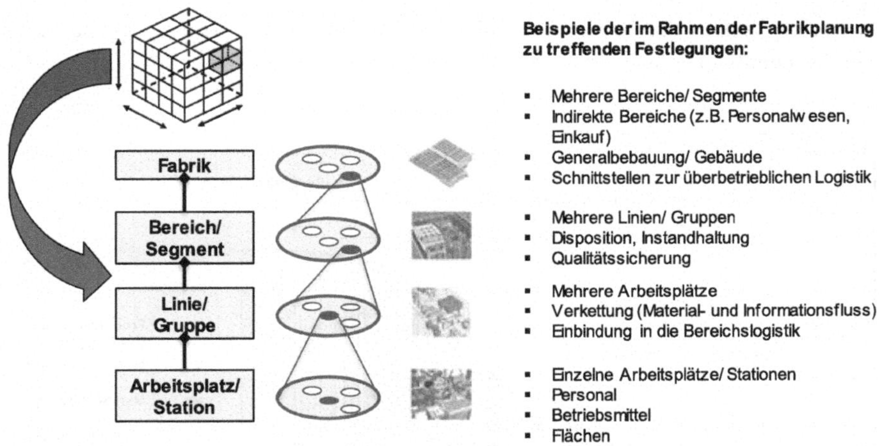

Abb. 2. Hierarchieebenen in Produktionssystemen

Durch die Definition von Anlaufkurven wird eine phasenbezogene Konkretisierung der Ziele im Produktionsanlauf erreicht. Die Abb. 1 zeigt eine exemplarische Anlaufkurve für die Produktionsleistung. Die zu bestimmten Terminen geforderten Erzeugnismengen und deren Qualitätsanforderungen führen zu bestimmten Gutteilemengen je Zeitabschnitt. Daraus ergibt sich für jeden Zeitabschnitt die notwendige Qualitäts- und Mengenleistungsfähigkeit.

1.2 Stabilität im Produktionsanlauf

Eine Produktion im Serienbetrieb kann als ein stabiles Produktionssystem betrachtet werden, das sich in einem eingeschwungenen Gleichgewichtszustand befindet. Es ist fähig, Störungen zu kompensieren, um zum Gleichgewichtszustand zurückzukehren. Die Systemstruktur bleibt konstant, was dazu führt, dass das System bei begrenzten Eingangsgrößen mit begrenzten Ausgangsgrößen antwortet. Somit zeichnen sich stabile Produktionssysteme durch reproduzierbare Bedingungen aus, welche die Realisierung von geplanten Stückkosten sowie den Betrieb unter Normalproduktivität ermöglichen. Bei einem Produktionszustand unter Normalproduktivität werden Mengenziele bei geplanter Durchlaufzeit erreicht, wobei Qualitätsziele im Hinblick auf Produkte und Prozesse eingehalten werden [6] (Abb. 3).

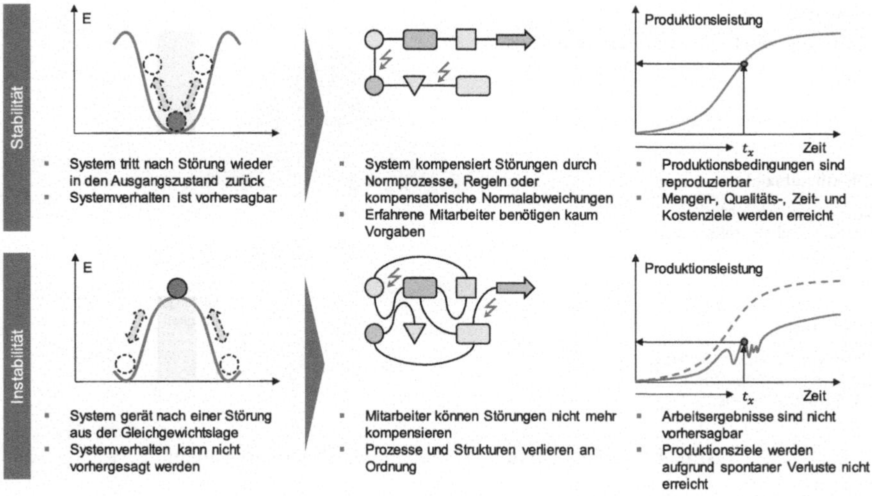

Abb. 3. Stabilität und Instabilität von Produktionsanläufen

Dem hingegen befindet sich ein im Anlauf befindliches Produktionssystem in einem nicht-eingeschwungenen Gleichgewichtszustand. Die dynamische Entwicklung seiner Systemstruktur und -größen führen zu Ausgangsgrößen außerhalb der Toleranzgrenzen bei begrenzten Eingangsgrößen. Des Weiteren ist das Produktionssystem weniger störungstolerant, sodass Störungen nicht kompensiert werden und zu unerwarteten Streuungen in den Ausgangsgrößen führen können. Ein Produktionssystem im Anlauf wird als schwer steuerbar angesehen. Die mangelnde Beherrschbarkeit des Produktionssystems wird in der hohen Anzahl der reaktiven Maßnahmen sichtbar, die erst eingeleitet werden, nachdem Probleme respektive Störeinflüsse erkannt worden sind. Diese werden dann vom Anlaufmanagement unter hohem Zeitdruck und mit hohem Aufwand gesteuert, um Störungen entgegenzuwirken. Die hohe Anzahl der Aufgaben, Wirkzusammenhänge und die Dynamik im Produktionsanlauf führen zu einer phasenweise auftretenden Überforderung des Anlaufmanagements, sodass als Folge das anlaufende Produktionssystem nicht beherrscht wird [6].

1.3 Zielsystem im Produktionsanlauf

Aufgrund des Projektcharakters des Produktionsanlaufs spiegeln sich die Ziele im Zieldreieck des Produktionsmanagements wider, bestehend aus Zeit, Kosten und Qualität. Das Terminziel wird als übergeordnetes Ziel des Produktionsanlaufs betrachtet und kann durch die time-to-market respektive time-to-volume gemessen werden. Die time-to-market ist die Zeitspanne zwischen dem Beginn der Produktentwicklung und Markteintritt des Produktes. Die time-to-volume reicht von abgeschlossener Produktentwicklung bis zum Erreichen der Kammlinie bzw. Normalproduktivität. Durch die Verkürzung der time-to-market wird der Produktionsanlauf nicht unbedingt zeitlich verkürzt, da ein erheblicher Zeitraum des Produktionshochlaufs, nämlich der Zeitraum zwischen Markteintritt und dem Erreichen der Kammlinie, unberücksichtigt bleibt. Aus diesem Grund schlägt Basse zur Terminierung des Terminziels die time-to-volume vor (Abb. 4).

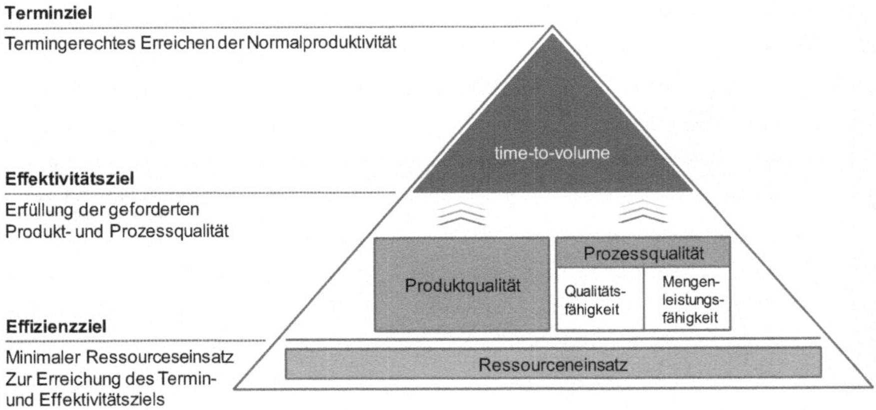

Abb. 4. Zielsystem nach BASSE für den Produktionsanlauf

Zu den Effektivitätszielen gehören zum einen die Sicherstellung der geforderten Produktqualität, zum anderen der Betrieb des Produktionssystems bei geforderter Prozessqualität. Die Prozessqualität wird durch die Qualitäts- und Mengenleistungsfähigkeit definiert. Letztendlich sollen Termin- und Effektivitätsziel mit minimalem Ressourceneinsatz erreicht werden, was durch das Effizienzziel beschrieben wird [7].

2 Stand der Technik

Bei einer Vielzahl der publizierten Arbeiten zum Anlaufmanagement steht nicht das Produktionssystem, sondern die Produktentwicklung im Fokus [6]. Die Anlaufphase wird in diesem Fall hinsichtlich der Produkteinführung optimiert. Folglich ist im Sinne des vorliegenden Forschungsvorhabens eine erste Eingrenzung der zu untersuchenden Ansätze hinsichtlich ihres Schwerpunktes zielführend. Daher werden nur diejenigen Ansätze vorgestellt und analysiert, welche den Anlauf im Hinblick auf das Produktionssystem betrachten.

2.1 Analyse der Ansätze zum Produktionsanlauf

Die Ansätze werden Kategorien zugeordnet und anschließend analysiert. Die betrachteten Kategorien sind simulationsbasierte Ansätze, Ansätze zur Beherrschung der Komplexität im Produktionsanlauf sowie Strategien und Konzepte zum Management des Produktionsanlaufs.

Modelle zur Simulation des Produktionsanlaufs. Basse, Colledani und Tolio, Lanza und Schmitt entwickeln systemverhaltensorientierte Simulationen für den Produktionsanlauf. Basse entwickelt durch Anwendung des systemdynamischen Ansatzes sowohl ein qualitatives als auch ein quantitatives Modell zur Simulation des Einflusses der Prüfstrategie auf das Anlaufverhalten [7]. Colledani und Tolio entwickeln zur Analyse der Wirkung von Qualitätskontrollen auf die Leistung von Produktionssystemen ein analytisches Modell auf Basis der Markov-Ketten. Das Modell liefert Informationen zur Ausgestaltung von Qualitätsprüfungen in Wertschöpfungsketten, Optimierung von Regelkartenparametern und Erstellung von Prüfplänen [8]. Lanza entwickelt eine simulationsbasierte Anlaufunterstützung für die Fertigungsprozesse eines anlaufenden, instabilen Fertigungssystems. Als übergeordnetes Ziel sieht sie das Erreichen der Mengen- und Leistungsfähigkeit. Zur Messung des Anlauferfolgs wird die Gesamtanlageneffektivität OEE gewählt [9]. Schmitt entwickelt Ansätze für eine qualitätsorientierte Produktionstheorie, die als Grundlage für die sachbezogene Entscheidungsfindung durch das taktisch-operative, strategische und normative Qualitätsmanagement bei der Strukturierung, Steuerung und Regelung von Produktionssystemen herangezogen werden kann [10].

Ansätze zur Beherrschung der Komplexität im Produktionsanlauf. Die Beherrschung der Komplexität im Anlauf ist Fokus der Arbeiten von Borowski und Nagel. Borowski entwickelt ein Vorgehensmodell zum Management des Produktionsanlaufs. Dabei werden Produktionsanläufe als komplexe Projekte betrachtet, deren Planung in großen, abgeschlossenen Phasen kaum möglich ist. Daher lehnt sich das Vorgehensmodell an agile Methoden der Softwareentwicklung an und unterstützt das Anlaufmanagement beim Umgang mit Komplexitätstreibern [11]. Nagel konzipiert eine risikoorientierte, operative Entscheidungs- und Planungssystematik, mittels derer die Transparenz bezüglich vorherrschender Anlaufrisiken erhöht wird. Ein definierter Risikomanagementprozess dient der Identifikation, Bewertung und Handhabung von Risiken sowie einem Monitoring und der Steuerung des Restrisikos. Darauf basierend können reaktive und präventive Maßnahmen definiert werden [12].

Strategien und Konzepte für den Produktionsanlauf. Strategien und Konzepte zum Management von Produktionsanläufen sind in den Arbeiten von Colledani et al., Gartzen und Schmitt zu finden. Colledani et al. entwickeln Strategien für das Anlaufmanagement zur Planung der Ressourcennutzung, Einhaltung der Qualitätsanforderungen und Erzielung der geforderten Produktionsraten. Das Ziel ist die Reduzierung des effektiven Durchsatzverlustes bzw. der relativen Ausschussmengen durch Design, Management und Kontrolle des Produktionssystems [13]. Gartzen beschreibt den Produktionsanlauf systemtheoretisch und leitet daraus ab, dass durch die Reduktion der Systemkomplexität die Stabilität und Beherrschbarkeit des Produktionssystems erhöht werden kann. Der Ansatz wird aufgegriffen, die Komplexität während des Anlaufs zu reduzieren, bis die Abweichung der Arbeitsergebnisse so gering ist, sodass das Systemverhalten vorhersagbar wird [6]. Schmitt entwirft ein Gestaltungsmodell zur Ausgestaltung der Qualität von Serienanläufen aus der Kunden-, Betriebs- und Führungsperspektive. Das Gestaltungsmodell besteht prinzipiell aus drei Modulen. Diese sind das Planungs-, Evaluierungs- und Regelungsmodul, die qualitätsorientierte Aktivitäten enthalten. Der Input und der Output der Module sind definiert und die Aktivitäten ablauforganisatorisch strukturiert, sodass das Anlaufmanagement mit dem Gestaltungsmodell seine Aktivitäten zeitlich ausrichten und planen kann [14].

2.2 Kritische Würdigung der bisherigen Arbeiten und Ableitung des Forschungsbedarfs

Die simulationsbasierten Ansätze bieten eine adäquate Entscheidungsgrundlage, die dem Anlaufmanagement Auswirkungen von verschiedenen Handlungsalternativen aufzeigen. Die Ansätze zur Beherrschung der Komplexität unterstützen bei dem Umgang mit Komplexitätstreibern und der Steuerung des Risikos. Die Strategien und Konzepte zum Management des Produktionsanlaufs haben den Charakter von Gestaltungsmodellen, die dem Anlaufmanagement einen Leitfaden und Methodenkasten an die Hand geben, um den Produktionsanlauf qualitätsorientiert respektive unter Berücksichtigung der Komplexität zu steuern. Insgesamt lässt sich konstatieren, dass keiner der Ansätze die Ableitung von Gestaltungsempfehlung unter Berücksichtigung der Qualitäts- und Mengenleistungsfähigkeit ermöglicht. Das Anlaufmanagement hat bisher kein Instrument zur Hand, welches bei der Ausrichtung der Anlaufstrategie im Spannungsfeld zwischen Qualität und Stückzahl dient.

3 Zielsetzung

Das Ziel ist die Sicherstellung der Anlaufziele durch die Auswahl und Umsetzung einer geeigneten Anlaufstrategie. Die Anlaufziele spiegeln sich im Zielsystem des Produktionsanlaufs nach Basse wider (siehe Abschn. 1.3). Zur Erreichung der Anlaufziele wird ein Ansatz zur Ableitung von Anlaufstrategien entwickelt. Ein Instrument zur Darstellung von Anlaufstrategien sind Anlaufkurven. Schuh und Franzkoch (2004) stellen vier generische Anlaufkurven vor, deren übergeordnete Zielgröße die Ausbringungsmenge ist. Die generischen Anlaufkurven unterscheiden sich in der Fokussierung der Dimensionen Anlaufzeit, Auslastung, Produktvarianz und Entkopplungsgrad während des Produktionsanlaufs [1] (Abb. 5).

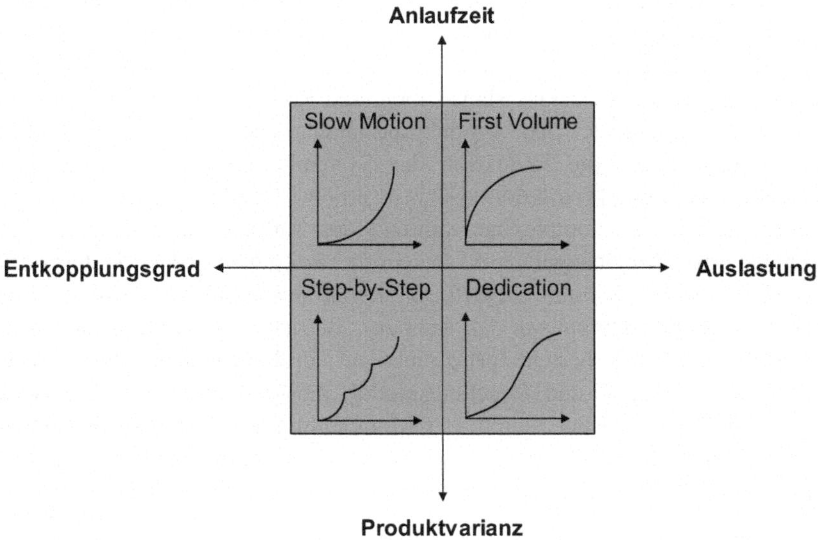

Abb. 5. Generische Anlaufstrategien

Demnach werden Anlaufstrategien umgesetzt, indem das Anlaufmanagement aus der Anlaufkurve Aktionen ableitet, um die Anlaufkurve in der Praxis zu realisieren. Prinzipiell ist die Umsetzung einer „vorgefertigten" Anlaufstrategie nicht empfehlenswert, da Produktionsanläufe sich unternehmensspezifisch signifikant unterscheiden und die Anlaufstrategie spezifisch ausgewählt werden sollte. Vielmehr soll eine Analyse des Produktionsanlaufs hinsichtlich seines Zustands geschehen, um daraus unternehmensindividuell die Anlaufstrategie abzuleiten.

Daher zielt der zu entwickelnde Ansatz darauf ab, Anlaufstrategien auf Steuerungsfaktoren herunterzubrechen. Durch Konfiguration der Steuerungsfaktoren im anlaufenden Produktionssystem kann die Anlaufstrategie anschließend umgesetzt werden. Die abgeleiteten Steuerungsfaktoren sollen durch eine Funktion der Zeit ausgedrückt werden, d. h. ihr Wert wird während des Produktionsanlaufs durch Rekonfiguration entweder erhöht oder verringert. Durch die Umsetzung der abgeleiteten Anlaufstrategien sollen Qualitäts- und Mengenleistungsfähigkeit im Produktionsanlauf möglichst effizient erreicht werden (Abb. 6).

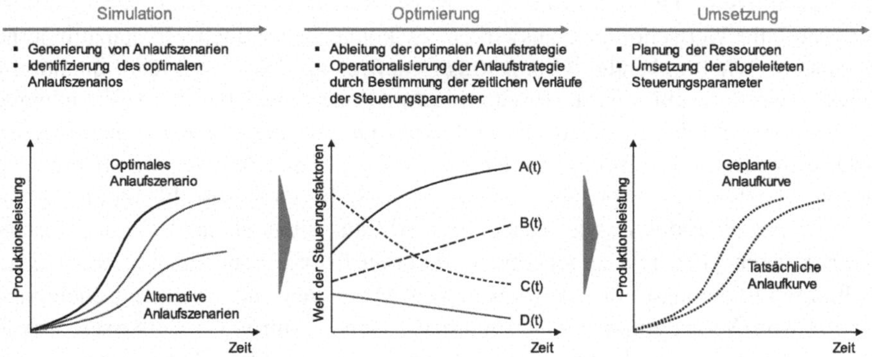

Abb. 6. Prinzip des Ansatzes

Somit ist die abgeleitete Anlaufstrategie ebenfalls eine Funktion der Zeit, was dem Anlaufmanagement eine gewisse Planbarkeit und Vorbereitungszeit gibt, um bspw. Ressourcen und Betriebsmittel zur Umsetzung der Anlaufstrategie zu beschaffen.

4 Herleitung des Ansatzes

Die Kernidee zur Ableitung der Anlaufstrategien besteht darin, die unternehmensspezifische, optimale Anlaufstrategie über die systematische Durchführung von Simulationen zu identifizieren. Für den Ansatz notwendig sind daher ein Prognosemodell zur Generierung der Anlaufszenarien und sowie eine Methodik zur Ermittlung des optimalen Anlaufszenarios, aus dem eine zu empfehlende Anlaufstrategie abgeleitet werden kann. Zum Aufbau des Prognosemodells können Produktionstheorien angewendet werden (siehe Abschn. 4.1). Die Identifizierung des optimalen Anlaufszenarios erfolgt über numerische Optimierungsverfahren (siehe Abschn. 4.2).

4.1 Produktionstheorien als Ansatz zur Beherrschung der Dynamik im Produktionsanlauf

In dem verfolgten Ansatz sollen Prognosemodelle aus Produktionstheorien abgeleitet werden. Daher erfolgt zunächst eine allgemeine Erklärung zur Produktionstheorie, bevor die qualitätsorientierte Produktionstheorie nach Schmitt et al. vorgestellt wird, die auch zur Ableitung eines Prognosemodells dient.

Allgemeine Erklärung zur Produktionstheorie. In der Produktionstheorie nach Dyckhoff wird die Produktion als die Erzeugung von Gütern durch Kombination von Produktionsfaktoren verstanden. Durch die Beschaffung von Produktionsfaktoren am Beschaffungsmarkt und deren Transformation wird Wertschöpfung erzielt. Die Produktionsfaktoren können in Mensch, Betriebsmittel, Material und Information unterteilt werden. Im Rahmen von Produktionstheorien wird untersucht, inwiefern die Produktionsstruktur den Transformationsprozess der Produktionsfaktoren bestimmt und welche Konsequenzen hinsichtlich der Ausbringungsmenge resultieren [10]. Der Faktoreinsatz weist i. d. R. zahlreiche Interdependenzen auf, welche die Effizienz stark beeinflussen. Diese können sich bspw. durch Skalen- oder Verbundeffekte positiv auf die Wertschöpfung auswirken, es können aber auch effizienzmindernde Phänomene wie sinkende Grenzerträge auftreten. Die konkrete quantitative Analyse erfolgt mithilfe von Produktionsfunktionen, welche diese Beziehungen zwischen den Produktionsfaktoren und dem Output des Systems mathematisch beschreiben. Hierbei gilt die Annahme, dass eine quantitative Messbarkeit von Mengen gleichartiger Objekten vorliegt [15], d. h. dass sowohl Input, Output, als auch Nebenprodukte wie Reste und Abfälle sinnvoll mathematisch erfasst werden können [16]. Die allgemeine Produktionstheorie kann genutzt werden, um Handlungsempfehlungen für das Management abzuleiten, mit denen Entscheidungen im Falle von Veränderungen oder internen/externen Störungen verbessert werden können [10]. Damit viele Systeme und deren Eigenschaften beschrieben werden können, verfügt die Produktionstheorie über ein bestimmtes Maß an Abstraktion und wird in der Literatur vielfältig zweckmäßig spezifiziert. Die entscheidungsorientierte Produktionstheorie modelliert in einem mehrstufigen Prozess eine „Spitzenkennzahl", welche die Effizienz der Produktion ganzheitlich modelliert und Partialanalysen hinsichtlich des Einflusses einzelner Inputs ermöglicht [16]. Ein anderer Ansatz argumentiert, dass die Betrachtung der Kosten für Inputänderungen sinnvoller sei als die bloße Betrachtung der Mengenänderungen, da diese oftmals z. B. aufgrund von sprungfixen Kosten nicht proportional zueinander sind und überführt die quantitativ-mengenmäßige Betrachtung des Systems in eine monetäre Betrachtung, um eine Minimalkostenkombination zu finden [17].

Qualitätsorientierte Produktionstheorie. Die Qualitäts- und Kundenorientierung sind Aspekte, die nicht ausreichend in der Produktionstheorie berücksichtigt werden. Daraus resultiert, dass die modernen Methoden des Qualitätsmanagements, welche Kundenanforderungen als zentralen Aspekt betrachten, nicht sinnvoll kombinierbar mit der allgemeinen Theorie sind. Qualitätsmanager müssen demnach auf ihre persönlichen Erfahrungen und heuristische Modelle für optimale Entscheidungen zurückgreifen.

Aus diesem Grund entwickelt Schmitt die qualitätsorientierte Produktionstheorie, die darauf abzielt, unterschiedliche, sich teilweise ändernde Kundenanforderungen während des Transformationsprozesses zu berücksichtigen, um daraufhin eine Entscheidungsgrundlage anzubieten, die dem Management bei der kundenorientierten Steuerung behilflich ist. Schmitt verfolgt bei der Entwicklung der qualitätsorientierten Produktionstheorie zum einen den organisationstheoretischen und den systemtheoretischen Ansatz, wobei im Letzteren das regelungstechnische und das systemdynamische Modell den Kern bilden [10]. Das Ziel dieses Beitrags ist die Ableitung von Anlaufstrategien auf Basis von Prognosen des Anlaufverhaltens. Die Prognosen werden mittels des systemdynamischen Modells nach Schmitt generiert. Das systemdynamische Modell wird mithilfe der Methodik „System Dynamics" erstellt, die eine generalistische Methodik für die Modellierung dynamischer Systeme darstellt [18]. Sie wurde in den 1950er Jahren von Professor Forrester entwickelt [19]. Da der Schwerpunkt von System Dynamics auf der Darstellung und qualitativen Untersuchung von Wechselwirkungen liegt, entwickelt Bossel darauf aufbauend eine Methodik zur mathematischen Simulation von komplexen Systemen. Das Causal-Loop-Diagramm (CLD) und das Stock-Flow-Diagramm (SFD) sind Modellierungskonzepte von System Dynamics [20] (Abb. 7).

Unter Anwendung der SFD entwickelt Schmitt et al. das systemdynamische Modell für den Produktionsanlauf. Der Rework-Cycle gibt dem Modell die grundlegende Struktur. Die Abb. 4 illustriert die Architektur des Modells, das in Module zergliedert werden kann. In Anlehnung an Stiller wird das auf die Produktion fokussierte systemdynamische Modell als Produktionsglied bezeichnet [10].

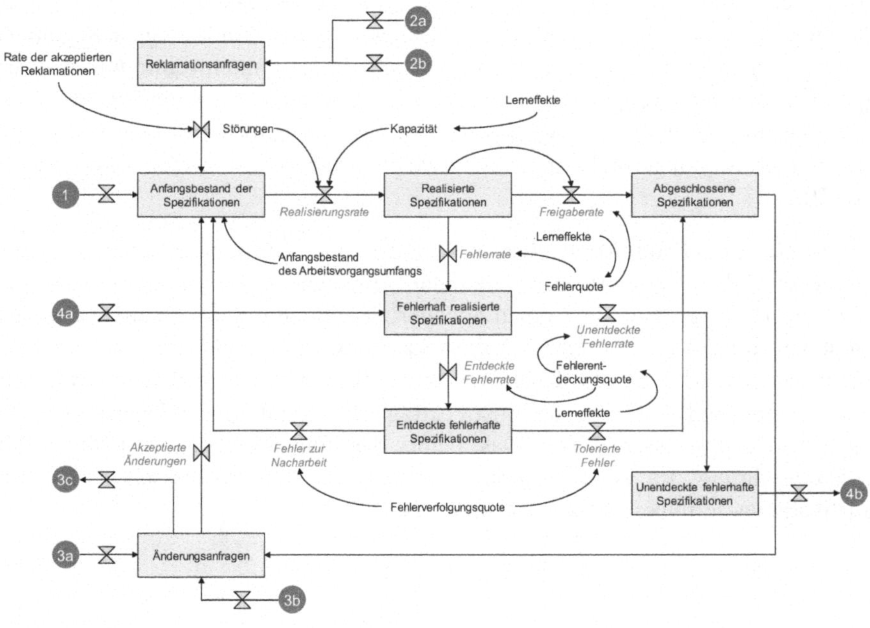

Abb. 7. Systemdynamisches Modell nach Schmitt et al. [10]

Realisierungsmodul. Durch das Verbindungselement (1) treten die zu realisierenden Spezifikationen in das System ein. Die Gesamtkapazität der Realisierung wird durch Lernprozesse und Störungen beeinflusst. Sobald die Spezifikationen realisiert sind, treten sie in die Fehlerschleife ein, die vom Fehlermodul behandelt wird [21].

Fehlermodul. In dem Bestand der realisierten Spezifikationen finden sich sowohl anforderungskonform als auch fehlerhaft realisierte Spezifikationen wieder. Abhängig von der Fehlerentdeckungsquote des Modells werden falsche bzw. irrtümliche Einstufungen von fehlerhaft erfüllten Anforderungen als Fehler 2. Art erkannt oder nicht erkannt. Alle entdeckten Fehler durchlaufen einen Entscheidungsprozess, bei dem die Fehlerverfolgungsquote über den Anteil der Fehler entscheidet, die nachbearbeitet werden müssen. Das Modell enthält keinen separaten Prozess für die Spezifikationen die überarbeitet werden müssen. Stattdessen wird die Fehlerspezifikation wieder in den Anfangsbestand aller zu realisierenden Spezifikationen geführt. Hieran ansetzend beginnt der Zyklus des Realisierungsprozesses erneut [10] .

Beschwerdemodul. Es können Reklamationen von nachgelagerten Elementen des Wertschöpfungsprozesses oder externen Kunden über das Verbindungselement (2a) oder (2b) eintreten, die einen Teil der unentdeckten Fehler widerspiegeln. Das Beschwerdemanagement entscheidet über die Gültigkeit der Reklamationen. Akzeptierte Reklamationen treten als zusätzliche Spezifikationen, welche erneut realisiert werden müssen, in das System ein [10].

Änderungsmodul. Änderungsanfragen können das Modell über drei mögliche Wege betreten: Anfragen von Kunden über (3a), Anfragen von nachgelagerten Prozesselementen (3b), oder Anfragen nach fertiger Realisierung über (3c). Die Änderungsakzeptanz beruht auf der Entscheidung des Änderungsmanagements, die Änderungswünsche zu akzeptieren und sie in das System eintreten zu lassen respektive die Änderungen abzulehnen. Es kann auch vorkommen, dass eine Änderungsanfrage an einen vorgelagerten Prozess gesendet wird. Die Anfrage tritt dann in das vorgelagerte Element ein, wo die Akzeptanzentscheidung getroffen wird [10].

Verbindung der Produktionsglieder. Mithilfe der Verbindungselemente können verschiedene Realisierungsschritte modular miteinander verbunden werden. Der Ablauf der Prozesse kann über einen Schalter zur Einleitung des nächsten Prozesses gesteuert werden. Der Wert des Schalters kann zwischen Null und Eins eingestellt werden, was ein Maß für die Überlappung der beiden Prozesse darstellt. Wenn der Schalter bspw. auf 0,2 eingestellt ist, beträgt die resultierende Überlappungsrate zwischen den Prozessen 80 %. Das heißt, der folgende Prozess kann parallel zur Durchführung des ersten beginnen, wenn im ersten Prozessschritt 20 % der Spezifikationen fertiggestellt worden sind [21].

4.2 Ableitung von Anlaufstrategien

Das Produktionsglied ermöglicht die Modellierung von Produktionssystemen auf verschiedenen Detaillierungsebenen. Dies ermöglicht die Generierung von Anlaufszenarien, die Auskunft darüber geben, wie sich die Anlaufkennzahlen bei Verfolgung verschiedener Anlaufstrategien entwickeln werden. Die Verläufe der Szenarien hängt von abhängigen Variablen ab, die nicht alle vom Anlaufmanagement direkt gesteuert werden können. Die vom Anlaufmanagement beeinflussbaren abhängigen Variablen werden als Steuerungsfaktoren bezeichnet. Die im Produktionsglied enthaltenen Steuerungsfaktoren sind in Tab. 1 aufgelistet.

Tab. 1. Steuerungsfaktoren im Produktionsglied

Abkürzung	Steuerungsfaktor	Möglichkeiten zur Beeinflussung
A	Kapazität	Erweiterung des Personals und der Betriebsmittel
B	Fehlerquote	Investition in technische Verbesserungen oder Schulung des Personals
C	Fehlerentdeckungsquote	Intensivierung der Qualitätssicherung
D	Fehlerverfolgungsquote	Anpassung der Qualitätspolitik
E	Akzeptanzquote der Änderungen	Anpassung der Qualitätspolitik
F	Akzeptanzquote der Reklamationen	Anpassung der Qualitätspolitik
G	Lerneffekte	Schulung des Personals oder Einführung eines Wissensmanagements

Durch die Umsetzung der Steuerungsfaktoren in den Produktionsanlauf kann das Anlaufmanagement gezielt Anlaufstrategien realisieren, die mit Bezug zu den priorisierten Anlaufzielen optimal sind. Die Identifizierung einer optimalen Anlaufstrategie entspricht der Aufgabe, aus einer theoretisch unendlichen Anzahl an Anlaufszenarien über das Anlaufverhalten das Anlaufszenario zu ermitteln, welches die Anlaufziele bestmöglich erfüllt. Prinzipiell entspricht diese Aufgabe dem Lösen eines nichtlinearen Optimierungsproblems. Ein allgemeines Optimierungsproblem wird wie folgt beschrieben:

Gesucht ist ein Parametertupel $X^* = (x_1, \ldots, x_{n_x})$ mit $x_i \in \mathbb{R}$, für das die sogenannte Zielfunktion $f: \mathbb{R}^{n_x} \to \mathbb{R}$ minimal wird, wobei jegliches X folgende Nebenbedingungen erfüllen muss:

- Gleichheitsnebenbedingungen: $h_j(X) = 0, j = 1, \ldots, n_h$
- Ungleichheitsnebenbedingungen: $g_j(X) \leq 0, j = 1, \ldots, n_g$
- Parameterschranken: $X_{lb} \leq X \leq X_{ub}$

5 Konkretisierung des Ansatzes am Fallbeispiel

Für die Operationalisierung der qualitätsorientierten Produktionstheorie zur Ableitung von Anlaufstrategien sind drei Schritte erforderlich:

1. Abbildung des betrachteten Produktionssystems durch Produktionsglieder
2. Parametrisierung des Produktionsglieds
3. Ableitung einer optimalen Anlaufstrategie durch Lösen des Optimierungsproblems

Im Folgenden werden Empfehlungen zur Umsetzung dieser drei Schritte gegeben und am Fallbeispiel der Endmontage eines Kraftfahrzeugs angewendet.

5.1 Abbildung des betrachteten Produktionssystems durch Produktionsglieder

Das Produktionsglied kann ein einzelnes Arbeitssystem oder eine Verkettung von Arbeitssystemen simulieren. Die Verkettung wird abhängig vom spezifischen Anwendungsfall gestaltet. Der Gegenstand des Fallbeispiels ist eine Fließmontage, die aus vier Montagestationen besteht. Auf der Fließmontage werden Kraftfahrzeuge montiert, wobei überwiegend manuelle Arbeitstätigkeiten vorzufinden sind. Bei der Planung des Produktionsanlaufs sind somit die eintretenden Lerneffekte des Personals zu berücksichtigen. Zur Abbildung der Montagelinie werden die Produktionsglieder durch Kopplung der Verbindungselemente in Reihe geschaltet (siehe Abschn. 4.1). In Abb. 5 wird das Prinzip veranschaulicht (Abb. 8).

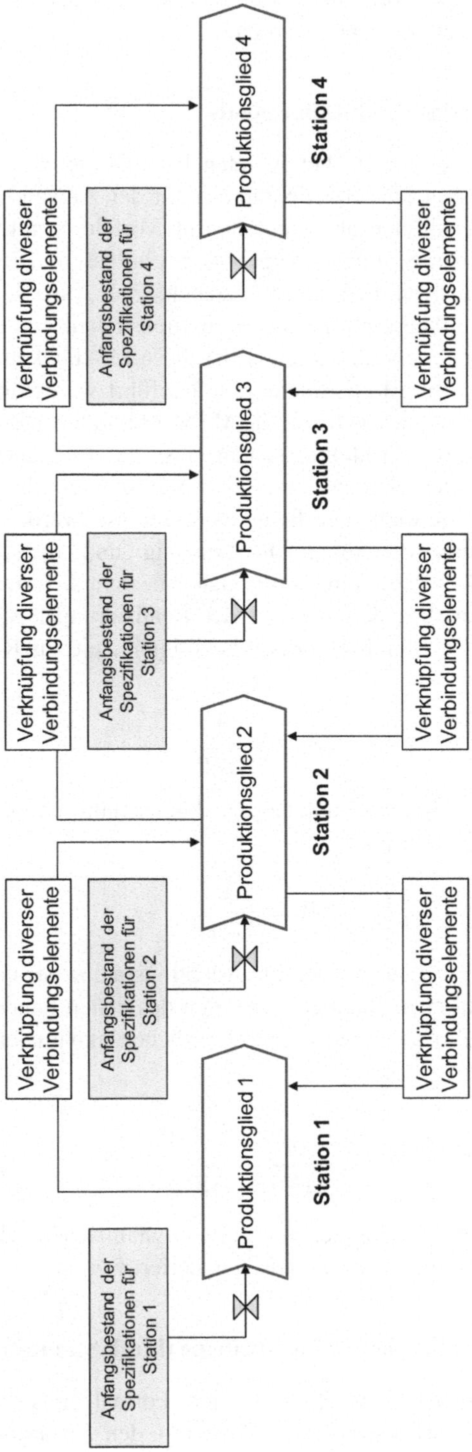

Abb. 8. Prinzip zur Abbildung der Fließmontage durch die Produktionsglieder

Durch die Verbindung der Produktionsglieder können Produktionsfaktoren zwischen den Gliedern weitergegeben werden.

5.2 Parametrisierung des Produktionsglieds

Nach der Überführung des realen, betrachteten Produktionssystems in das systemdynamische Modell müssen die Modellparameter für den Anwendungsfall eingestellt werden. Mithilfe von Sensitivitätsanalysen kann im Vorfeld ermittelt werden, welche Parameter maßgeblich das Simulationsergebnis beeinflussen. Die Parametrisierung sollte sich auf die sensitiven Parameter beziehen. Zur Anpassung der Parameter werden Produktionsdaten benötigt, die im Produktionsanlauf aus der Prototypphase, Vor- oder Nullserie bezogen werden können. Ist diese Möglichkeit nicht gegeben, so können zur Datenbeschaffung Experimente durchgeführt werden oder Verfahren zur Abschätzung der Prozesszeiten wie bspw. die MTM-Methode angewendet werden.

Im Fallbeispiel können Produktionsdaten aus der Konzeptphase und Prototypenproduktion verwendet werden, um das systemdynamische Modell zu parametrisieren. Nach Durchführung der Sensitivitätsanalyse werden der Anfangswert der Realisierungsleistung, die maximale Leistung und die Adaptionsrate der Realisierungsleistung als sensitiv eingestuft. Daher bezieht sich die Parametrisierung auf diese drei Parameter. Der Anfangswert der Realisierungsleistung (ARL) ergibt sich aus dem Kehrwert der durchschnittlich benötigten Zeit zur Realisierung (DZR) des ersten Fahrzeugs.

$$\mathrm{ARL} = \frac{1}{\mathrm{DZR}} \tag{1}$$

Die maximale Leistung (ML) wird anhand der durchschnittlich kürzesten benötigten Zeit pro Fahrzeug (DKZ) berechnet.

$$\mathrm{ML} = \frac{1}{\mathrm{DZR}} \tag{2}$$

Für die Simulation wird festgelegt, dass die Adaptionsrate μ der einzelnen Stationen mithilfe der durchschnittlichen Bearbeitungszeiten des ersten Fahrzeugs (DBZ1) und zweiten Fahrzeugs (DBZ2) sowie der durchschnittlichen maximalen Leistung (DML) berechnet wird.

$$\mu = \frac{\left(\frac{1}{\mathrm{DBZ2}}\right) - \mathrm{ARL}}{(\mathrm{ML} - \mathrm{ARL})} \tag{3}$$

Nach der Einstellung der Parameter im systemdynamischen Modell können im nächsten Schritt Anlaufszenarien systematisch generiert werden.

5.3 Annäherung der optimalen Anlaufstrategie durch Simulationen

Bei der Übersetzung des obigen Ziels in den Formalismus des Optimierungsproblems ist $X = (A\,B\,C\,D\,E\,F\,G)^T$ der Vektor mit den Steuerungsfaktoren (siehe

Abschn. 4.2). Die Maximierung der Ausbringungsmenge ist als Zielfunktion zu formulieren. Ein Maximierungsproblem max[f(X)] wird hierzu in das Minimierungsproblem min[−f(X)] umgewandelt. Die Funktion f_{SD} stellt die Funktion des systemdynamischen Modells dar, welche die Ausbringungsmenge als Zielgröße führt.

Für die mathematische Lösung dieses Optimierungsproblems ist ein geeignetes Optimierungsverfahren auszuwählen. Im vorliegenden Fall werden Genetische Algorithmen (GA) verwendet, weil sie gute Optimierungsergebnisse bei anspruchsvollen Optimierungsproblemen erwarten lassen. Bei GA wird das Prinzip der Evolution aus der Natur auf die mathematische Optimierung übertragen. Begonnen wird mit einer zufälligen Initialpopulation, welche anfängliche, schlechte Lösungen der Zielfunktion repräsentiert. Basierend auf Fitnesswerten werden die besten Vertreter der aktuellen Population als „Eltern" ausgewählt. Diese geben ihre „Gene" an die Kinder weiter, d. h. bestimmte Vektoreinträge werden an die neuen Lösungen übergeben. Dies geschieht durch Mutation, Kreuzung oder Selektion.

Die GA werden über Schnittstellen mit dem systemdynamischen Modell verbunden, wodurch die systematische Annäherung einer optimalen Anlaufstrategie ermöglicht wird (Abb. 9).

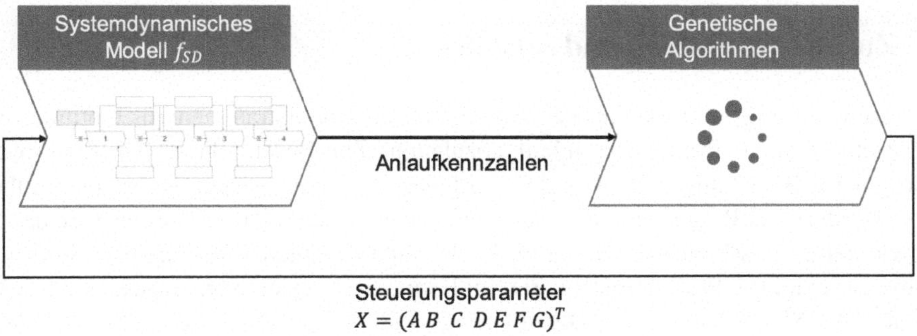

Abb. 9. Kopplung des systemdynamischen Modells mit den generischen Algorithmen

6 Ergebnis

Durch das dreistufige Vorgehen aus Kap. 5 wird im Fallbeispiel der Montage der Kraftfahrzeuge eine Anlaufstrategie identifiziert, die im Vergleich zu anderen Anlaufstrategien vorteilhaft erscheint. Die Abb. 9 zeigt die mit der optimalen Anlaufstrategie erzielbare Ausbringungsmenge im Vergleich zu den erzielbaren Ausbringungsmengen diverser, anderer Anlaufstrategien (Abb. 10).

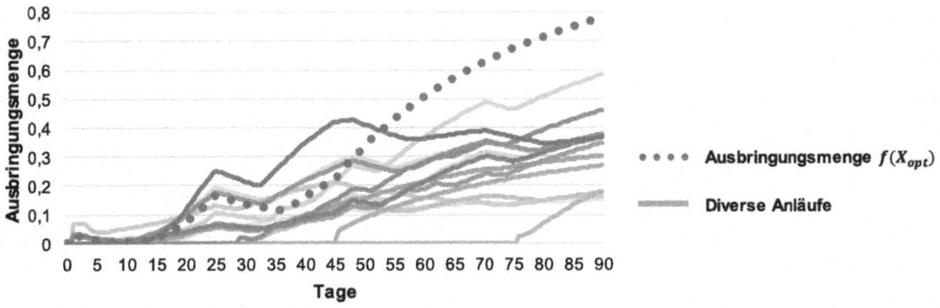

Abb. 10. Anlaufkennzahlen der optimalen Anlaufstrategie

Das Ergebnis lässt schließen, dass mit dem in Kap. 5 vorgestellte Verfahren die Ausbringungsmenge im Produktionsanlauf optimiert werden kann. Mit den in der Anlaufstrategie zugrunde gelegten Steuerungsfaktoren lässt sich die Ausbringungsmenge bis zum Ende des Produktionsanlaufs deutlich steigern. Die abgeleitete Anlaufstrategie sieht vor, den Fokus zu Beginn des Anlaufs auf die Qualität zu setzen und nach Beherrschung der Qualität die Ausbringungsmenge signifikant zu steigern.

7 Zusammenfassung und Ausblick

In diesem Beitrag wird ein Ansatz vorgestellt, um Anlaufstrategien zur Optimierung der Zielgrößen im Produktionsanlauf abzuleiten. Zur Beschreibung der Zielgrößen sowie ihrer Beziehungen zueinander wird das Zielsystem nach Basse eingeführt. Das erforderliche Prognosemodell zur Generierung von Anlaufszenarien, welche die Entwicklung der Zielgrößen während des Produktionsanlaufs beschreiben, stellt die qualitätsorientierte Produktionstheorie in Form eines systemdynamischen Modells bereit. Die Skalierbarkeit im Detaillierungsgrad des systemdynamischen Modells sowie seine Verbindungselemente erlauben die Modellierung vielfältiger Produktionssysteme. Durch die Überführung der Funktion des systemdynamischen Modells in ein Optimierungsproblem können Anlaufstrategien zur Optimierung bestimmter Zielgrößen abgeleitet werden. Zur Operationalisierung der Anlaufstrategie wird diese auf Steuerungsfaktoren heruntergebrochen, die vom Anlaufmanagement in der industriellen Praxis umgesetzt werden können. Am Fallbeispiel der Endmontage eines Kraftfahrzeugs wird ein dreistufiger Ansatz zur Ermittlung einer geeigneten Anlaufstrategie eingeführt und angewendet. Der erste Schritt besteht darin, das betrachtete Produktionssystem systemdynamisch abzubilden. Im zweiten Schritt werden sensitive Parameter des systemdynamischen Modells identifiziert und eingestellt. Die Ableitung einer optimalen Anlaufstrategie erfolgt im dritten Schritt, in dem das systemdynamische Modell mit Genetischen Algorithmen verknüpft wird. Dadurch kann die optimale Anlaufstrategie durch eine Heuristik numerisch angenähert werden. Das Ergebnis des Fallbeispiels spricht für die Validität des Ansatzes, durch den eine Steigerung der Ausbringungsmenge an Gutteilen erzielt werden kann.

Der vorgestellte Ansatz bedarf weiterer Forschung auf allen drei Stufen. Auf der ersten Stufe soll das systemdynamische Modell selbst weiterentwickelt werden, um Informations- und Prozessflüsse im Produktionsanlauf detaillierter, im Sinne einer White-Box-Modellierung, anzunähern. Die Parametrisierung erfolgt auf der zweiten Stufe zurzeit mit trivialen Heuristiken. Hier sind präzisere Heuristiken oder Methoden erforderlich, um über die Einstellung der Parameter das Modellverhalten dem Verhalten des realen Systems anzunähern. Obwohl mit den Genetischen Algorithmen auf der dritten Stufe eine Anlaufstrategie im nahen Bereich des Optimums identifiziert werden kann, besteht hier stets Potenzial zur Verbesserung der Algorithmuseffizienz.

Literatur

1. Schuh, G., Stölzle, W., Straube, F.: Grundlagen des Anlaufmanagements. Entwicklungen und Trends, Definitionen und Begriffe, Integriertes Anlaufmanagementmodell. In: Anlaufmanagement in der Automobilindustrie erfolgreich umsetzen, S. 1–6. Springer (2008)
2. Winkler, H.: Modellierung vernetzter Wirkbeziehungen im Produktionsanlauf. Berichte aus dem IFA, 2007, Bd. 03. PZH, Produktionstechn. Zentrum, Garbsen (2007)
3. Wiesinger, G., Housein, G.: Schneller Produktionsanlauf von Serienprodukten-Wettbewerbsvorteile durch ein anforderungsgerechtes Anlaufmanagement. wt Werkstattstechnik online **92**(10), 505–508 (2002)
4. Slamanig, M.: Produktwechsel als Problem im Konzept der Mass Customization. Theoretische Überlegungen und empirische Befunde, Bd. 1. Gabler, Wiesbaden (2011)
5. Kuhn, A.: Fast ramp up. Schneller Produktionsanlauf von Serienprodukten. Verl. Praxiswissen, Dortmund (2002)
6. Gartzen, T.: Diskrete Migration als Anlaufstrategie für Montagesysteme, 1. Aufl. Apprimus, Aachen (2012)
7. Basse, I.: Systemtheoretische Modellierung von Qualitätsprüfungen in anlaufenden Montagesystemen. Apprimus, Aachen (2015)
8. Colledani, M., Tolio, T.: Impact of quality control on production system performance. CIRP Ann. **55**(1), 453–456 (2006)
9. Lanza, G.: Simulationsbasierte Anlaufunterstützung auf Basis der Qualitätsfähigkeiten von Produktionssystemen von Produktionsprozessen, Universität Karlsruhe (TH) (2005)
10. Schmitt, R., Stiller, S., Falk, B.: Introduction of a quality oriented production theory for product realization processes. In: Enabling Manufacturing Competitiveness and Economic Sustainability, S. 309–314. Springer (2014)
11. Borowski, E.: Agiles Vorgehensmodell zum Management komplexer Produktionsanläufe mechatronischer Produkte in Unternehmen mit mittelständischen Strukturen. VDI Verlag, Düsseldorf (2011)
12. Nagel, J.: Risikoorientiertes Anlaufmanagement. Gabler Research. Beiträge zur Produktionswirtschaft. Gabler/Springer Fachmedien Wiesbaden GmbH, Wiesbaden (2011)
13. Colledani, M., Tolio, T., Yemane, A.: Production quality improvement during manufacturing systems ramp-up. CIRP J. Manufact. Sci. Technol. **23**, 197–206 (2018)
14. Schmitt, S.: Gestaltungsmodell zum qualitätsorientierten Management von Serienanläufen. Ergebnisse aus der Produktionstechnik, Bd. 4/2012. Appriumus, Aachen (2012)
15. Dyckhoff, H.: Produktionstheorie. Grundzüge industrieller Produktionswirtschaft; mit 20 Tabellen, Bd. 5. Springer, Berlin (2006)

16. Dyckhoff, H., Spengler, T.S.: Produktionswirtschaft. Springer, Berlin (2010)
17. Dyckhoff, H.: Produktionstheorie. Grundzüge industrieller Produktionswirtschaft, Bd. 5. Springer, Berlin (2006)
18. Sterman, J.D.: Business Dynamics. Systems Thinking and Modeling for a Complex World. Mac Graw Hill, Boston (2000)
19. Forrester, J.W.: Industrial Dynamics. Martino; MIT Press, Mansfield Centre, Cambridge (2013) (©1962)
20. Bossel, H.: Systemdynamik. Methoden und BASIC-Programme zur Simulation dynamischer Systeme. Vieweg + Teubner, Wiesbaden (1987)
21. Stiller, S.: Qualitätsorientierte Produktionstheorie zur Beherrschung dynamischer produktrealisierender Prozesse, Bd. 1. Fertigungstechik & Qualitätsmanagement, 14/2015. Apprimus, Aachen (2015)

Autorenverzeichnis

R. H. Schmitt (Hrsg.): *Datengetriebenes Qualitätsmanagement*, S. 181–182, 2021.
https://doi.org/10.1007/978-3-662-62442-5

The manufacturer's authorised representative in the EU is Springer Nature Customer Service Centre GmbH, Europaplatz 3, 69115 Heidelberg, Germany. If you have any concerns regarding our products, please contact ProductSafety@springernature.com

Printed and bound by CPI Group (UK) Ltd, Croydon, CR0 4YY
19/08/2026
02200164-0007